Sichtbeton

Joachim Schulz

Sichtbeton

Von der Planung bis zur Mängelvermeidung

4., überarbeitete und erweiterte Auflage

Springer Vieweg

Joachim Schulz
Berlin, Deutschland

ISBN 978-3-8348-1828-7 ISBN 978-3-8348-2250-5 (eBook)
https://doi.org/10.1007/978-3-8348-2250-5

Die Deutsche Nationalbibliothek verzeichnet diese Publikation in der Deutschen Nationalbibliografie; detaillierte bibliografische Daten sind im Internet über http://dnb.d-nb.de abrufbar.

Lektorat: Frieder Kumm
Springer Vieweg ist ein Imprint der eingetragenen Gesellschaft Springer Fachmedien Wiesbaden GmbH und ist ein Teil von Springer Nature.
Die Anschrift der Gesellschaft ist: Abraham-Lincoln-Str. 46, 65189 Wiesbaden, Germany

Vorwort

Sichtbeton – sich betonen in Form, Konstruktion und Originalität

Die 4. Auflage ist vollständig überarbeitet und erweitert und eine Zusammenlegung der Bücher (vom gleichnamigen Autor):

- Sichtbeton-Planung
- Sichtbeton-Mängel
- Handbuch Sichtbeton

Neuer Inhalt u. a.:

- Kommentar zum DBV-Merkblatt *„Sichtbeton“*, u.a. Sichtbetonklassen
- Kommentar zum DBV-Merkblatt *„Betonkosmetik“*
- Kommentar zum FDB-Merkblatt *„Architekturbeton-Betonfertigteile“*
- Treppen aus Sichtbeton-Fertigteilen
- Balkone aus Sichtbeton-Fertigteilen mit WU-Beton als Weiße Wanne
- Betonkosmetik, Betoninstandsetzung
- Merkantiler Minderwert
- Sichtbeton Kostenschätzung
- Sichtestrich (Klassen, Bewertung, Toleranzen, Aufschlüsselung, Brüche)
- Hinweise eines Juristen: Haftung aus rechtlicher Sicht

und vieles mehr.

Dieses Buch soll eine Hilfestellung sein, nicht durch eigene, sondern durch Fehler anderer zu lernen.

Als Beispiele für gelungene Objekte wurden jeweils *„Schmuckbilder“* vorangestellt.

Wir Architekten und Ingenieure haben einen tollen Beruf, jedoch müssen wir diesen beherrschen, uns jederzeit auf den neuesten Stand bringen und unsere Fähigkeiten stetig verbessern, und das durch Selbststudium.

Das Kap. 9 „Mängel und Haftung aus rechtlicher Sicht“ wurde von Herrn RA Dr. Bernhard von Kiedrowski verfasst.

Dank gebührt meinen Mitarbeitern für ihre Unterstützung während der Entstehung dieses Werkes,

insbesondere Herrn Herzig und Herrn Zscherper.

Berlin 2022 Dipl.-Ing. Joachim Schulz

Inhaltsverzeichnis

Einleitung 1

J. Schulz, *Sichtbeton*, https://doi.org/10.1007/978-3-8348-2250-5_1

„Planungs- und Ausführungsfehler als Ursache für Bauschäden, werden nicht durch Normen, sondern durch Kenntnis naturbedingter Grundsätzlichkeiten vermieden." (nach Raimund Probst).

Alles, was

- man nicht messen und „wiegen" kann,
- nicht in einer DIN-Norm steht,
- nicht „eindeutig und erschöpfend" zwischen Auftraggeber (AG) und Auftragnehmer (AN) vereinbart wurde,

muss subjektiv beurteilt werden!

Jede Ansichtsfläche ist hinsichtlich des Aussehens ein Unikat aufgrund

- zulässiger Maßtoleranzen und
- Witterungsbedingungen usw.

Die Bewertung, ob z. B. die Sichtbetonart „üblich" ist und ob die Ausführung der Leistung entspricht, die der Auftraggeber „erwarten" kann, bedarf eines erfahrenen Sichtbeton-Sachverständigen.

Begriffe, wie „Gebrauchstauglichkeit", „Wert" und „zugesicherte Eigenschaften", werden nicht mehr verwendet. Nach der VOB wird nach der **„vereinbarten Beschaffenheit"** und der **„vorauszusetzenden Verwendungseignung"** bewertet (siehe Kap. 9 *„Sichtbeton: Mängel und Haftung aus rechtlicher Sicht"*).

Die Anforderung an eine **„eindeutige und erschöpfende"** Beschreibung der zu erwartenden Bauleistung ist aus dem Grund wichtig, um gegebenenfalls über einen SOLL-IST-Vergleich eventuelle Mängel (Abb. 1.1) begründen zu können.

1.1 Regeln

Die Bewertung einzelner Sichtbeton-Leistungen sowie die Bauabnahme erfolgen nach bestimmten Regeln.

Dabei ist zu berücksichtigen, dass bei jeder handwerklichen Leistung Unregelmäßigkeiten nicht völlig zu vermeiden sind (Abb. 1.2a, b).

Für Beton gibt es diverse Merkblätter, Richtlinien oder technische Regelungen mit Empfehlungscharakter.

Abb. 1.1 Deutlich sichtbare Schüttlagen

Abb. 1.2 **a** Sichtbeton-Anforderung konnte nicht erfüllt werden **b** Sichtbeton – Farbabweichungen

Übersicht

Der Begriff „Regel“ ist auf das lateinische Wort *Regula* (dt. Richtschnur) zurückzuführen.

Ob man die Bezeichnung „Regel“, „Regelwerk“ oder „Norm“ benutzt, ist in letzter Konsequenz gleichgültig. Alle beinhalten den gleichen Grundgedanken, nämlich

die allgemein verbindliche Feststellung von Verhaltens- bzw. Ausführungsregeln.

Begriffe im Zusammenhang mit der Sichtbeton-Bauweise werden im Kap. 11 erklärt.

1.2 Baukonstruktion

Baukonstruktion (von lateinisch: *con* = „zusammen“ und *struere* = „bauen“) muss an den Hochschulen wieder verstärkt gelehrt werden! Studierende gehören heutzutage zur „abkupfernden“ Generation, d. h. Details – wenn vorhanden – werden gedankenlos aus Vorlagen abkopiert, sei es per Mausklick im Internet oder aus Büchern. Dabei wird nicht berücksichtigt, dass Firmen in Details nur ihr Produkt richtig und die angrenzenden Gewerke nur schemenhaft und leider oft falsch darstellen!

Heute ist fast alles im Internet nachlesbar. Erforderlich für das sichere Konstruieren ist aber das Lernen in Praxis – nicht nur in der Theorie!

Viele Architekten-Kollegen und -Kolleginnen malen anscheinend lieber bunte Bilder und diskutieren stundenlang über Farben, anstatt den bauausführenden Unternehmen konstruktive Detailzeichnungen zur Verfügung zu stellen. Sie verwechseln Bauwerke mit Bühnenbildern.

Es ist Aufgabe des Architekten/ der Architektin, alle seine/ihre Erkenntnisse in Anforderungen umzusetzen und zu beschreiben, sei es mit Worten (im Leistungsverzeichnis) oder anhand von Zeichnungen (siehe Abschn. 2.6).

Gerade beim Sichtbeton (Abb. 1.3) muss berücksichtigt werden, dass bautechnische Anforderungen Vorrang vor gestalterischen und vegetationstechnischen Aspekten haben, u. a.:

> *„Bei bewitterten Ansichtsflächen muss eine kontrollierte Ableitung des Regenwassers geplant werden, um Schmutzfahnen auf der Betonoberfläche zu verhindern.“*

(DBV/VDZ-Merkblatt *„Sichtbeton“* [30], Abs. 5.1.3).

Abb. 1.3 Sichtbeton-Fertigteile

2 Normen mit Sichtbeton-Relevanz

Bis heute gibt es keine DIN-Norm, die ausdrücklich die Herstellung von Sichtbeton behandelt bzw. definiert! Auch die Betonnormen (z. B. DIN 1045, DIN 18331 usw.) enthalten keine eindeutigen Aussagen über Sichtbeton.

Demzufolge ist der sichtbare Beton mit eigenen Worten zu planen, das Aussehen zu definieren und die Anforderungen eindeutig und erschöpfend zu beschreiben.

Auch wenn es DIN-Normen zum Thema Sichtbeton gäbe, sollte man immer bedenken, was auch der Bundesgerichtshof in einem Urteil vom 14.05.1998 (VII ZR 184/97) feststellte:

J. Schulz, *Sichtbeton*, https://doi.org/10.1007/978-3-8348-2250-5_2

*„Die DIN-Normen sind **keine** Rechtsnormen, sondern private technische Regelungen mit Empfehlungscharakter. Sie können die anerkannten Regeln der Technik wiedergeben oder hinter diesen zurückbleiben."*

1987 bemerkte das Bundesverwaltungsgericht im sogenannten „Meersburg Urteil" (Aktenzeichen. 4 C-33-35/83):

Übersicht

„Zwar kann den DIN-Normen einerseits Sachverstand und Verantwortlichkeit für das allgemeine Wohl nicht abgesprochen werden. Andererseits darf aber nicht verkannt werden, dass es sich dabei zumindest auch um Vereinbarungen interessierter Kreise handelt, die eine bestimmte Einflussnahme auf das Marktgeschehen bezwecken.

Den Anforderungen, die etwa an die Neutralität und Unvoreingenommenheit gerichtlicher Sachverständiger zu stellen sind, genügen sie deswegen nicht."

Baufehler als Ursache für Bauschäden werden nicht durch Normen, sondern durch Kenntnis naturbedingter Grundgesetzlichkeiten vermieden.

DIN-Normen können und wollen keine Kochbücher nach dem *„man nehme…"*-Prinzip sein. Es nutzt dem Planer oder Unternehmer im Streitfall nichts, wenn etwas in einer DIN-Norm steht oder aus Merkblättern übernommen wird oder das Produkt eine Zulassung besitzt, wenn trotzdem beim Einsatz ein Restrisiko verbleibt und daraus ein Schaden oder eine Abweichung entstehen kann.

Aus dem Werkvertrag heraus schuldet der Planer gemäß BGB den Erfolg, auch für Sichtbeton (Abb. 2.1).

2.1 Festlegungen in DIN EN 206-1/DIN 1045-2

Bauwerke gelten als dauerhaft, wenn sie während der vorgesehenen Nutzungsdauer ihre Funktion hinsichtlich Tragfähigkeit und Gebrauchstauglichkeit ohne wesentlichen Verlust der Nutzungseigenschaften bei einem angemessenen Instandhaltungsaufwand erfüllen. Nach DIN EN 206-1 [12] beträgt diese Nutzungsdauer mindestens 50 Jahre.

Um diese Anforderung für **Sichtbeton** zu erreichen, sind eine Vielzahl von Maßnahmen in der Planung zu berücksichtigen, u. a. bezüglich

- Rissbreitenbegrenzung,
- Betondeckung,

Abb. 2.1 Sichtbeton-Fassade

- Sicherung des Verbundes zwischen Bewehrung und Beton und
- Schutz der Bewehrung gegen Korrosion.

Sichtbetonbauteile (Abb. 2.2) sind so zu konstruieren, dass ein „normales" Betonieren möglich ist (Querschnitt, Abmessung, Form usw.). Sind konstruktionsbedingt Beeinträchtigungen der Sichtbetonqualität zu erwarten, dann muss man ggf. umplanen oder die möglichen Konsequenzen mit dem Bauherrn vor der Ausführung abstimmen (Abb. 2.3).

Verschiedene DIN-Normen geben Hinweise zum sichtbaren Beton.

DIN EN 13670:2011-03 *„Ausführung von Tragwerken aus Beton"* [17]

> **8.8 Sichtflächen**
> *(1) Anforderungen an das Erscheinungsbild von geschalten und ungeschalten Betonoberflächen sind, sofern festgelegt, in den bautechnischen Unterlagen anzugeben.*

DIN 1045-3: 2012-03 *„Tragwerke aus Beton, Stahlbeton und Spannbeton" – Teil 3: Bauausführung – Anwendungsregeln zu DIN EN 13670* [4]

> **2.8.9 zu 8.8 Sichtflächen**
> *Absatz (1) wird ergänzt durch:*
> *(NA.1) Zur Beschreibung der Anforderungen an die Sichtflächen (Ansichtsflächen) sollte das DBV/VDZ-Merkblatt „Sichtbeton" herangezogen werden.*

Abb. 2.2 Sporthalle in Sichtbeton

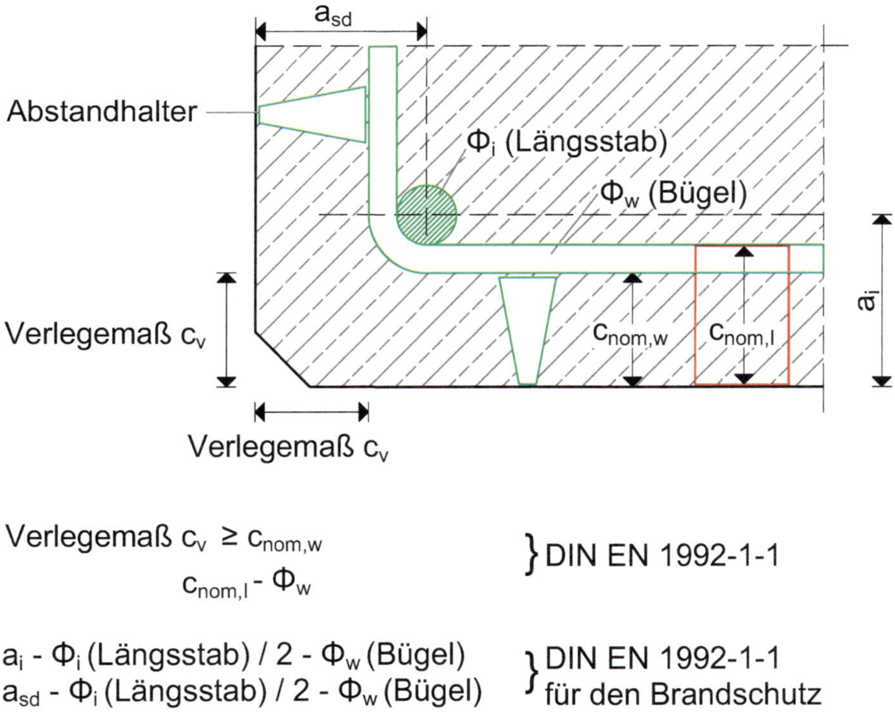

Abb. 2.3 Prinzipskizze – Betondeckung der Bewehrung [75]

2.1.1 Expositionsklassen (Einwirkungen/Expositionen)

Um die Dauerhaftigkeit von Sichtbetonbauteilen zu gewährleisten, müssen sie u. a. gegenüber chemischen und physikalischen Einwirkungen aus der Umgebung widerstandsfähig sein. Die unterschiedlichen Einwirkungen aus der Umgebung werden in Expositionsklassen eingeteilt (Tab. 2.1), für die folgende Abkürzungen verwendet werden:

- **0** für Zero Risk (kein Angriffsrisiko)
- **C** für **C**arbonation (Carbonatisierung/Karbonatisierung)
- **D** für **D**eicing Salt (wechselfähige Chloride, z. B. Streusalz)
- **S** für **S**eawater (Meerwasser)
- **F** für **F**rost (Frost und Tausalz)
- **A** für Chemical **A**ttack (chemischer Angriff)

2.1.2 Betondeckung

Die Betondeckung ist in DIN EN 1992-1-1:2011-01 [4] definiert als Abstand zwischen der Oberfläche eines Bewehrungsstabs, den Spanngliedern bei Vorspannung mit sofortigem Verbund oder der Hüllrohre von Spanngliedern bei Vorspannung mit nachträglichem Verbund und der nächstgelegenen Betonoberfläche (siehe Tab. 2.2, 2.3, 2.4 und 2.5).

Eine ausreichende Betondeckung ist erforderlich, um die Bewehrung vor Korrosion (passiver Korrosionsschutz) und Brandeinwirkung zu schützen und um die Einleitung von Zugkräften aus dem Beton in den Bewehrungsstahl sicherzustellen (Verbund) (siehe Abb. 2.4a, b). Die Mindestmaße für die Betondeckung richten sich dementsprechend nach den Expositionsklassen, nach dem Stabdurchmesser der Bewehrung sowie nach der geforderten Feuerwiderstandsdauer.

Die Mindestbetondeckung c_{min} ist am erhärteten Bauteil einzuhalten und setzt sich aus folgenden Einzelanforderungen zusammen:

- Ausreichender Verbund zwischen Bewehrung und Beton
  - Forderung $c_{min} \geq c_{min,b}$.
  - $c_{min,b}$ entspricht hierbei bei Bewehrungsstabstahl dem Stabdurchmesser und bei Stabbündeln dem Vergleichsdurchmesser.
- Dauerhaftigkeit durch ausreichenden Korrosionsschutz der Bewehrung
  - Forderung $c_{min} \geq c_{min,dur} + \Delta c_{dur,y} - \Delta c_{dur,st} - \Delta c_{dur,add}$
  - positiv wirkende Maßnahmen reduzieren c_{min}
  - $\Delta c_{dur,y}$ siehe Tabellen
  - nichtrostende Stähle: $\Delta c_{dur,st}$
  - zusätzliche Schutzmaßnahmen: $\Delta c_{dur,add}$.

Tab. 2.1 Expositionsklassen in Übereinstimmung mit EN 206-1 nach DIN EN 1992-1-1:2011-01 [16] Tab. 4.1

1	2	3
Klasse	Beschreibung der Umgebung	Beispiele für die Zuordnung von Expositionsflächen (informativ)
1 Kein Korrosions- oder Angriffsrisiko		
XO	Für Beton ohne Bewehrung oder eingebettetes Metall: alle Expositionsklassen, ausgenommen Frostangriff mit und ohne Taumittel, Abrieb oder chemischen Angriff Für Beton mit Bewehrung oder eingebettetem Metall: sehr trocken	Beton in Gebäuden mit sehr geringer Luftfeuchte
2 Korrosion, ausgelöst durch Karbonatisierung		
XC1	Trocken oder ständig nass	Beton in Gebäuden mit geringer Luftfeuchte Beton, der ständig in Wasser getaucht ist
XC2	Nass, selten trocken	Langzeitig wasserbenetzte Oberflächen; vielfach bei Gründungen
XC3	Mäßige Feuchte	Beton in Gebäuden mit mäßiger oder hoher Luftfeuchte; vor Regen geschützter Beton im Freien
XC4	Wechselnd nass und trocken	wasserbenetzte Oberflächen, die nicht der Klasse XC2 zuzuordnen sind
3 Bewehrungskorrosion, ausgelöst durch Chloride, ausgenommen Meerwasser		
XD1	Mäßige Feuchte	Betonoberflächen, die chloridhaltigem Sprühnebel ausgesetzt sind
XD2	Nass, selten trocken	Schwimmbäder; Beton, der chloridhaltigen Industrieabwässern ausgesetzt ist
XD3	Wechselnd nass und trocken	Teile von Brücken, die chloridhaltigem Spritzwasser ausgesetzt sind; Fahrbahndecken; Parkdecks
4 Bewehrungskorrosion, ausgelöst durch Chloride aus Meerwasser		
XS1	Salzhaltige Luft, kein unmittelbarer Kontakt mit Meerwasser	Bauwerke in Küstennähe oder an der Küste
XS2	Unter Wasser	Teile von Meeresbauwerken
XS3	Tidebereiche, Spritzwasser- und Sprühnebelbereiche	Teile von Meeresbauwerken
5 Betonangriff durch Frost mit und ohne Taumittel		
XF1	Mäßige Wassersättigung ohne Taumittel	senkrechte Betonoberflächen, die Regen und Frost ausgesetzt sind

(Fortsetzung)

Tab. 2.1 (Fortsetzung)

1	2	3
XF2	Mäßige Wassersättigung mit Taumittel oder Meerwasser	senkrechte Betonoberflächen von Straßenbauwerken, die taumittelhaltigem Sprühnebel ausgesetzt sind
XF3	Hohe Wassersättigung ohne Taumittel	waagerechte Betonoberflächen, die Regen und Frost ausgesetzt sind
XF4	Hohe Wassersättigung mit Taumittel oder Meerwasser	Straßendecken und Brückenplatten, die Taumitteln ausgesetzt sind; senkrechte Betonoberflächen, die taumittelhaltigen Sprühnebeln und Frost ausgesetzt sind; Spritzwasserbereich von Meeresbauwerken, die Frost ausgesetzt sind
6 Betonangriff durch chemischen Angriff der Umgebung		
XA1	Chemisch schwach angreifende Umgebung nach EN 206-1, Tabelle 2	Natürliche Böden und Grundwasser
XA2	Chemisch mäßig angreifende Umgebung und Meeresbauwerke nach EN 206-1, Tabelle 2	Natürliche Böden und Grundwasser
XA3	Chemisch stark angreifende Umgebung nach EN 206-1, Tabelle 2	Natürliche Böden und Grundwasser

ANMERKUNG Die Zusammensetzung des Betons wirkt sich sowohl auf den Schutz der Bewehrung als auch auf den Widerstand des Betons gegen Angriffe aus. Anhang E enthält indikative Mindestfestigkeitsklassen für bestimmte Umgebungsbedingungen. Das kann dazu führen, dass für einen Beton eine höhere Druckfestigkeitsklasse verwendet werden muss, als aus der Bemessung erforderlich ist. In solchen Fällen ist in der Regel der Wert f_{ctm} der höheren Druckfestigkeitsklasse für die Berechnung der Mindestbewehrung und der Begrenzung der Rissbreite (siehe 7.3.2 bis 7.3.4) zu übernehmen.

Der jeweils höhere Wert aus den Einzelanforderungen ist maßgebend. c_{min} muss immer mindestens 10 mm betragen. Das Nennmaß der Betondeckung c_{nom} ergibt sich aus der Mindestbetondeckung c_{min} erhöht um das Vorhaltemaß Δc_{dev} zu:

$$c_{nom} = c_{min} + \Delta c_{dev}$$

Auf den Bewehrungszeichnungen sollte das Verlegemaß der Bewehrung c_v, das sich aus dem Nennmaß der Betondeckung c_{nom} ableitet, sowie das Vorhaltemaß Δc_{dev} der Betondeckung angegeben werden.

Tab. 2.2 Betondeckung der Bewehrung nach DIN EN 1992-1-1:2011-11 [4] und DIN EN 1992-1-1/NA [16]

Begriff	Definition
Betondeckung	Abstand zwischen der Oberfläche eines Bewehrungsstabes und der nächstgelegenen Betonoberfläche
c_{nom}	Nennmaß der Betondeckung
c_{min}	Mindestbetondeckung, Kontrollmaß am erhärteten Bauteil
Δc_{dev}	Vorhaltemaß der Betondeckung zur Berücksichtigung unplanmäßiger Abweichungen, Zur Einhaltung von c_{min} im erhärteten Bauteil, Angabe auf Bewehrungszeichnung erforderlich
c_v	Verlegemaß der Bewehrung $c_{v \geq} c_{nom}$ (siehe folgende Abbildung), Angabe auf Bewehrungszeichnung erforderlich, maßgebend für die statische Bauteilbemessung (Nutzhöhe d)
$c_{min,b}$	Mindestbetondeckung aus Verbundanforderung
$c_{min,dur}$	Mindestbetondeckung aus Dauerhaftigkeitsanforderung
$\Delta c_{dur,g}$	additives Sicherheitselement
$\Delta c_{dur,st}$	Größe der mögl. Betondeckungsreduzierung bei Verwendung nicht rostender Stähle
$\Delta c_{dur,add}$	Größe der möglichen Betondeckungsreduzierung bei Anwendung zusätzlicher Schutzmaßnahmen
$\varnothing_s$	Stabdurchmesser der Betonstahlbewehrung
$\varnothing_n$	Vergleichsdurchmesser der Bewehrung eines Stabbündels
$\varnothing_p$	Nenndurchmesser der Litze oder des Drahtes bei Spanngliedern
$\varnothing_{duct}$	Hüllrohrdurchmesser
a_i	Achsabstand Tragbewehrung – Außenkante Beton (Nennmaß)
a_{sd}	seitlicher Abstand – Außenkante Beton (Nennmaß)
$c_{nom,w}$	Nennmaß der Betondeckung der außenliegenden Querbewehrung/der Bügel
$c_{nom,l}$	Nennmaß der Betondeckung der Längsstäbe

Beispiel:

Bemessung:
Expositionsklasse: XC4, XF1, WF
Mindestbetonfestigkeit: C30/37
Mindestbetondeckung: $c_{min,dur} = 10$ mm
Korrekturwert (additives Sicherheitselement): $\Delta c_{dur,\gamma} = 0$ mm
Stabdurchmesser d = 16 mm
keine zusätzlichen Schutzmaßnahmen, Normalstahl
Aus den Expositionsklassen ergibt sich folgende Mindestbetondeckung cmin,dur aus Dauerhaftigkeitsanforderung und additives Sicherheitselement $\Delta_{cdur,y}$ (siehe Seite zuvor)

	Dauerhaftigkeitsanforderung $c_{min,dur}$ in mm für	
Expositionsklasse	Betonstahl DIN 488	
	$c_{min,dur}$	$\Delta c_{dur,y}$
XC4	25	0
XF1		

Erforderliches Nennmaß c_{nom}
$c_{nom} = c_{min} + \Delta c_{dev}$
$c_{nom} = 25 + 10 = 35$ mm
gewählt: 40 > 35 mm

Tab. 2.3 Mindestbetondeckung $c_{min,dur}$. Anforderungen an die Dauerhaftigkeit von Betonstahl [4]

Dauerhaftigkeitsanforderung $c_{min,dur}$ in mm							
Anforderungsklasse	Expositionsklasse nach Tab. 4.1						
	X0	XC1	XC2/3	XC4	XD1/XS1	XD2/XS2	XD3/XS3
S1	10	10	10	15	20	25	30
S2	10	10	15	20	25	30	35
S3	10	10	20	25	30	35	40
S4	10	15	25	30	35	40	45
S5	15	20	30	35	40	45	50
S6	20	25	35	40	45	50	55

Tab. 2.4 Additives Sicherheitselement $\Delta_{Cdur,\gamma}$ für Betonstahl [16]

Dauerhaftigkeitsanforderung $c_{min,dur}$ in mm							
Anforderungsklasse	Expositionsklasse nach Tab. 4.1						
	(X0)	XC1	XC2/XC3	XC4	XD1/XS1	XD2/XS2	XD3/XS3
S3 -> $c_{min,dur}$	(10)	10	20	25	30	35	40
$\Delta_{Cdur,\gamma}$	0				+10	+5	0

Tab. 2.5 Additives Sicherheitselement $D_{Cdur,\gamma}$ für Spannglieder [16]

Dauerhaftigkeitsanforderung $c_{min,dur}$ in mm							
Anforderungsklasse	Expositionsklasse nach Tab. 4.1						
	(X0)	XC1	XC2/XC3	XC4	XD1/XS1	XD2/XS2	XD3/XS3
S. 3 -> $c_{min,dur}$	(10)	20	30	35	40	45	50
$\Delta_{Cdur,\gamma}$	0				+10	+5	0

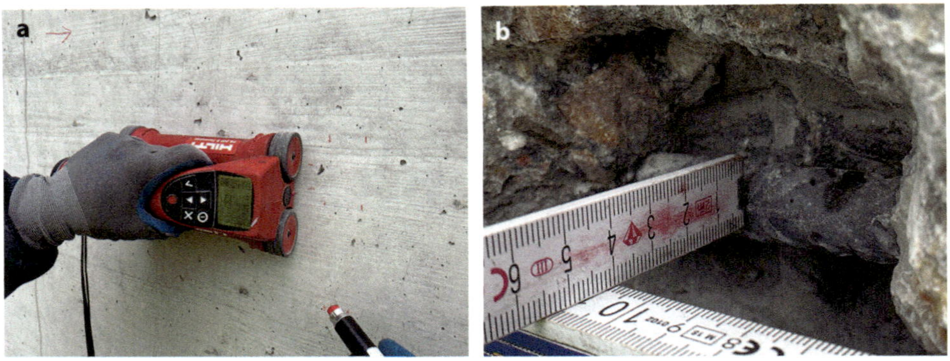

Abb. 2.4 **a** Bewehrungssuchgerät Hilti PS 200 Ferroscan **b** Betondeckung

2.1.3 Abstandhalter und Abhängung

Abstandhalter können sich an der Sichtbetonoberfläche abzeichnen (Abb. 2.5a–d). Daher ist eine systematische Verlegung/Planung erforderlich (siehe Abschn. 3.1.3 DBV/VDZ-Merkblatt „Abstandhalter" [35]).

Die DIN EN 1992-1-1 [16] gibt Angaben zum Vorhaltemaß, Verlegemaß usw. als Grundlage zur Mindestbetondeckung, aus der die unterschiedlichen Abstandhalter gewählt werden können (siehe Tab. 2.6). Eine Bemusterung der Abstandhalter sowie entsprechende Hinweise im Leistungsverzeichnis sind daher erforderlich und schriftlich zu vereinbaren.

2.1.3.1 Abhängung der Bewehrung

Bei besonders hohen Sichtbetonanforderungen an Decken ist – zur Vermeidung eines *„Abzeichnens der Abstandhalter"* – auch eine Abhängung der Bewehrung als „Besondere Leistung" (d. h. Mehrkosten) möglich (Abb. 2.6a–c).

Die DIN 1045-3: 2012-03 „Tragwerke aus Beton, Stahlbeton und Spannbeton" – Teil 3: Bauausführung – Anwendungsregeln zu DIN EN 13670 [5] weist in Abschn. 2.6.1 auf folgendes hin:

> **Übersicht**
> *„Zur Sicherstellung der Mindestbetondeckung c_{min} am fertigen Bauteil (siehe z. B.* ***DBV-Merkblatt Betondeckung*** *und Bewehrung)nach DIN EN 1992-1-1 in Verbindung mit DIN EN 1992-1-1/NA, sind die in den Bewehrungszeichnungen vorgegebenen Verlegemaße der Betondeckung c_v,* welche sich aus den Nennmaßen der Betondeckung c_{nom} *ableiten, der Ausführung zu Grunde zu legen.*

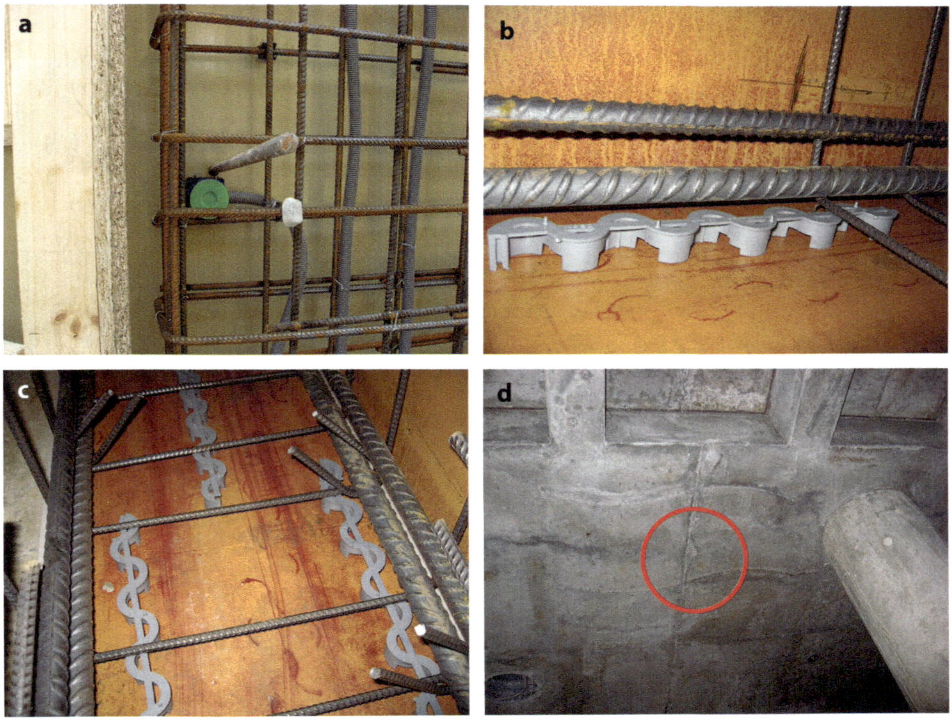

Abb. 2.5 **a** Abstandhalter für Wände **b** Abstandhalter für Deckenbewehrung **c** Abstandhalter für Unterzüge **d** Sichtbetonklasse SB4, sichtbare Abstandhalter

Das vorgeschriebene Nennmaß der Betondeckung ist durch geeignete Abstandhalter (siehe z. B. ***DBV-Merkblatt – Abstandhalter****) und geeignete Unterstützungen zur Lagesicherung der oberen Bewehrung (siehe z. B.* ***DBV-Merkblatt – Unterstützungen****) sicherzustellen, die an der Betonoberfläche nicht korrodieren dürfen.“*

Tab. 2.6 Abstandhalter

Abstandhalter	Beispiel [35]
Radform	
Punktförmig, nicht befestigt	
Punktförmig, befestigt	
Linienförmig, nicht befestigt[a]	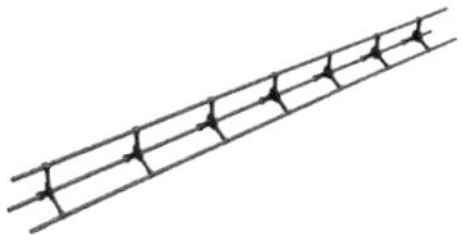
Linienförmig, befestigt[a]	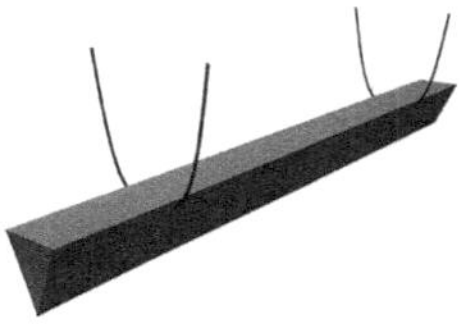
Flächenförmig, nicht befestigt	
Flächenförmig, befestigt	

[a]mit Längenbegrenzung (350 mm bzw. ≤ 2 h oder ≤ 0,25 b mit h – Bauteildicke und b – Bauteilbreite

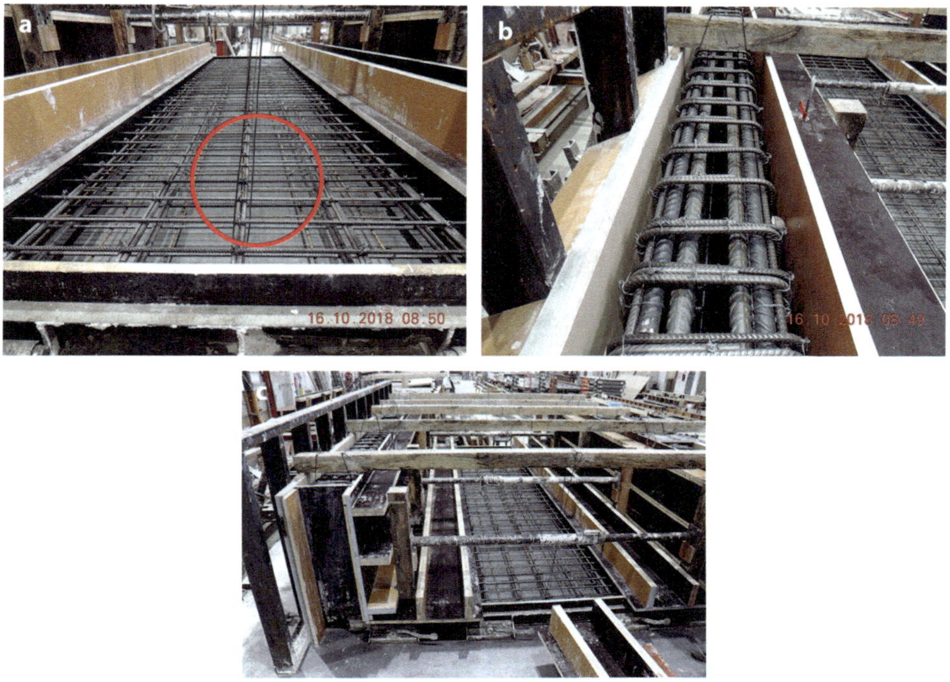

Abb. 2.6 **a–c** Abhängung der Bewehrung

2.1.4 Schwindverhalten im Sichtbeton

Erscheinungsbild – Beton-Fertigteile
(Abb. 2.7).

Gutachterliche Einstufung
In der DIN EN 13670: 2011-03 [17] wird unter Abschn. 8.5 u. a. darauf hingewiesen, dass junger Beton nachbehandelt und geschützt werden muss, um das Frühschwinden gering zu halten.

Alle Bauteile, die mit Wasser „angemacht" werden, weisen ein mehr oder weniger großes Schwindverhalten auf. Aber auch die Form bzw. die Abmessungen haben Auswirkungen auf das Schwindverhalten am Sichtbeton. Das Bauteil versucht, sich zum Mittelpunkt zu ziehen, d. h. bei einem „Kreis" gibt es die gleichmäßigsten Aufwölbungen aufgrund des gleichmäßigen Radius (siehe Abb. 2.8, Pkt. 1).

Danach folgt ein Acht- bzw. ein Sechseck (siehe Abb. 2.8, Pkt. 2).

Wer verbaut jedoch runde oder eckige Bauteile?

Ungünstiger wirkt sich ein Quadrat und noch ungünstiger ein Rechteck auf das Schwindverhalten aus. Bei einem Rechteck ist die Diagonale weitaus länger als der kurze Radius (siehe 2.8, Pkt. 3).

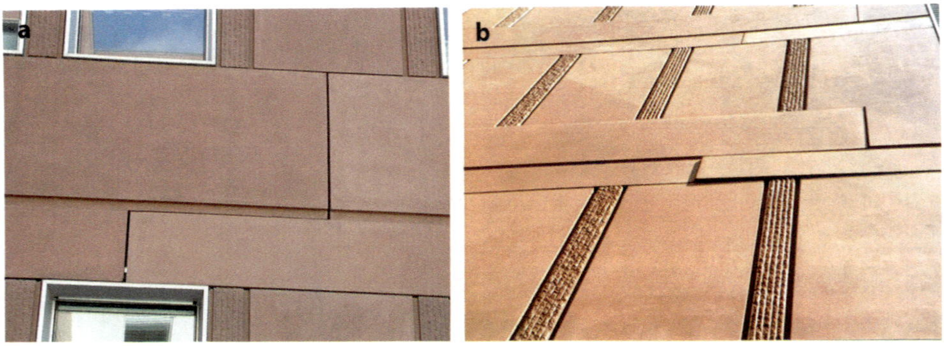

Abb. 2.7 **a** Aufwölbungen, verursacht aufgrund des Schwindverhaltens, treten im Eckbereich auf **b** An der Fassade, mit Betonfertigteilen 8,0 m × 1,20 m gab es Verwölbungen bis zu 3 cm

Im neuen FDB-Merkblatt-Nr. 1 (siehe Abschn. 3.2.1) wird darauf hingewiesen, dass „geringe Verwölbungen" zu tolerieren sind.

Wie viel – dies ist vom Sachverständigen zu bewerten.

2.2 Schalungsanker für Betonschalungen

Ein Schalungsanker hat die Aufgabe zwei Schalelemente zu halten.

Zwischen den zwei Schalungselementen wird ein Leerrohr angeordnet, welches als Abstandshalter der beiden Schalelemente gilt. Durch dieses Leerrohr wird ein Gewindestab (Zugstab) geführt, der die Schalelemente hält, sobald der Druck beim Einbringen des Betons entsteht. Geregelt sind diese Bauteile in DIN 18216: 2021-02 „Schalungsanker für Betonschalungen" – Anforderungen, Prüfung und Verwendung [13].

Beim Ausschalen verbleibt ein „Ankerloch", das unterschiedlich verschlossen werden kann. Das „Ankerloch" ist die verbleibende Öffnung in der Sichtbetonoberfläche an der Ankerstelle. (Abb. 2.9, 2.10 und 2.11).

2.3 Betonflächen und Schalungshaut

Die alte DIN 18217:1981-12 „Betonflächen und Schalungshaut" [2-2017 zurückgezogen] beschrieb treffend die Zusammenhänge:

> *„Betonflächen sind das Spiegelbild der Schalungshaut oder das Ergebnis nachträglicher Bearbeitung und/oder Behandlung."*

Beschreibung	Prinzipskizze
Quadrat Bei quadratischen Platten weist die Krümmung stets in eine Richtung, parallel zu einer Seitenkante	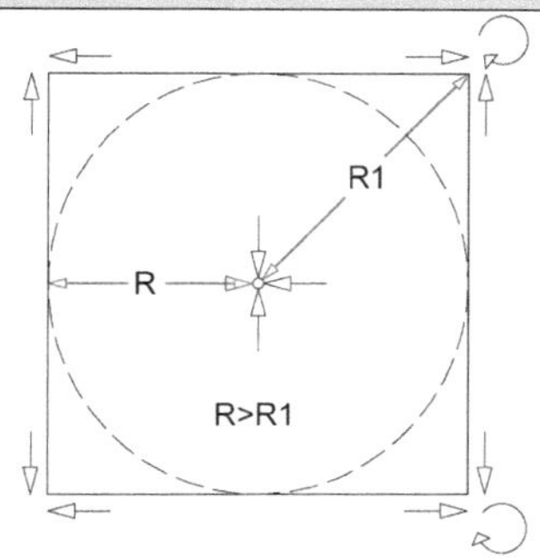
Kreis, bzw. Achteck	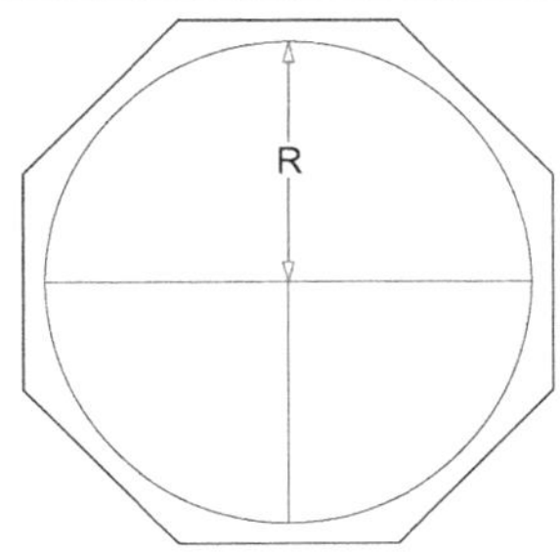
Rechteck Bei Rechteckflächen weist die Krümmung stets in Richtung der längeren Seitenkante. Es sei denn, durch konstruktive Maßnahmen ist eine Verkrümmung in diese Richtung verhindert.	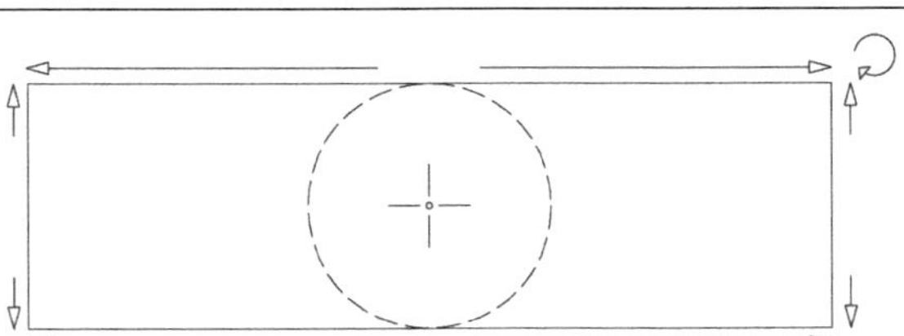
Rechteck Extrem ungünstig ist das Schwind-verhalten von Seitenverhältnissen > 2:1	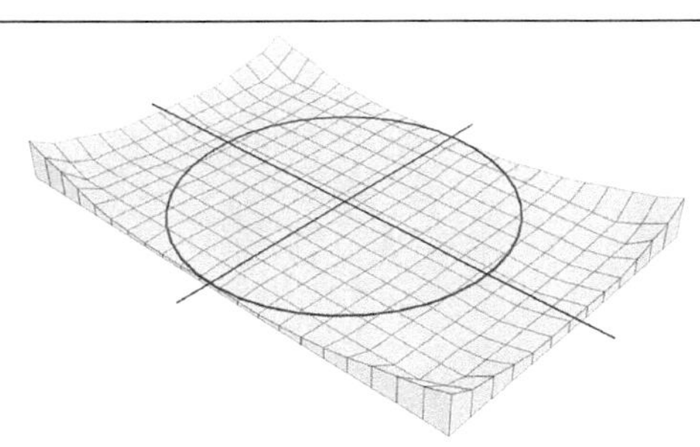

Abb. 2.8 Prinzipskizzen – Schwindverhalten je nach Flächenabmessungen

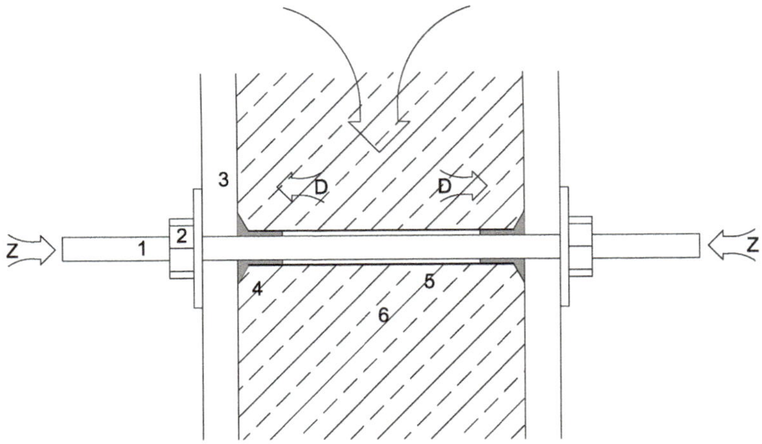

Abb. 2.9 Prinzipskizze eines Schalungsankers 1 Gewindestab 2 Mutter 3 Schalung 4 Ankerkonus 5 Leerrohr 6 Beton

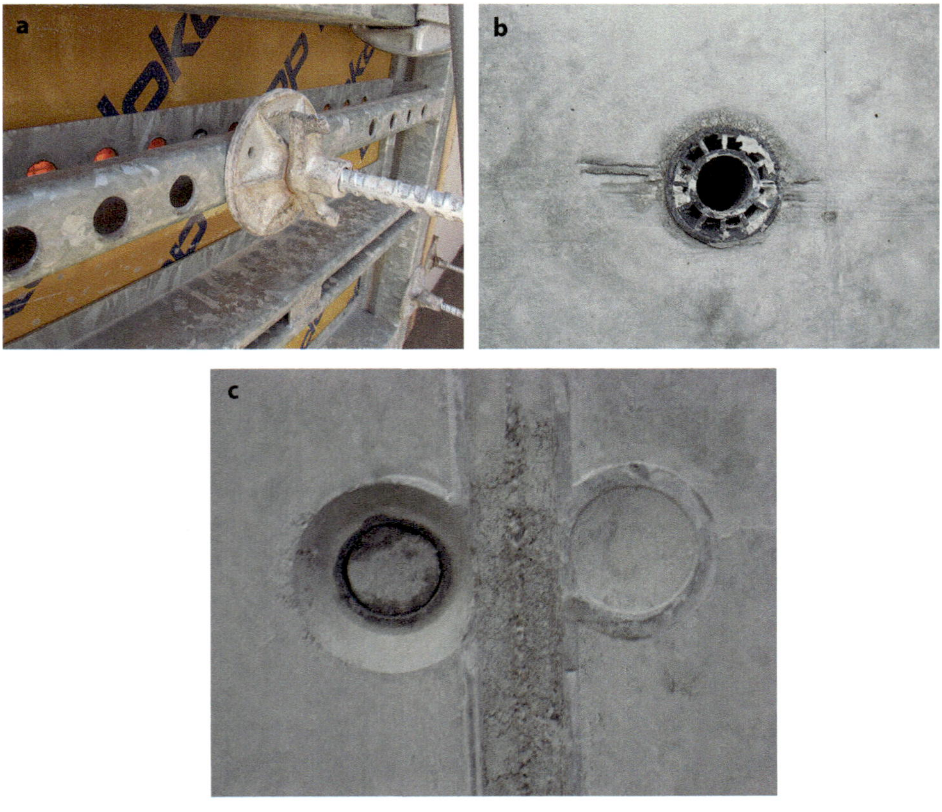

Abb. 2.10 **a** Schalungsanker **b** Anschlusskonus **c** Ankerstelle einer Rahmenschalung

Abb. 2.11 **a** Kone MARO **b** Kone MARO **c** Ankerloch **d** geschlossenes Ankerloch

und

> *„Betonflächen mit Anforderungen an das Aussehen sind sichtbar bleibende Betonflächen, für die eine eindeutige und praktisch ausführende Beschreibung vorliegen muss." (siehe Abb. 2.12)*

Der Kommentar zur alten DIN 18217 ist im Buch „Sichtbeton-Planung" [52] enthalten. Er enthält Empfehlungen zur Leistungsbeschreibung und gibt eine Hilfestellung sowohl in planungstechnischer, arbeitsvorbereitender wie auch ausführungsbezogener Hinsicht.

Abb. 2.12 Höchste Sichtbeton-Anforderungen (Bundeskanzleramt, Berlin)

Empfehlung
Eine eindeutige und praktische Beschreibung <u>muss</u> vorliegen. Der alleinige Hinweis auf das DBV/VDZ-Merkblatt Sichtbeton ersetzt dies nicht!

2.4 Betonarbeiten gemäß DIN 18331

In der DIN 18331: 2019-09 VOB/C „Vergabe- und Vertragsordnung für Bauleistungen (ATV) – Betonarbeiten" [3] (siehe Abb. 2.13) wird darauf hingewiesen, dass in der Leistungsbeschreibung nach den Erfordernissen des Einzelfalls insbesondere anzugeben sind:

Abb. 2.13 Betonarbeiten, hier: Verdichten des Betons mittels Rüttler

*0.2 **Angaben zur Ausführung***
(…).
*0.2.4 Bei **sichtbar bleibenden Betonflächen** u. a.*

- *Klassifizierung der Ansichtsflächen,*
- *Oberflächentextur, erforderlichenfalls Beschreibung des Schalungs- und Schalhautsystems, Oberflächenausbildung nicht geschalter Teilflächen,*
- *Farbtönung,*
- *Flächengliederung,*
- *Ausbildung von Fugen, Kanten, Ankern und Ankerlöchern sowie Schalungsstößen,*
- *Bewehrungsanschlüsse für einbindende Bauteile,*
- *erhöhte Anforderungen an die Deckenuntersicht und daraus resultierende Leistungen, z. B. zum Schutz gegen abfallenden Flugrost,*
- *Anzahl der Erprobungsflächen, Auswahl der Referenzfläche.*

(…)
*4.2 **Besondere Leistungen** sind ergänzend zur ATV DIN 18299,* Abschn. 4.2, *z. B.:*
(…)
4.2.4 Leistungen zur Erfüllung erhöhter Anforderungen an die Ebenheit und Maßhaltigkeit (siehe Abschn. 3.1.2*).*
(…)
4.2.18 Leistungen zum Erzielen einer Betonoberfläche über die Anforderungen des Abschn. 3.3 *hinaus. Herstellung von Erprobungs- und Referenzflächen.*

Im FDB-Merkblatt Nr. 1 - 2015-06 „Sichtbetonflächen von Fertigteilen aus Beton und Stahlbeton“[40] wird der Hinweis auf die Anforderungen an die Einfüllseite von Betonfertigteilen gegeben.

Empfehlung
Leistungen für die zu erwartende Sichtbeton-Oberfläche sind genauestens zu planen und zu beschreiben! Der alleinige Hinweis auf das DBV/VDZ-Merkblatt Sichtbeton ersetzt dies nicht!

2.4.1 Betonbauarbeiten, insbesondere auch für Sichtbeton

In der DIN EN 1992-1-1:2011–01 „Allgemeine Bemessungsregeln und Regeln für den Hochbau“ [16] wird u. a. auf folgendes hingewiesen:

8.2 Stababstände von Betonstählen

(1) *Der Stababstand muss mindestens so groß sein, dass der Beton ordnungsgemäß eingebracht und verdichtet werden kann, um ausreichenden Verbund sicherzustellen.*

(2) *Der lichte Abstand (horizontal und vertikal) zwischen parallelen Einzelstäben oder in Lagen paralleler Stäbe darf in der Regel nicht geringer als das Maximum von {k1 · Stabdurchmesser; dg + k2 mm; 20 mm} sein. Dabei ist dg der Durchmesser des Größtkorns der Gesteinskörnung (siehe Abb. 2.14).*

▶ *ANMERKUNG: Die landesspezifischen Werte k1 und k2 dürfen einem Nationalen Anhang entnommen werden. Die empfohlenen Werte sind 1 bzw. 5.*

In der DIN EN 13.670:2011-03 „Ausführung von Tragwerken aus Beton" [17] wird u. a. auf folgende Punkte hingewiesen:

8.2 Arbeiten vor dem Betonieren

(1) *Sofern in den bautechnischen Unterlagen gefordert, ist ein* ***Betonierplan*** *aufzustellen.*

(2) *Sofern in den bautechnischen Unterlagen gefordert, sind Probebetonagen (Vorversuche) vor Ausführungsbeginn durchzuführen und die Ergebnisse sind aufzuzeichnen.*

Abb. 2.14 Zu enge Stahlbewehrung: keine Rüttelgassen

(3) *Vorbereitende Arbeiten müssen vor Beginn des Betoneinbaus abgeschlossen, überwacht und dokumentiert sein, wie für die jeweilige Überwachungsklasse gefordert.*

(4) ***Arbeitsfugen*** *sind in Übereinstimmung mit den in den bautechnischen Unterlagen festgelegten Anforderungen vorzubereiten. Sie müssen sauber, frei von Zementschlämme und mattfeucht sein.*

(5) *Die Schalung sollte frei von Verunreinigungen, Eis, Schnee und stehendem Wasser sein.*

(6) *Wird unmittelbar gegen Erdreich betoniert, muss der Frischbeton gegen Vermischen mit dem Erdreich geschützt werden.*

(7) *Falls die Gefahr besteht, dass Regen oder anderes fließendes Wasser den Zement oder Feinanteile des Frischbetons während des Betonierens auswaschen kann, sind Maßnahmen zu planen, um den Beton gegen schädliche Auswirkungen zu schützen.*

(8) *Erdreich, Fels, Schalung oder tragende Bauteile, die mit dem zu betonierenden Bauteil in Berührung kommen, müssen eine Temperatur aufweisen, die den Beton nicht gefrieren lässt, bevor dieser eine ausreichende Festigkeit erreicht hat, um Frosteinwirkungen widerstehen zu können.*

(9) *Wenn zum Zeitpunkt des Betoneinbaus oder während der* ***Nachbehandlungsdauer*** *niedrige Umgebungstemperaturen herrschen oder zu erwarten sind, müssen Vorsichtsmaßnahmen zum Schutz des Betons vor Frost getroffen werden.*

(10) *Wenn während des Erstarrens oder der Nachbehandlungsdauer hohe Umgebungstemperaturen zu erwarten sind, müssen Vorsichtsmaßnahmen getroffen werden, um den Beton gegen schädliche Auswirkungen zu schützen.*

8.4 Einbringen und Verdichten

(1) *Der Beton ist so einzubauen und zu verdichten, dass er seine vorgesehene Festigkeit und Dauerhaftigkeit erreicht und dass die ausreichende Umhüllung der Bewehrung und aller Einbauteile sichergestellt ist.*

(2) *Besondere Sorgfalt ist bei Querschnittsänderungen, Engstellen, Aussparungen, enger Bewehrungsführung und bei Arbeitsfugen erforderlich, um eine ausreichende Verdichtung sicherzustellen.*

(3) *Einbau- und Verdichtungsleistung müssen groß genug sein, um ungewollte Arbeitsfugen zu vermeiden, und klein genug, um übermäßige Setzungen oder Überlastung von Schalung und Traggerüst zu verhindern.*

▶ *ANMERKUNG: Eine ungewollte Arbeitsfuge kann sich während des Einbaus bilden, wenn der Beton am Betonieransatz erstarrt ist, bevor die nächste Betonschicht eingebaut und verdichtet ist. Besondere Aufmerksamkeit ist geboten, wenn der zuerst eingebrachte Beton beim Verdichten der nächsten Schicht nicht mehr verdichtbar ist.*

Wichtig

(4) *Zusätzliche Anforderungen an das Einbauverfahren und die Einbauleistung können notwendig sein, wenn* ***besondere Anforderungen an das Erscheinungsbild der Betonoberfläche*** *gestellt werden.*

(5) *Während des Einbaus und Verdichtens muss das Entmischen des Betons so gering wie möglich sein.*

(6) *Der Beton ist während des Einbaus und Verdichtens gegen schädigende Sonneneinstrahlung, starken Wind, Frost, Wasser, Regen und Schnee zu schützen.*

8.5 Nachbehandlung und Schutz

(1) *Junger Beton muss nachbehandelt und geschützt werden, um*

a) *das Frühschwinden gering zu halten;*

b) *eine ausreichende Festigkeit in der Betonrandzone sicherzustellen;*

c) *eine ausreichende Dauerhaftigkeit der Betonrandzone sicherzustellen;*

d) *den Beton vor schädlichen Witterungsbedingungen zu schützen;*

e) *das Gefrieren zu verhindern;*

f) *schädliche Erschütterungen, Stöße oder Beschädigungen zu vermeiden.*

(2) *Wenn junger Beton gegen schädigenden Kontakt mit angreifenden Stoffen (z. B. Chloride) geschützt werden muss, sind derartige Anforderungen in den bautechnischen Unterlagen anzugeben.*

(3) *Mit geeigneten Nachbehandlungsverfahren muss erreicht werden, dass die Verdunstungsrate von Wasser an der Betonoberfläche gering bleibt, oder die Betonoberfläche muss ständig feucht gehalten werden. Hinweise hierzu sind Anhang F zu entnehmen.*

(4) *Von einer ausreichenden Nachbehandlung ist auszugehen, wenn durch die natürlichen Umgebungsbedingungen während der erforderlichen Nachbehandlungsdauer die Verdunstungsraten an der Betonoberfläche gering bleibt, z. B. bei feuchtem, regnerischem oder nebeligem Wetter.*

(5) *Nach Abschluss des Verdichtens und der Oberflächenbearbeitung des Betons ist die Oberfläche unverzüglich nachzubehandeln. Soll die Rissbildung an der freien Oberfläche infolge Frühschwindens vermieden werden, ist eine zwischenzeitliche Nachbehandlung vor der Oberflächenbearbeitung durchzuführen.*

2.5 Toleranzen im Hochbau (hier: Sichtbeton)

2.5.1 Ebenheitsabweichungen

Bei der Planung und Ausführung von Bauwerken aus Sichtbeton kommt es trotz erhöhter Sorgfalt im gesamten Bauprozess immer wieder zu wahrnehmbaren Abweichungen vom Planungs-SOLL. Diese Abweichungen lassen sich bis zu einem gewissen Grad nicht grundsätzlich vermeiden, sondern können durch definierte Qualitätsanforderungen lediglich minimiert werden. Hier möchte ich die wesentlichen Qualitätsmaßstäbe zur Sichtbeton-Planung in Bezug auf Maßabweichungen von Länge und Ebene darstellen und an einem Beispiel erläutern.

Ebenheitsabweichungen nach DIN
Im Abs. 3.1.2 der DIN 18331: 2019-09 VOB/C „Vergabe- und Vertragsordnung für Bauleistungen (ATV) – Betonarbeiten" [3] wird darauf hingewiesen, dass Abweichungen gemäß DIN 18202 („Toleranzen im Hochbau – Bauwerke) in bestimmten Grenzen zulässig sind.

Die DIN 18202:2019-07 „Toleranzen im Hochbau – Bauwerke" [1] verwendet nicht mehr den Begriff der „Toleranzen" und ersetzt diesen durch „Abweichung". Im folgenden Text wird Toleranz synonym verwendet.

DIN 18202:2019-07 (NEU)	DIN 18202: 2005-10, 1997-04 (ALT)
„Ebenheitsabweichung““	„Ebenheitstoleranz
„Winkelabweichung"	„Winkeltoleranz"

Die derzeit gültige Fassung 2019-07 weist auf folgendes hin:

In der baupraktischen Anwendung der Norm sind vielfach Unklarheiten aufgetreten, welche Anforderungen (Toleranzarten bzw. Grenzwerte) an welchen Stellen eines Bauwerks (Messpunkte) gelten. Zur Klarstellung für die Anwendung der Norm und zur Vermeidung von Streitfällen wurden Inhalte überarbeitet bzw. ergänzt.

Werden bezüglich der Oberflächenqualität bzw. Toleranzen von Decken und Wänden keine besonderen Vereinbarungen getroffen, so ist die DIN 18202 als anerkannte Regel der Technik zur qualitativen Bewertung heranzuziehen.

Die Qualitätsstufe liegt hierbei bei einer „durchschnittlich üblichen Ausführungsart", welche eine gewisse Genauigkeit bei „üblicher Sorgfalt" erreicht (DIN 18202 Abs. 4.3).

Es bleibt hierbei grundsätzlich zu beachten, dass es sich bei dieser Norm im Wesen um eine „Passungsnorm" handelt, welche während der Bauausführung gewisse Qualitätsanforderungen sicherstellt, um einen reibungslosen Bauablauf zu gewährleisten (z. B. Einhaltung von Rohbaumaßtoleranzen für einen darauffolgenden Fenstereinbau).

Explizit wird in dieser Norm darauf verwiesen, dass die Einhaltung von Toleranzen nur zu überprüfen sei, „wenn es erforderlich ist" (DIN 18202 Abs. 6.1). Diese Erforderlichkeit resultiert aus der „vorgesehenen Funktion" des Bauteils. Sollte also die Funktion des betrachteten Bauteils erfüllt sein (dazu gehört auch die optische, ästhetische Funktion), ist keine Toleranzprüfung notwendig. Bei der „ästhetischen" Bewertung bleibt zu beachten, dass ein der Nutzung entsprechender üblicher Betrachtungsabstand zur Beurteilung gewählt wird.

Nur weil die Genauigkeiten nicht vollständig den zulässigen Toleranzen (Abweichungen) der DIN 18202 entsprechen, sind Abweichungen von Bauteilen, welche die Funktion oder die Gestaltung nicht beeinflussen, kein Anlass von Beanstandungen. Eine stichprobenartige Prüfung reicht demzufolge aus, und dies während bzw. spätestens nach Herstellung eines Gewerkes und nicht erst bei der Abnahme („Mängel" während der Abnahme „suchen").

Lediglich bei optischer Beeinträchtigung, bei der die Abweichungen sehr auffällig sind oder wenn Passungsfunktionen erfüllt werden müssen (z. B. Sichtbeton-Fertigteile), ist eine Prüfung erforderlich.

Werden an die Ebenheit *„erhöhte Anforderungen"* gegenüber DIN 18202, Tab. 2.7, Zeile 1 oder 5 für *„<u>nicht</u> flächenfertige Wände und Decken"* oder sonstige erhöhte Anforderungen an die Maßhaltigkeit gegenüber den in den genannten Normen aufgeführten Werten gestellt, so sind die zu treffenden Maßnahmen **„Besondere Leistungen"**, welche gesondert vereinbart und vergütet werden müssen. Darauf wird innerhalb der Norm unter Abs. 5.4 hingewiesen.

Neben den Qualitätsanforderungen aus DBV/BDZ-Merkblatt Sichtbeton, DIN 18331 und DIN 18202 gelten für Betonfertigteile zusätzlich die „Allgemeinen Regeln für Betonfertigteile" der DIN EN 13369: 2004–2009.

2.5.2 Ebenheitsabweichungen nach DBV/BDZ-Merkblatt „Sichtbeton"

Die DIN 18202 führt in Tab. 2.7 Zeile 7 (siehe Tab. 2.7) für „flächenfertige Wände" unter „mit <u>erhöhten</u> Anforderungen" zulässige Abweichungen von 2 mm bei einem Messpunktabstand von 0,10 m und 3 mm Differenz bei einem Messpunktabstand von 1,0 m auf.

Innerhalb der DIN 18202 wird unterschieden zwischen:

- nicht flächenfertige Oberflächen: Rohbau
- flächenfertige Oberflächen: Wände, Decken

Tab. 2.7 Grenzwerte für Ebenheitsabweichungen (Auszug aus Tab. 2.7, DIN 18202: 2019-07)

Spalte	1	2	3	4	5
Zeile	Bezug	Stichmaße als Grenzwerte in mm bei Messpunktabständen in m			
		bis 0,1	1[a]	4[a]	10[a]	15[a, b]
5	Nichtflächenfertige Wände und Unterseiten von Rohdecken	5	10	15	25	30
6	Flächenfertige Wände und Unterseiten von Decken	3	5	10	20	25
7	Wie Zeile 6, jedoch mit erhöhten Anforderungen	2	3	8	15	20

a Zwischenwerte sind Bild 6 und Bild 7 zu entnehmen und auf ganze Millimeter zu runden.
b Die Grenzwerte für Ebenheitsabweichungen der Spalte 6 gelten auch für Messpunktabstände über 15 m.

Vergleicht man die genannten Toleranzen der o. g. DIN-Norm mit dem DBV/BDZ-Merkblatt Sichtbeton, so lässt sich feststellen, dass dort für die Sichtbetonklassen SB1 und SB2 zulässige Differenzen beschrieben werden, welche die DIN 18202 nur für „nicht flächenfertig“ gestattet.

Hinsichtlich dieses Vergleiches stellt sich die berechtigte Frage, ob eine Sichtbetonwand eine Rohbauwand ist oder nicht doch eine flächenfertige (i. d. R. unbehandelte) Wand. Diese Unklarheit kann zu einer Konfliktsituation zwischen Auftragnehmer (ausführendes Unternehmen) und Auftraggeber (Bauherr) führen.

▶ *ANMERKUNG*: Höhere Anforderungen sind gesondert zu vereinbaren. Dafür erforderliche Aufwendungen und Maßnahmen sind vom AG detailliert festzulegen. Höhere Ebenheitsanforderungen, z. B. nach DIN 18202 Tab. 2.7 Zeile 7 – (3 mm/1 m) sind nicht zielsicher erfüllbar.

Empfehlung:
Bei Abweichungen zu Tab. 2.8 sollten folgende Werte vereinbart werden:

SB1:	flächenfertig	5 mm/1 m
SB2, SB3 und SB4	flächenfertig mit erhöhten Anforderungen, d. h.:	3 mm/1 m

Beispiele im Kap. 8

Tab. 2.8 zulässige Abweichungen der Sichtbeton–Ebenheit gemäß BDV/BDZ-Merkblatt Sichtbeton 2015

SB-Klasse	Ebenheit	DIN 18202/Tab. 2.7	Stichmaße als Grenzwerte in mm bei Messpunktabständen in m bis	
			0,1	1
SB1	E1	Zeile 5: „nichtflächenfertige Wände und Unterseiten von Rohdecken"	5	10
SB2	E1	Zeile 5: „nichtflächenfertige Wände und Unterseiten von Rohdecken“	5	10
SB3	E2	Zeile 6: „flächenfertige Wände“	3	5
SB4	E3 [1]	Zeile 6: „flächenfertige Wände“	3	5

2.6 Ausführungsplanung/Bauzeichnungen

2.6.1 Ausführungsplanung nach HOAI 2013 § 34

Laut HOAI § 34 gehören zum Leistungsbild Gebäude und Innenräume:

Übersicht

- *Erarbeiten der Ausführungsplanung mit allen für die Ausführung notwendigen Einzelangaben (zeichnerisch und textlich) auf der Grundlage der Entwurfs- und Genehmigungsplanung bis zur ausführungsreifen Lösung, als Grundlage für die weiteren Leistungsphasen,*
- *Ausführungs-, Detail- und Konstruktionszeichnungen nach Art und Größe des Objektes ....*
- *Bereitstellen der Arbeitsergebnisse als Grundlage für die anderen an der Planung fachlich Beteiligten sowie Koordination und Integration von deren Leistungen.*

2.6.2 DIN 1356-1: 1995-02 „Bauzeichnungen“ Teil 1

Die DIN 1356-1 „Bauzeichnungen – Teil 1 Inhalte und Grundlagen der Darstellung“ [1.7] weist darauf hin, dass in Ausführungszeichnungen alle für die Ausführung bestimmten Einzelangaben enthalten sein müssen – unter Berücksichtigung der Beiträge anderer fachlich an der Planung Beteiligter.

Sie dienen als Grundlage der Leistungsbeschreibung und Ausführung der baulichen Leistungen. I. d. R. fehlt eine Vielzahl von erforderlichen Angaben. Die unvollständige, fehlerhafte Planung wird Vertragsbestandteil für den Auftragnehmer.

2.6.3 Urteile zum Thema Ausführungsplanung

Übersicht

„Der Planer schuldet als Ausführungsunterlagen alle Unterlagen, welche der Unternehmer für die Durchführung des Bauvorhabens objektiv benötigt.

Die Unterlagen müssen als direkte Arbeitsanweisung konstruktiv umsetzbar sein, d. h. dem ausführenden Handwerker – mit dem bei ihm vorauszusetzenden Fachwissen – in die Lage versetzen, nach ***diesen*** *Unterlagen die erforderliche Leistung zu erbringen."*

BGH-Urteil – VII ZR 212/99; OLG Köln, Urteil v. 11.07.1997.

„Unter Einhaltung der a. R. d. T. ist eine umfassende Darstellung der zur Realisierung der Bauaufgabe notwendigen Einzelheiten erforderlich, d. h. jedes Detail, welches Angaben enthält, die aus keiner anderen Zeichnung hervorgehen oder die einer vergrößerten Darstellung bedürfen, ist notwendig."

BGH-Urteil – VII ZR 101/70; OLG Hamburg, Urteil v. 10.03.2004–4 U 105/01; BGH-Urteil v. 24.06.2004 – VII ZR 259/02

„Wenn der Bauträger (Planer) ohne Not von den a. R. d. T. abweicht, so stellt dies in mehrerlei Hinsicht einen Mangel dar."

OLG Düsseldorf-Urteil: 21 U63/09 BGH 25.03.2010; VII ZR 25/09.

Übersicht

„Die Leistung des Architekten ist mangelhaft, wenn eine hoch problematische Bauweise gewählt wird.

(hier: Errichtung eines Hauses als „Sichtbetonbau") und der Architekt nicht berücksichtigt, dass hierbei auftauchende Probleme einer ausreichenden Vorplanung bedürfen"

OLG München, Urteil vom 16.07.2014 13 U 4413/13 Bau

Enttäuschung ist das Ergebnis falscher Erwartungen, oft verursacht durch fehlende Aufklärung, Beratung, Planung des planenden Architekten gegenüber seinem Auftraggeber.

Die Planung kann auch mit „Worten" erfolgen, d. h. anhand einer detaillierten Baubeschreibung. Die Baubeschreibung wird i. d. R. vom Bauherrn gelesen und unterschrieben – im Gegensatz zum Leistungsverzeichnis.

Es gilt der allgemeine Grundsatz, dass ein Unternehmer nach der Verkehrssitte eine Leistung schuldet, die den a. R. d. T. entspricht (§ 157 BGB).

Das gilt auch für den Planer.
Diejenigen Anforderungen an Ausführungszeichnungen, die sich aus den a. R. d. T. ergeben, sind vertraglich geschuldet. Wenn im Rahmen der Planungspflichten entscheidend wichtige Detailpunkte gar nicht dargestellt werden (im Falle einer sogenannten „Nullplanung"), ist bei Eintritt eines Schadens im direkten Zusammenhang mit dieser Detaillösung von einem Planungsfehler auszugehen.

Nach Aussage der ausführenden Firma handelte sie im „guten Glauben", dass ihre Leistung richtig ist.

Wogegen sollte der AN „Bedenken anmelden", wenn gar keine Planung/Details vom Architekten vorlagen? In der Folge können damit zusammenhängende Beanstandungen zu einem Rechtsstreit führen (siehe Kap. 9).

2.7 Leistungsbeschreibung

Man kann eine Leistung mit Worten („Leistungsbeschreibung") oder mit Plänen („Ausführungsplanung") beschreiben, beides muss eindeutig sein. Trotzdem darf man nicht vergessen:

Gebaut wird nach Plänen, d. h. nach einer *Ausführungsplanung,* insbesondere Details und nicht nach einem Leistungsverzeichnis.

Bei der Verwendung von DIN-Normen oder Merkblättern bedarf es neben der eigenen Berücksichtigung der naturbedingten Gesetzlichkeiten („gesunder Sachverstand") auch einer korrekten Interpretation des Niedergeschriebenen.

Die modalen Hilfsverben *„müssen", „dürfen"* und *„sollen"* drücken aus, ob eine Aussage in einer DIN-Norm, einem Merkblatt usw. als Gebot, Verbot, Empfehlung oder Erlaubnis zu verstehen ist. Kriterium für die Auswahl der modalen Hilfsverben ist somit der Grad der Verbindlichkeit, den eine Aussage haben soll (Hierzu siehe auch DIN 820-2:2009-12, Anhang H).

Den höchsten Grad der Verbindlichkeit haben **Anforderungen**. Sie *„müssen"* unbedingt eingehalten werden und lassen keine Abweichungen zu. Neben Anforderungen enthalten Normen auch **Empfehlungen** (z. B. *„sollte"*), die von mehreren Möglichkeiten eine als besonders zweckmäßig empfehlen, ohne jedoch andere Möglichkeiten auszuschließen. Aussagen, die eine **Erlaubnis** zum Ausdruck bringen und die Wahl einer gleichwertigen Handlungsweise zulassen, sind durch die Verben *„dürfen“* bzw. *„sollen nicht“* identifizierbar. Zur Angabe von **Möglichkeiten** werden in DIN-Normen und Merkblättern *„können“* und *„können nicht“* angewendet.

Diese verbale Vereinbarung lässt sich ebenso auf die allgemeine Beschreibung von Bauleistungen übertragen, um diese *„eindeutig und erschöpfend“* darstellen zu können. Dies gilt somit auch für Leistungen zur Herstellung von Sichtbeton. Somit können alle Bewerber im Rahmen einer Leistungsbeschreibung die ausgeschriebene Bauaufgabe im gleichen Sinn verstehen und ihre Preise sicher und ohne umfangreiche Vorarbeiten kalkulieren. Eine eindeutige Aussage über zu erbringende Leistungen muss im Sinn der modalen Hilfsverben erfolgen. (Tab. 2.9).

Hinweis
Im DBV/VDZ-Merkblatt „Sichtbeton“ werden die Leistungen u. a. mit folgenden Ausdrücken beschrieben: *„sollte“, „vorsehen“, „empfohlen“, „vereinbaren“, „üblich“*

Diese Empfehlungen sind im Rahmen der Planung kritisch zu berücksichtigen (siehe Hinweise in den Tabellen, Abschn. 3.1).

Tab. 2.9 Bedeutung der modalen Hilfsverben in der Normung

Modale Hilfsverben	Bedeutung		Gründe, die zur Wahl des Hilfsverbs führen (Beispiele)
muss müssen	Gebot	unbedingt fordernd	Äußerer Zwang, wie durch Rechtsvorschrift, sicherheitstechnische Forderung, Vertrag oder innerer Zwang, wie Forderung der Einheitlichkeit oder der Folgerichtigkeit
darf nicht dürfen nicht	Verbot		
soll sollen	Regel	bedingt fordernd	Durch Verabredung oder Vereinbarung freiwillig übernommene Verpflichtung, von der nur in begründeten Fällen abgewichen werden darf
soll nicht sollen nicht			
darf dürfen	Erlaubnis	freistellend	In bestimmten Fällen darf von dem durch Gebot, Verbot der Regel gegebenen abgewichen werden, z. B. eine gleichwertige Lösung gewählt werden
muss nicht müssen nicht			

2.8 Sichtbeton nach ÖNORM B 2211

Die Österreichische Norm ÖNORM B 2211 enthält folgende Regelungen [14]:

Ohne ausdrückliche Vereinbarung von erhöhten Anforderungen sind die Angaben in nachfolgenden Tabellen (Tab. 2.10, 2.11, 2.12, 2.13, und 2.14) zu beachten.

Tab. 2.10 Anforderungen an Sichtbeton nach ÖNORM B 2211

Porigkeitsklasse	3P	Tab. 1
Strukturklasse	S1	Tab. 2
Farbgleichheitsklasse	F1	Tab. 2.1
Arbeitsfuge	A1	Tab. 3

Tab. 2.11 Porigkeit (Betonoberfläche)

Klasse	Offene Poren an der Betonoberfläche	
	%	cm^2 / (2500 cm^2)
P	≤0,3	≤8
2P	≤0,6	≤15
3P	≤0,9	≤23

Tab. 2.12 Struktur der Sichtbeton-Oberfläche

Klasse	Struktur – Elementstoß	
S1	• geschlossene, weitgehend einheitliche Betonoberfläche mit geschlossener Zementleim- oder Mörteloberfläche • keine Grobkornansammlungen • in den Elementstößen austretender Zementleim/Feinmörtel, Breite bis max. Tiefe • Rahmenabdruck des Schalungselements	20 mm 10 mm zugelassen
S2	Wie S1, jedoch: • glatte, geschlossene und weitgehend einheitliche Oberfläche • in der Elementstößen austretender Zementleim/Feinmörtel, Breite bis max. Tiefe • Versatz der Elementstöße • verbleibende Grate	10 mm 5 mm ≤5 mm ≤5 mm
S3	Wie S2, jedoch: • in den Elementstößen austretender Zementleim/Feinmörtel bis max • Versatz der Elementstöße • feine, technisch unvermeidbare Grate	3 mm ≤3 mm ≤3 mm
S4	Wie S3 jedoch: • Rahmenabdruck des Schalungselements	nicht zugelassen

Tab. 2.13 Farbgleichheit

Klasse	Zur Beurteilung der Farbgleichheit ist der Gesamteindruck maßgeblich
F1	Flächige Verfärbungen, verursacht durch Rost, unterschiedliche Art und unsachgemäße Vorbehandlung der Schalhaut, unsachgemäße Nachbehandlung des Betons, Zuschläge verschiedener Herkunft sowie linienförmige Verfärbungen (Abzeichnen der Bewehrung) sind unzulässig. Weitergehende Anforderungen an die Gleichmäßigkeit der Farbe werden nicht gestellt.
F2	Zusätzlich zu den Anforderungen nach F1 sind Verfärbungen, die auf Zemente unterschiedlicher Art oder Herkunft oder auf unterschiedliche Betonzusätze zurückzuführen sind, unzulässig. Bei Einhaltung der Vereinbarung nach dem Stand der Technik sind unvermeidbar entstehende Unterschiede des Farbtones zulässig.

Tab. 2.14 Ausbildung von Arbeitsfugen

Klasse	Arbeitsfugen (*) allfällige = etwaige	
A1	• Versatz der Flächen zweier Betonierabschnitte	≤ 10 mm
A2	• Versatz der Flächen zweier Betonierabschnitte • Allfällige* Feinmörtelaustritte müssen entfernt werden. • Dreikantleiste	≤ 10 mm
A3	• Versatz der Flächen zweier Betonierabschnitte • Allfällige* Feinmörtelaustritte müssen entfernt werden. • Dreikantleiste	≤ 5 mm
A4	• Versatz der Flächen zweier Betonierabschnitte • Allfällige* Feinmörtelaustritte müssen entfernt werden. • Dreikantleiste oder dgl. nicht zugelassen	≤ 3 mm

Eine Einhaltung der Porigkeitsklasse und der Strukturklasse werden unmittelbar nach dem Ausschalen beurteilt. Die Einhaltung der Farbgleichheitsklasse wird nach Erreichen der jeweiligen Betonfestigkeit beurteilt.

Hinweis
Ergänzungen zur ÖNORM B 2211 sind der ÖVBB-Richtlinie „Sichtbeton" (Abschn. 3.4) zu entnehmen.

2.9 Sichtbeton nach SIA 118/262:2018

Die Schweizer Norm SIA 118/262 „Allgemeine Bedingungen für Betonbau“ [15] unterscheidet unterschiedliche Schalungstypen mit unterschiedlichen Qualitätsanforderungen:

Typ 1: Normale Betonoberfläche
Typ 2: Betonoberfläche mit einheitlicher Struktur
Typ 3: Sichtbetonoberfläche mit Brettstruktur
Sichtbar bleibende Oberflächen mit folgenden Anforderungen:

- einheitliche Oberflächenstruktur ohne Überzähne, Grate und poröse Stellen
- Durch Lufteinschlüsse verursachte Poren (Lunker) in mäßiger Anzahl sind zulässig.
- möglichst gleichmäßige Farbtönung
- Brettbreite konstant; Brettstöße nicht vorgeschrieben
- Brettrichtung einheitlich und parallel zur größeren Abmessung der Schalungsfläche
- Glatte Schalbretter

Erhöhte Anforderungen sind wie folgt anzugeben:

- Fugen abgedichtet
- Stöße versetzt
- Brettrichtung einheitlich und senkrecht zur größeren Abmessung der Schalungsfläche
- Strukturbild gemäß Detailplan der geschalten Oberfläche
- Verwendung von sägerohen Brettern

Typ 4: Sichtbetonoberfläche mit Tafelstruktur
Sichtbar bleibende Oberflächen mit folgenden Anforderungen

- einheitliche Oberflächenstruktur ohne Überzähne, Grate und poröse Stellen
- Durch Lufteinschlüsse verursachte Poren (Lunker) in mäßiger Anzahl sind zulässig.
- möglichst gleichmäßige Farbtönung
- Tafelgröße konstant; Tafelstöße nicht vorgeschrieben
- Tafelrichtung einheitlich und parallel zur größeren Abmessung der Schalungsfläche

Erhöhte Anforderungen sind wie folgt anzugeben:

- Fugen abgedichtet
- Stöße versetzt
- Tafelrichtung einheitlich und senkrecht zur größeren Abmessung der Schalungsfläche
- Strukturbild gemäß Detailplan der geschalten Fläche

Hinweis
Erhöhte Anforderungen sind schriftlich zu vereinbaren!

3 Merkblätter mit Sichtbeton-Relevanz

Merkblätter bzw. Richtlinien werden i. d. R. von Interessenverbänden aufgestellt.Daher ist auf eine besondere Leseart zu achten, u. a. unter der Berücksichtigung der „modalen Hilfsverben" gem. DIN 820 [7] (siehe Abschn. 2.7).

J. Schulz, *Sichtbeton*, https://doi.org/10.1007/978-3-8348-2250-5_3

3.1 DBV/VDZ-Merkblatt „Sichtbeton"

Das DBV/VDZ Merkblatt [30] gilt nur in Verbindung mit der **Ortbetonbauweise**.

Es weist in seinem Vorwort u. a. auf Folgendes hin:

„Das Merkblatt dient vornehmlich zur Planung, Ausschreibung, Ausführung und Beurteilung glatter Sichtbetonflächen des Ortbetons, die mit einer nicht oder schwach saugenden Schalungshaut hergestellt werden."

„...zusammengetragene Empfehlungen und stellt keine absolute Größe dar. Die Leistung ist vielmehr eindeutig zu spezifizieren, ordnungsgemäß auszuschreiben und von qualifizierten Unternehmen zu erbringen."

Unter „Allgemeines" ist dort zu lesen:

„Abweichungen lassen sich zwar durch Erprobungen im Vorfeld der Betonage und durch größte Sorgfalt bei der Bauausführung erheblich vermindern, aber selbst bei höherem Aufwand oder bei Anwendung hochtechnischer Systeme nicht vollständig ausschließen."

Zusätzlich wird im Abschn. 7.2 „Gesamteindruck" folgendes hervorgehoben:

„Im Sinne dieses Merkblattes ist der Gesamteindruck einer Sichtbetonfläche das grundlegende Beurteilungskriterium für die vereinbarte Sichtbetonklasse."

Die gestalterische Wirkung der Sichtbetonfläche ist grundsätzlich nur in ihrer Gesamtwirkung angemessen beurteilbar, d. h. nicht nach Maßgabe absolut erklärter Einzelmerkmale.

Die Verfehlung von vertraglich vereinbarten Einzelmerkmalen soll nur dann zu einer Nachbesserungspflicht führen, wenn der Gesamteindruck des betroffenen Bauteils in seiner Gestaltungswirkung gestört ist. Bei der Beurteilung ist neben den Abschn. 5.1.2 und 7 des DBV-Merkblattes auch zu beachten, dass jedes Bauteil als Unikat zu sehen ist. Geringe Unregelmäßigkeiten, z. B. der Textur und des Farbtons, sind in allen Sichtbetonklassen charakteristisch.

Ausführungen zu „Herstellungstechnische Grenzen" können Sie im Abschn. 3.1.1.2 in dem vorliegenden Buch nachlesen.

Für **Betonfertigteile** ist u. a. das FDB-Merkblatt über „Sichtbetonflächen von Fertigteilen aus Beton und Stahlbeton" [40] heranzuziehen (siehe Abschn. 3.2).

3.1.1 Sichtbeton (Ortbeton)

3.1.1.1 Sichtbetonklassen

Das DBV/VDZ-Merkblatt definiert verschiedene Sichtbetonklassen entsprechend der Anforderungen an die jeweilige Sichtbetonoberfläche. Zu jeder Sichtbetonklasse werden Ausführungsbedingungen und Einzelkriterien zur Ergebnisbeurteilung formuliert.

Eine flexible Bauteil- bzw. Raumbewertung soll erhalten bleiben. So weist üblicherweise ein normaler Kellerraum eine geringere Wertigkeit auf als ein Wohnraum bzw. eine Hotel-Eingangshalle (Tab. 3.1).

Hinweis
Eine Gewichtung der Sichtbetonklassen ist in Abschn. 4.3.4 zu finden.

Tab. 3.1 Sichtbetonklassen (SB = Sichtbeton) gem. DBV/VDZ-Merkblatt „Sichtbeton" [30]

Klasse	Beispiel	Beispiel	Kosten
SB1	**Betonflächen mit geringen gestalterischen Anforderungen,** z. B. Kellerbereiche oder Bereiche mit vorwiegend gewerblicher Nutzung		niedrig
SB2	**Betonflächen mit normalen gestalterischen Anforderungen,** z. B. Treppenhausbereiche bzw. Nebenräume, Abstellräume		mittel
SB3	**Betonflächen mit hohen gestalterischen Anforderungen,** z. B. Fassaden im Hochbau bzw. Wohnräume, insbesondere Wohnzimmer		hoch
SB4	**Betonflächen mit besonders hoher gestalterischer Bedeutung,** z. B. repräsentative Bauteile im Hochbau		sehr hoch

3.1.1.1.1 Sichtbetonklasse SB1

Die folgenden Tabellen (Tab. 3.2, 3.3 und 3.4) sind an das DBV/VDZ-Merkblatt „Sichtbeton“ in seiner überarbeiteten Fassung vom Juni 2015 [30] angelehnt.

Tab. 3.2 SB1 – Betonflächen mit geringen gestalterischen Anforderungen

Kriterium		SB1: Anforderungen/Eigenschaft	Anwendungshinweis
T1	Textur	• geschlossene Zementleim- bzw. Mörtelbetonfläche	**weitgehend**
		• in den Schalelementstößen ausgetretener Zementleim/Feinmörte Breite bis ca. 20 mm und Tiefe ca. 10 mm	**zulässig**
		• Rahmenabdruck des Schalungselements	**zulässig**
P1	Porigkeit	• saugende Schalhaut: max. Porenanteil (ca. 1,2 % der Prüffläche)	**< ca. 3.000 mm²**
		• nicht saugende Schalhaut: max. Porenanteil (ca. 1,2 % der Prüffläche)	**< ca. 3.000 mm²**
FT1	Farbtongleichmäßigkeit	• saugende und nicht saugende Schalhaut:	
		• Hell-/Dunkelverfärbungen	**zulässig**
		• Rost- und Schmutzflecken	**unzulässig**
E1	Ebenheit der Sichtbetonflächen	• gemäß DIN 18202, Tab. 3, Zeile 5: „nicht flächenfertige“ Wände und Unterseiten von Rohdecken: 10 mm/1 m	**siehe Hinweis** Abschn. 2.5
AF1	Arbeitsfugen und Schalungsstöße	• Versatz der Flächen im Fugen- bzw. Stoßbereich bis ca. 10 mm	**zulässig**
		• Feinmörtelaustritt auf dem vorhergehenden Betonierabschnitt muss rechtzeitig	**entfernt werden.**
		• In Arbeitsfugen werden Trapezleisten o. ä.	**empfohlen.**
SHK1	Schalungshautklassen	• Bohrlöcher: mit Kunststoff- oder Holzstöpsel oder mit geeignetem Reparaturverfahren verschließen	**zulässig**
		• Nagel-und Schraublöcher	**zulässig**
		• Beschädigungen der Schalhaut durch Innenrüttler	**zulässig**
		• Kratzer	**zulässig**
		• Beton- oder Mörtelreste:	**keine flächige Anhaftung**
		• Beton- oder Mörtelreste in Nagellöchern und zwischen Schalungshaut und Elementkante sind	**zulässig.**
		• Zementschleier	**zulässig**
		• Aufquellen der Schalungshaut in Schraub- bzw. Nagelbereichen oder Welligkeiten an Kantenflächen („Ripplings“)	**zulässig**

Tab. 3.3 SB1 – Anforderungen an die Planung und Ausführung in Abhängigkeit von

SB1 Anforderung		Siehe Anhang „A“ im DBV/VDZ-Merkblatt Sichtbeton, Juni 2015	Anwendungshinweis
T1	Textur	Aufwand wie bei DIN EN 13670/DIN 1045-3	**üblich**
P1	Porigkeit	Aufwand wie bei DIN EN 13670/DIN 1045-3	**üblich**
FT1	Farbtongleich-mäßigkeit	Aufwand wie bei DIN EN 13670/DIN 1045-3	**üblich**
E1	Ebenheit der Sichtbeton-flächen	• Ebenheitsanforderungen nach DIN 18202, Tab. 3, Zeile 5	**vereinbaren**
		• Einmessen der Schalung	**erforderlich**
		• Zusätzliche Toleranzen aus anderen Normen	**berücksichtigen**
		• Maßkoordination bei Verwendung von Schalungen von verschiedenen Herstellern	**vornehmen**
		• auf steifes Bewehrungsgeflecht achten; ausreichende Anzahl von Abstandhaltern	**berücksichtigen**
		• Schalungsanker möglichst	**gleichmäßig anziehen**
		• Sicherung von Einbauteilen gegen Verschiebung	**berücksichtigen**
		• ausreichend Abstützung des Schalungssystems	**berücksichtigen**
AF1	Arbeits-fugen und Schalungsstöße	Aufwand wie bei DIN EN 13.670/DIN 1045	**üblich**
	Erprobungen	• Erprobungsflächen sind	**freigestellt.**

Tab. 3.4 SB1 – Empfehlungen für Planung und Überwachung der Ausführung

Gegenstand	Empfehlungen
Abstimmung im Planungsprozess	gemäß DIN 18331:2012-09 „Betonarbeiten“
Gliederung der Oberfläche	gemäß DIN 18331:2012-09 „Betonarbeiten“ mit geordnetem Schalungsbild
Ausführung und Qualitätssicherung	gemäß DIN EN 13670:2011-03 „Ausführung von Tragwerken aus Beton“ in Verbindung mit DIN 1045-3:2012-03 „Bauausführung – Anwendungsregeln zu DIN EN 13670

Begriffsdefinitionen (siehe Sichtbeton Glossar in Kap. 11), u. a.

„vereinbaren“:	d. h., zwei oder mehrere Personen beschließen, etwas Bestimmtes zu tun.
„empfehlen“:	d. h., jemandem eine Sache nennen, die für einen bestimmten Zweck geeignet ist.
„vorsehen“:	d. h., planen, beabsichtigen
„gleichmäßig“:	d. h., in gleichen Teilen, Aufteilung, regelmäßig, stetig
„ca.“	ist die Abkürzung für: circa (zirka), lateinisch für: „ungefähr“, „annähernd“, d. h. geringfügige Überschreitungen sind im Einzelfall zulässig.

3.1.1.1.2 Sichtbetonklasse SB2

Die folgenden Tabellen (Tab. 3.5, 3.6 und 3.7) sind an das DBV/VDZ-Merkblatt „Sichtbeton“ in seiner überarbeiteten Fassung vom Juni 2015 [30] angelehnt.

Wichtig

[2] Reparaturen an der Schalungshaut sind sach- und fachgerecht durch qualifiziertes Personal vorzunehmen.

[3] als Reparaturstellen [2] in Abstimmung mit dem Auftraggeber **zulässig.**

[6] siehe auch GSV-Merkblatt Mietschalung, Güteschutzverband Betonschalungen e. V., Ratingen.

[7] Beton- oder Mörtelreste in Nagellöchern und zwischen Schalungshaut und Elementkante sind **zulässig.**

Erfahrungen zeigen, dass Auftraggeber häufig größere Toleranzen der Merkmale einer Schalungshaut zulassen. Soweit von den Fußnoten 3 und 4 dieser Tabelle Gebrauch gemacht wird, ist eine Absprache oder Abstimmung mit dem Auftraggeber erforderlich. Diese sollte spätestens im Angebotsstadium getroffen werden bzw. erfolgen.

Es sei an dieser Stelle darauf hingewiesen, dass die Tabelle einen Widerspruch zum Thema „Farbtongleichmäßigkeit“ enthält, da im DBV/VDZ-Merkblatt „Sichtbeton“ im Abs. 5.1.2 (Ausgabe 2015) zu finden ist:

„gleichmäßiger Farbton aller Ansichtsflächen – technisch nicht zielsicher herstellbare Anforderungen“.

Tab. 3.5 SB2 – Betonflächen mit normalen gestalterischen Anforderungen

Kriterium		SB2: Anforderungen Die beschriebenen Merkmale der Ausführbarkeit sind bauarttypisch und gelten für Anforderungsklassen	Anwendungshinweis
T2	Textur	• geschlossene und weitgehend einheitliche Betonfläche	**erforderlich**
		• in den Schalelementstößen ausgetretener Zementleim/Feinmörtel, Breite bis ca. 10 mm und Tiefe ca. 5 mm	**zulässig**
		• Höhe verbleibender Grate bis ca. 5 mm	**zulässig**
		• Rahmenabdruck des Schalelements	**zugelassen**
	Porigkeit	• Porenanteil mit Porendurchmessern d in den Grenzen 2 mm < d < 15 mm gemessen an einer repräsentativen Prüffläche 500 mm × 500 mm	
		• gemessen an einer repräsentativen Prüffläche	**von 500 x 500 mm**
P2		• saugende Schalhaut: max. Porenanteil (ca. 0,9 % der Prüffläche)	**ca. 2.250 mm^2**
P1		• nicht saugende Schalhaut: max. Porenanteil (ca. 1,2 % der Prüffläche)	**ca. 3.000 mm^2**
FT2	Farbtongleichmäßigkeit	saugende und nicht saugende Schalhaut:	
		• Gleichmäßige, großflächige Hell-/ Dunkelverfärbungen in der Flächenfärbung sind	**zulässig.**
		• Schmutzflecken sind	**unzulässig.**
		• Unterschiedliche Arten und Vorbehandlungen der Schalungshaut sowie Betonausgangsstoffe verschiedener Art und Herkunft sind	**unzulässig.**
E1	Ebenheit der Sichtbetonflächen	• gemäß DIN 18202, Tab. 3, Zeile 5: „nicht flächenfertige" Wände und Unterseiten von Decken: 10 mm/1 m	**siehe Hinweis** Abschn. 2.5
AF 2	Arbeitsfugen und Schalungsstöße	• Versatz der Flächen im Fugen- bzw. Stoßbereich bis ca. 10 mm	**zulässig**
		• Feinmörtelaustritt auf dem vorhergehenden Betonierabschnitt *sollte* rechtzeitig	**entfernt werden.**
		• In Arbeitsfugen werden Trapezleisten o. ä	**empfohlen.**
SHK2	Schalungshautklassen	• Bohrlöcher als Reparaturstellen	**zulässig**
		• Nagel- und Schraublöcher, ohne Absplitterungen	**zulässig**
		• Beschädigungen der Schalhaut durch Innenrüttler [3]	**nicht zulässig**

(Fortsetzung)

Tab. 3.5 (Fortsetzung)

Kriterium		SB2: Anforderungen Die beschriebenen Merkmale der Ausführbarkeit sind bauarttypisch und gelten für Anforderungsklassen	Anwendungshinweis
		• Kratzer („leichte") bis 1 mm [6], sonst als Reparaturstellen [2]	**zulässig**
		• Beton- oder Mörtelreste [7]	**nicht zulässig**
		• Zementschleier	**zulässig**
		• Aufquellen der Schalungshaut in Schraub- bzw. Nagelbereichen oder Welligkeiten an Kantenflächen („Ripplings")	**zulässig**

Begriffsdefinitionen (siehe Sichtbeton Glossar in Kap. 11), u. a.

„vereinbaren":	d. h., zwei oder mehrere Personen beschließen, etwas Bestimmtes zu tun.
„empfehlen":	d. h., jemandem eine Sache nennen, die für einen bestimmten Zweck geeignet ist.
„vorsehen":	d. h., planen, beabsichtigen
„gleichmäßig":	d. h., in gleichen Teilen, Aufteilung, regelmäßig, stetig
„ca."	ist die Abkürzung für: circa (zirka), lateinisch für: „ungefähr", „annähernd", d. h. geringfügige Überschreitungen sind im Einzelfall zulässig.

Tab. 3.6 SB2 – Anforderungen an die Planung und Ausführung in Abhängigkeit von

SB2 Anforderung		Siehe Anhang „A" im DBV/VDZ-Merkblatt Sichtbeton, Juni 2015	Anwendungshinweis
T2	Textur	wie Klasse T1, d. h. Aufwand wie bei DIN EN 13670/ DIN 1045-3 zzgl	
		• gleiche Art und Vorbehandlung der Schalungshaut	**sicherstellen**
		• Sauberkeit der Schalung und einen dünnen, gleichmäßigen Trennmittelauftrag	**sicherstellen**
		• Wechsel der Betonzusammensetzung bzw. der Betonausgangsstoffe	**ausschließen**
		• Schalungssystem mit geringer Fertigungstoleranzen	**wählen**
		• Abdichtung der Schalungsstöße	**vereinbaren**
		• Schalungseinlagen	**vereinbaren**
		• Schalungsanker möglichst gleichmäßig fest	**anziehen**
		• fachgerechte Lagerung der Schalung	**vorsehen**
		• möglichst gleichalte Schalungshautplatten	**verwenden**
		• Bauseits geschnittene Kanten der Schalungsplatten sind	**zu versiegeln.**
P2	Porigkeit	wie Klasse P1, d. h. Aufwand wie bei DIN EN 13670/ DIN 1045-3 zzgl.	
		• Betonsorte, Trennmittel und Schalungshaut aufeinander	**abstimmen**
		• gleiche Art und Vorbehandlung der Schalungshaut	**sicherstellen**
		• Sauberkeit der Schalung und einen dünnen, gleichmäßigen Trennmittelauftrag	**sicherstellen**
FT2	Farbtongleichmäßigkeit	wie Klasse FT1, d. h. Aufwand wie bei DIN EN 13670/ DIN 1045-3 zzgl.	
		• Betonsorte, Trennmittel und Schalungshaut aufeinander	**abstimmen**
		• gleiche Art und Vorbehandlung der Schalungshaut	**sicherstellen**
		• bei nebeneinanderliegenden Bauteilen Schalung mit gleicher Einsatzhäufigkeit	**verwenden**
		• Sauberkeit der Schalung und einen dünnen, gleichmäßigen Trennmittelauftrag	**sicherstellen**
		• Schalung fachgerecht lagern, dabei UV-Einwirkung	**vermeiden**
		• Wechsel der Betonzusammensetzung bzw. der Betonausgangsstoffe	**ausschließen**
		• Verwendung von Restwasser und Restbeton	**ausschließen**
		• Mischdauer des Betons im Werk je Charge mindestens 60 s	**berücksichtigen**
		• zusammenhängende Bauteile jeweils nur aus einer Produktionsstätte (Lieferwerk)	**liefern lassen**

(Fortsetzung)

Tab. 3.6 (Fortsetzung)

SB2 Anforderung		Siehe Anhang „A" im DBV/VDZ-Merkblatt Sichtbeton, Juni 2015	Anwendungshinweis
E1	Ebenheit der Sichtbetonflächen	• Ebenheitsanforderungen nach DIN 18202, Tab. 3, Zeile 5	**vereinbaren**
		• Einmessen der Schalung	**erforderlich**
		• Zusätzliche Toleranzen aus anderen Normen	**berücksichtigen**
		• Maßkoordination bei Verwendung von Schalungen von verschiedenen Herstellern	**vornehmen**
		• auf steifes Bewehrungsgeflecht achten; ausreichende Anzahl von Abstandhaltern	**berücksichtigen**
		• Schalungsanker möglichst	**gleichmäßig anziehen**
		• Sicherung von Einbauteilen gegen Verschiebung	**berücksichtigen**
		• ausreichend Abstützung des Schalungssystems	**berücksichtigen**
AF1	Arbeitsfugen und Schalungsstöße	wie Klasse AF1, d. h. Aufwand wie bei DIN EN 13670/DIN 1045-3 zzgl.	
		• Feinmörtelaustritt aus dem vorgehenden Betonierabschnitt	**entfernen**
	Erprobungen	• Zur Abstimmung Schalung, Trennmittel, Beton, Einbau und Verdichtung werden Erprobungen	**empfohlen.**
		• Tests an Prüfschalungen	**sind zweckdienlich.**

Tab. 3.7 SB2 – Empfehlungen für Planung und Überwachung der Ausführung

Gegenstand	Empfehlungen
Abstimmung im Planungsprozess	Zusätzlich Sichtbetonteam nach Abschn. 6.5 (im DBV-Merkblatt-Sichtbeton) zur planerischen Abstimmung der Haustechnik, der Bewehrung und der Einbauteile auf die Betonierbarkeit
Gliederung der Oberfläche	gemäß DIN 18331: 2012-09 „Betonarbeiten" mit geordnetem Schalungsbild
Ausführung und Qualitätssicherung	Zusätzlich Schalungsvorbereitung durch den Unternehmer

3.1.1.1.3 Sichtbetonklasse SB3

Die folgenden Tabellen (Tab. 3.8, 3.9 und 3.10) sind an das DBV/VDZ-Merkblatt „Sichtbeton" in seiner überarbeiteten Fassung vom Juni 2015 [30] angelehnt.

Tab. 3.8 SB3 – Betonflächen mit hohen gestalterischen Anforderungen

Kriterium		SB3: Anforderungen Die beschriebenen Merkmale der Ausführbarkeit sind bauarttypisch und gelten für Anforderungsklassen	Anwendungshinweis
T2	Textur	• geschlossene und weitgehend einheitliche Betonfläche	
		• in den Schalelementstößen ausgetretener Zementleim/Feinmörtel, Breite bis ca. 10 mm und Tiefe ca. 5 mm	**zulässig**
		• Versatz der Elementstöße bis ca. 5 mm	**zulässig**
		• Höhe verbleibender Grate bis ca. 5 mm	**zulässig**
		• Rahmenabdruck des Schalelements	**zugelassen**
P3	Porigkeit	• saugende Schalhaut: max. Porenanteil (ca. 0,6 % der Prüffläche)	**ca. 1.500 mm²**
P2		• nicht saugende Schalhaut: max. Porenanteil (ca. 0,9 % der Prüffläche)	**ca. 2.250 mm²**
FT2	Farbtongleichmäßigkeit	• Gleichmäßige, großflächige Hell-/Dunkelverfärbungen in der Flächenfärbung sind	**zulässig.**
		• Schmutzflecken sind	**unzulässig.**
		• Unterschiedliche Arten und Vorbehandlung der Schalungshaut sowie Betonausgangsstoffe verschiedener Art und Herkunft sind	**unzulässig.**
E2	Ebenheit der Sichtbetonflächen	• gemäß DIN 18202, Tab. 3, Zeile 6: „flächenfertige" Wände und Decken: 5 mm/1 m	**siehe Hinweis** Abschn. 2.5
AF 3	Arbeitsfugen und Schalungsstöße	• Versatz der Flächen im Fugen- bzw. Stoßbereich bis ca. 5 mm	**zulässig**
		• Feinmörtelaustritt auf dem vorhergehenden Betonierabschnitt *sollte* rechtzeitig	**entfernt werden.**
		• In Arbeitsfugen werden Trapezleisten o. ä	**empfohlen.**
SHK2	Schalungshautklassen	1) Bohrlöcher als Reparaturstellen	**zulässig**
		2) Nagel-und Schraublöcher, ohne Absplitterungen	**nicht zulässig**
		3) Beschädigungen der Schalhaut durch Innenrüttler [3]	**zulässig**
		4) Kratzer als Reparaturstellen [2]	**zulässig**
		5) Beton- oder Mörtelreste [7]	**nicht zulässig**
		6) Zementschleier	**zulässig**
		7) Aufquellen der Schalungshaut in Schraub- bzw. Nagelbereichen oder Welligkeiten an Kantenflächen („Ripplings") [4] [5]	**nicht zulässig**

Tab. 3.9 SB3 – Anforderungen an die Planung und Ausführung in Abhängigkeit von

SB3 Anforderung		Siehe Anhang „A" im DBV/VDZ-Merkblatt Sichtbeton, Juni 2015	Anwendungs-hinweis
T2	Textur	wie Klasse T1, d. h. Aufwand wie bei DIN EN 13670/ DIN 1045-3 zzgl.	
		• gleiche Art und Vorbehandlung der Schalungshaut	**sicherstellen**
		• Sauberkeit der Schalung und einen dünnen, gleichmäßigen Trennmittelauftrag	**sicherstellen**
		• Wechsel der Betonzusammensetzung bzw. der Beton-ausgangsstoffe	**ausschließen**
		• Schalungssystem mit geringer Fertigungstoleranzen	**wählen**
		• bei Trägerschalung ggf. Befestigung der Platten von Rückseite	**vereinbaren**
		• Abdichtung der Schalhautstöße	**vereinbaren**
		• Schalungseinlagen	**vereinbaren**
		• Schalungsanker möglichst gleichmäßig fest	**anziehen**
		• fachgerechte Lagerung der Schalung	**vorsehen**
		• möglichst gleichalte Schalungsplatten	**verwenden**
		• Bauseits geschnittene Kanten der Schalungsplatten sind	**zu versiegeln.**
P3	Porigkeit	wie Klasse P2, zzgl.	
		• besondere Sorgfalt beim Betonieren im Bereich von unterschnittenen Schalungen, Deckenschalungen, horizontalen Kanten von Leisten und Einbauteilen	**erforderlich**
		• Wechsel der Betonzusammensetzung bzw. der Beton-ausgangsstoffe	**ausschließen**
		• Verwendung von Restwasser und Restbeton	**ausschließen**
		• oberste Betonierlage	**nachverdichten**
FT2	Farbtongleich-mäßigkeit	wie Klasse FT1, d. h. Aufwand wie bei DIN EN 13670/ DIN 1045-3 zzgl.	
		• Betonsorte, Trennmittel und Schalhaut aufeinander	**abstimmen**
		• gleiche Art und Vorbehandlung der Schalungshaut	**sicherstellen**
		• Sauberkeit der Schalung und einen dünnen, gleichmäßigen Trennmittelauftrag	**sicherstellen**
		• Schalung fachgerecht lagern, dabei UV-Einwirkung	**ausschließen**
		• Wechsel der Betonzusammensetzung bzw. der Beton-ausgangsstoffe	**ausschließen**
		• Verwendung von Restwasser und Restbeton	**ausschließen**
		• Mischdauer des Betons im Werk je Charge mindestens 60 s	**berücksichtigen**
		• zusammenhängende Bauteile jeweils nur aus einer Produktionsstätte (Lieferwerk)	**liefern lassen**

(Fortsetzung)

Tab. 3.9 (Fortsetzung)

SB3 Anforderung		Siehe Anhang „A" im DBV/VDZ-Merkblatt Sichtbeton, Juni 2015	Anwendungshinweis
E2	Ebenheit der Sichtbetonflächen	Ebenheitsanforderungen nach DIN 18202 Tab. 3 Zeile 6	**vereinbaren**
		bis auf Ebenheitsanforderungen (s. o.) wie Klasse E1, siehe Abschn. 3.1.1.1.1 „Sichtbetonklasse SB1", zzgl.	
		• höhere Anforderungen an die Ebenflächigkeit im Vertrag als Leistungsoption	**berücksichtigen**
		• sorgfältige Lagerung der Schalungshaut	**erforderlich**
		• besondere Regelungen für gekrümmte Schalungen und Sonderausführungen	**treffen**
		• u. U. begrenzte Einsatzzahl der Schalung	**berücksichtigen**
		• sorgfältige Reinigung der Schalung	**erforderlich**
		• Fertigungstoleranzen des zum Einsatz kommenden Schalungssystems	**berücksichtigen**
AF3	Arbeitsfugen und Schalungsstöße	wie Klasse AF2, zzgl.	
		• Schalungssystem mit geringen Fertigungstoleranzen	**wählen**
	Erprobungen	Zur Abstimmung Schalung, Trennmittel, Beton, Einbau, Verdichtung, Anker-, Fugen- und Kantenausbildung werden Erprobungen dringend	**empfohlen.** (ggf. in Verbindung mit Tests an Prüfschalungen)

Tab. 3.10 SB3 – Empfehlungen für Planung und Überwachung der Ausführung

Gegenstand	Empfehlungen
Abstimmung im Planungsprozess	Zusätzlich Sichtbetonteam nach Abschn. 6.5 (im DBV-Merkblatt-Sichtbeton) zur planerischen Abstimmung der Haustechnik, der Bewehrung und der Einbauteile auf die Betonierbarkeit und Festlegung der schalungstechnischen Details für Fugen, Kanten etc.
Gliederung der Oberfläche	Gliederung nach Skizzen des Planers
Ausführung und Qualitätssicherung	Zusätzlich Schalungsvorbereitung durch den Unternehmer und sichtbetontechnische Überwachung der Ausführung durch eine Fachkraft des Unternehmers

Wichtig

[2] Reparaturen an der Schalungshaut sind sach- und fachgerecht durch qualifiziertes Personal vorzunehmen.

[3] als Reparaturstellen [2] in Abstimmung mit dem Auftraggeber **zulässig.**

[4] nach Absprache mit dem Auftraggeber zulässig.

[5] Werkstoffbedingte Dickentoleranzen im Kantenbereich sind zu tolerieren.

[6] siehe auch GSV-Merkblatt Mietschalung, Güteschutzverband Betonschalungen e. V., Ratingen.

[7] Beton- oder Mörtelreste in Nagellöchern und zwischen Schalungshaut und Elementkante sind **zulässig.**
Erfahrungen [des DBV/VDZ] zeigen, dass Auftraggeber häufig größere Toleranzen der Merkmale einer Schalungshaut zulassen. Soweit von den Fußnoten 3 und 4 dieser Tabelle Gebrauch gemacht wird, **ist eine Absprache oder Abstimmung mit dem Auftraggeber erforderlich.** Diese sollte spätestens im Angebotsstadium getroffen werden bzw. erfolgen.

Erfahrungen des Autors zeigen, dass Auftraggeber größere Toleranzen der Merkmale einer Schalungshaut nicht zulassen.

Es sei an dieser Stelle darauf hingewiesen, dass die Tabelle einen Widerspruch zum Thema „Farbtongleichmäßigkeit" enthält, da im DBV/VDZ-Merkblatt „Sichtbeton" im Abs. 5.1.2 (Ausgabe 2015) zu finden ist:

„gleichmäßiger Farbton aller Ansichtsflächen – technisch nicht zielsicher herstellbare Anforderungen".

Begriffsdefinitionen, siehe Sichtbeton Glossar (Kap. 11), u. a.

„vereinbaren":	d. h., zwei oder mehrere Personen beschließen, etwas Bestimmtes zu tun
„empfehlen":	d. h., jemandem eine Sache nennen, die für einen bestimmten Zweck geeignet ist
„vorsehen":	d. h., planen, beabsichtigen
„gleichmäßig":	d. h., in gleichen Teilen, Aufteilung, regelmäßig, stetig
„ca."	ist die Abkürzung für: circa (zirka), lateinisch für: „ungefähr", „annähernd", d. h. geringfügige Überschreitungen sind im Einzelfall zulässig.

3.1.1.1.4 Sichtbetonklasse SB4

Die folgenden Tabellen (Tab. 3.11, 3.12 und 3.13) sind an das DBV/VDZ-Merkblatt „Sichtbeton" in seiner überarbeiteten Fassung vom Juni 2015 [30] angelehnt.

Tab. 3.11 SB4 – Betonflächen mit besonders hoher gestalterischer Bedeutung

Kriterium		SB4: Anforderungen Die beschriebenen Merkmale der Ausführbarkeit sind bauarttypisch und gelten für Anforderungsklassen	Anwendungs-hinweis
T3	Textur	• glatte, geschlossene und weitgehend einheitliche Betonfläche	
		• in den Schalelementstößen ausgetretener Zementleim/ Feinmörtel, Breite bis ca. 3 mm	**zulässig**
		• feine, technisch unvermeidbare Grate bis ca. 3 mm	**zulässig**
		• Weitere Anforderungen (z. B. an Ankerausbildung, Schalungsstöße, Konenverschlüsse) sind	**detailliert fest-zulegen.**

(Fortsetzung)

Tab. 3.11 (Fortsetzung)

Kriterium		SB4: Anforderungen Die beschriebenen Merkmale der Ausführbarkeit sind bauarttypisch und gelten für Anforderungsklassen	Anwendungs-hinweis
P4	Porigkeit	• saugende Schalhaut: max. Porenanteil (ca. 0,3 % der Prüffläche)	**ca. 750 mm²**
P3		• nicht saugende Schalhaut: max. Porenanteil (ca. 0,6 % der Prüffläche)	**ca. 1.500 mm²**
FT2	Farbtongleich-mäßigkeit	**nicht saugende Schalhaut:**	
		• Gleichmäßige, großflächige Hell-/Dunkelver-färbungen in der Flächenfärbung sind	**zulässig.**
		• Schmutzflecken sind	**unzulässig.**
		• Unterschiedliche Arten und Vorbehandlung der Schalungshaut sowie Betonausgangsstoffe verschiedener Art und Herkunft sind	**unzulässig.**
FT3		**saugende Schalhaut:**	
		• Geringe Hell-/Dunkelverfärbungen, z. B. leichte Wolkenbildung, geringe Farbtonabweichungen sind	**zulässig.**
		• Schmutzflecken, deutlich sichtbare Schüttlagen sowie Verfärbungen, verursacht durch die Nichteinhaltung der Vorgaben aus Anhang A, Tabelle A 3 des DBV-Merkblattes sind	**unzulässig.**
		• Großflächige Verfärbungen, verursacht z. B. durch Ausgangsstoffe verschiedener Art und Herkunft, unterschiedliche Art und Vorbehandlung der Schalungshaut und ungeeignete Nachbehandlung des Betons sind	**unzulässig.**
E3	Ebenheit	• gemäß DIN 18202, Tab. 3, Zeile 6: „flächenfertige" Wände und Decken: 5 mm/1 m	**festlegen**
		• Höhere Anforderungen sind gesondert zu vereinbaren; dafür erforderliche Aufwendungen und Maßnahmen sind vom AG detailliert	**festzulegen.**
		• Höhere Ebenheitsanforderungen, z. B. nach DIN 18202, Tab. 3, Zeile 7, (3 mm/1 m) sind technisch nicht zielsicher erfüllbar.	**siehe Hinweis** Abschn. 2.5
AF 4	Arbeitsfugen und Scha-lungsstöße	• Planung der Detailausführung	**erforderlich**
		• Versatz der Flächen im Fugen- bzw. Stoßbereich bis ca. 3 mm	**zulässig**
		• Feinmörtelaustritt auf dem vorhergehenden Betonierabschnitt rechtzeitig	**entfernen**
		• Weitere Anforderungen (z. B. Ausbildung von Arbeitsfugen und Schalungsstöße) sind detailliert	**festzulegen.**

(Fortsetzung)

Tab. 3.11 (Fortsetzung)

Kriterium		SB4: Anforderungen Die beschriebenen Merkmale der Ausführbarkeit sind bauarttypisch und gelten für Anforderungsklassen	Anwendungs- hinweis
SHK3	Schalungs- hautklassen	1) Bohrlöcher als Reparaturstellen [3]	**nicht zulässig**
		2) Nagel- und Schraublöcher, ohne Absplitterungen [3]	**nicht zulässig**
		3) Beschädigungen der Schalhaut durch Innenrüttler [3]	**nicht zulässig**
		4) Kratzer als Reparaturstellen [2]	**nicht zulässig**
		5) Beton- oder Mörtelreste [7]	**nicht zulässig**
		6) Zementschleier [4]	**nicht zulässig**
		7) Aufquellen der Schalungshaut in Schraub- bzw. Nagelbereichen oder Welligkeiten an Kantenflächen („Ripplings“)[5]	**nicht zulässig**

Tab. 3.12 SB4 – Anforderungen an die Planung und Ausführung in Abhängigkeit von

SB4 Anforderung		Siehe Anhang „A“ im DBV/VDZ-Merkblatt Sichtbeton, Juni 2015	Anwendungshin- weis
T3	Textur	wie Klasse T2, zzgl.	
		• Anforderungen bezüglich Schalungsstöße und Rahmenabdruck sind detailliert	**festzulegen.**
		• Detailplanung der Schalung (Abdichtungen, Stöße, Fußpunkt)	**notwendig**
		• Schalung bei Lagerung vor Witterungseinflüssen	**schützen**
		• Schalungssystem mit sehr kleinen Fertigungs-toleranzen (mögliche Einschränkungen bei der Wahl beachten)	**wählen**
		• Versiegelung/Abdichtung der Schnittkanten	**vereinbaren**
		• Kantenschutz der Schalungselemente	**vorsehen**
		• Entwurfsplanung	**vereinbaren**
		• kurze Zeitspanne zwischen Aufstellen der Schalung und dem Betoneinbau	**vereinbaren**
		• Erstellung von Arbeitsanweisungen	**vorsehen**
		• Vorgaben für die Ausbildung von Arbeitsfugen (Trapezleiste, flächenbündige Fugen u. ä.)	**definieren**
		• Fußpunkt:	
		Schalung auf nichtsaugenden Schaumstoffstreifen	**aufstellen**
		oder Schalung am Wandfuß	**abdichten**
		• Kantenschutz der ausgeschalten Bauteile	**vorsehen**

(Fortsetzung)

Tab. 3.12 (Fortsetzung)

SB4 Anforderung		Siehe Anhang „A" im DBV/VDZ-Merkblatt Sichtbeton, Juni 2015	Anwendungshinweis
P4	Porigkeit	wie Klasse P3, zzgl.	
		• besondere Sorgfalt beim Betonieren im Bereich von horizontalen Kanten von Leisten und Einbauteilen	**erforderlich**
		• keine unterschnittenen Schalungen, Deckelschalungen	**vorsehen**
FT3	Farbtongleichmäßigkeit	wie Klasse FT2, zzgl.	
		• Bauzeitplanung *hat* witterungsbedingte Einschränkungen/Verzögerungen zu	**berücksichtigen.**
		• Bauteilgeometrie und Bewehrungsführung *sind* so zu planen, dass eine einfache und zügige Betonage möglich ist. Schütt- und Rüttelöffnungen mit gleichmäßigen Abständen sind vom Planer	**vorzusehen.**
		• Bewehrungsführung, Schütt- und Rüttelöffnungen sind so zu planen, dass das Berühren von Schalung und Bewehrung mit dem Innenrüttler weitgehend	**vermieden** werden kann.
		• Schalungsstöße, Durchbindungen und Aufstandsflächen sind gegen das Auslaufen von Zementleim abzudichten. Die Art der Abdichtung ist vom Planer	**festzulegen.**
		• Saugverhalten von Leisten etc. dem der Schalungshaut	**anpassen**
		• Betondeckung c_v (Verlegemaß) von mindestens 30 mm	**vorsehen**
		• komplizierte Bauteilgeometrie vermeiden, damit Schalungsanker gleichmäßig	**angezogen** werden können.
		• bei starken Regenfällen <u>nicht</u>	**betonieren**
		• Spülwasserkontrolle vor der Beladung eines jeden Fahrmischers	**durchführen**
		• Wasserzementwert auf ± 0,02 genau bzw. Ausgangskonsistenz a10 auf ± 20 mm genau	**einhalten**
		• geeignete Verfahren zur Vermeidung von Kalkausblühungen an pigmentiertem Beton	**wählen**

(Fortsetzung)

Tab. 3.12 (Fortsetzung)

SB4 Anforderung		Siehe Anhang „A" im DBV/VDZ-Merkblatt Sichtbeton, Juni 2015	Anwendungshinweis
E3	Ebenheit der Sichtbetonflächen	wie Klasse E2, zzgl.	
		• ggf. über Zeile 6 von Tab. 3 in DIN 18 202 hinausgehende Ebenheitsanforderungen vertraglich	**vereinbaren**
		• Auftraggeber muss die zum Erreichen von über Zeile 6 von Tab. 3 in DIN 18202 hinausgehende Ebenheitsanforderungen	**planen und festlegen.**
		• geodätisches Einmessen der Schalung	**erforderlich**
		• Maßtoleranzen und die Ebenflächigkeit von Schalungshaut und Befestigung vor Ort	**überprüfen**
		• ggf. Detailplanung	**notwendig**
AF4	Arbeitsfugen und Schalungsstöße	wie Klasse AF3, zzgl.	
		• Planer muss alle Maßnahmen detailliert	**festlegen.**
	Erprobungen	• Zur Abstimmung Schalung, Trennmittel, Beton, Einbau, Verdichtung, Anker-, Fugen- und Kantenausbildung sind i. A. mindestens zwei Erprobungen	**erforderlich.** (ggf. in Verbindung mit Tests an Prüfschalungen)

Tab. 3.13 SB4 – Empfehlungen für Planung und Überwachung der Ausführung

Gegenstand	Empfehlungen
Abstimmung im Planungsprozess	Zusätzlich Sichtbetonteam nach Abschn. 6.5 (im DBV-Merkblatt „Sichtbeton") zur planerischen Abstimmung der Haustechnik, der Bewehrung und der Einbauteile auf die Betonierbarkeit und Festlegung der schalungstechnischen Details für Fugen, Kanten etc.
Gliederung der Oberfläche	Gliederung nach Schalungsmusterplan des Planers
Ausführung und Qualitätssicherung	Zusätzlich Schalungsvorbereitung durch den Unternehmer, sichtbetontechnische Überwachung der Ausführung durch eine Fachkraft des Unternehmers und mit sichtbetontechnischem Qualitätssicherungsplan

▶ **Wichtig**

[2] Reparaturen an der Schalungshaut sind sach- und fachgerecht durch qualifiziertes Personal vorzunehmen

[3] als Reparaturstellen [2] in Abstimmung mit dem Auftraggeber **zulässig**

[4] nach Absprache mit dem Auftraggeber zulässig

[5] zu tolerieren sind werkstoffbedingte Dickentoleranzen im Kantenbereich.

[6] siehe auch GSV-Merkblatt Mietschalung, Güteschutzverband Betonschalungen e. V., Ratingen

[7] Beton- oder Mörtelreste in Nagellöchern und zwischen Schalungshaut und Elementkante sind **zulässig**

Erfahrungen [des DBV/VDZ] zeigen, dass Auftraggeber häufig größere Toleranzen der Merkmale einer Schalungshaut zulassen. Soweit von den Fußnoten 3 und 4 dieser Tabelle Gebrauch gemacht wird, **ist eine Absprache oder Abstimmung mit dem Auftraggeber erforderlich.** Diese sollte spätestens im Angebotsstadium getroffen werden bzw. erfolgen.

Erfahrungen des Autors zeigen, dass Auftraggeber größere Toleranzen der Merkmale einer Schalungshaut <u>nicht</u> zulassen.

Begriffsdefinitionen (siehe Sichtbeton Glossar in Kap. 11), u. a.

„vereinbaren":	d. h., zwei oder mehrere Personen beschließen, etwas Bestimmtes zu tun
„empfehlen":	d. h., jemandem eine Sache nennen, die für einen bestimmten Zweck geeignet ist
„vorsehen":	d. h., planen, beabsichtigen
„gleichmäßig":	d. h., in gleichen Teilen, Aufteilung, regelmäßig, stetig
„ca."	ist die Abkürzung für: circa (zirka), lateinisch für: „ungefähr", „annähernd", d. h. geringfügige Überschreitungen sind im Einzelfall zulässig.

Hinweis
Die Anforderungen der Sichtbetonklasse SB4 (siehe Abb. 3.1) sind ohne „Betonkosmetik" (siehe Abschn. 7.1) kaum zu erfüllen. Daher sollte eine solche Betonkosmetik bereits in der Planung berücksichtigt und extra ausgeschrieben werden!

Abb. 3.1 Sichtbetonklasse SB 4, <u>nach</u> Betonkosmetik

3.1.1.1.5 Sichtbeton Anforderungsprofil

Das DBV/VDZ-Merkblatt Sichtbeton bildet eine gute Grundlage zur Thematik Sichtbeton.

Der Autor empfiehlt jedoch, die Erwartung der Sichtbetonflächen nicht gemäß DBV-Merkblatt „Sichtbeton" und die darin enthaltenen Sichtbetonklassen zu vereinbaren, sondern das DBV-Merkblatt als Grundlage/„Checkliste" zu nutzen und die Sichtbetonflächen eigenständig zu definieren, d. h. die Erwartung sollte sinngemäß nachfolgender Tab. 3.14 (Sichtbeton Anforderungen „Anforderungsprofil") zwischen Architekten-Planer und dem Bauherren definiert werden.

Tab. 3.14 Sichtbetonflächen mit besonders hohen gestalterischen Anforderungen

Kriterium	Sichtbeton Anforderungen: Anforderungsprofil / Beschaffenheitsvereinbarung	Anwendungshinweis
1	2	3
Textur, d. h Oberflächen-beschaffenheit	glatte, geschlossene und weitgehend einheitliche Betonfläche	
	in den Schalelementstößen ausgetretener Zement-leim/Feinmörtel, Breite bis ca. 3 mm	**zulässig**
	feine, technisch unvermeidbare Grate bis ca. 3 mm	**zulässig**
	weitere Anforderungen (z. B. an Ankeraus-bildung, Schalungsstöße, Konenverschlüsse) sind detailliert	**festzulegen**
Textur, d. h Oberflächen beschaffenheit	 Beispielfoto	Mittels **Prinzipskizzen** ist vom Planer das Kriterium eindeutig zu erklären.
Porigkeit	saugende Schalhaut: max. Porenanteil (ca. 0,3 % der Prüffläche)	**ca. 750 mm²**
	nicht saugende Schalhaut: max. Porenanteil (ca. 0,6 % der Prüffläche)	**ca. 1.500 mm²**
Porigkeit	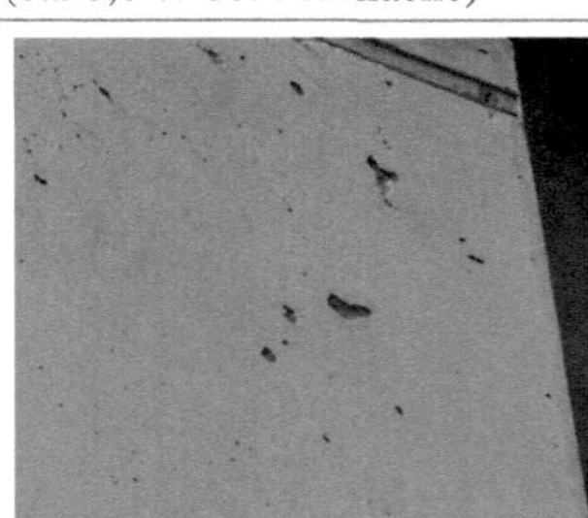 Beispielfoto	Mittels **Prinzipskizzen** ist vom Planer das Kriterium eindeutig zu erklären.

(Fortsetzung)

Tab. 3.14 (Fortsetzung)

Kriterium	Sichtbeton Anforderungen: Anforderungsprofil / Beschaffenheitsvereinbarung	Anwendungshinweis
Farbton-gleichmäßigkeit saugende Schalhaut:	Gleichmäßige, großflächige Hell-/Dunkelverfärbungen in der Flächenfärbung sind	**zulässig.**
	Schmutzflecken sind	**unzulässig.**
	Unterschiedliche Arten und Vorbehandlung der Schalungshaut sowie Betonausgangsstoffe verschiedener Art und Herkunft sind	**unzulässig.**
Farbton-gleichmäßigkeit nicht saugende Schalhaut:	Geringe Hell-, Dunkelverfärbungen, z. B. leichte Wolkenbildung, geringe Farbtonabweichungen sind	**zulässig.**
	Schmutzflecken, deutlich sichtbare Schüttlagen sowie Verfärbungen, verursacht durch die Nichteinhaltung der Vorgaben	**unzulässig**
	Großflächige Verfärbungen, verursacht z. B. durch Ausgangsstoffe verschiedener Art und Herkunft, unterschiedliche Art und Vorbehandlung der Schalungshaut und ungeeignete Nachbehandlung des Betons sind	**unzulässig.**
Farbton-gleichmäßigkeit nicht saugende Schalhaut:	 Beispielfoto	Mittels **Prinzipskizzen** ist vom Planer das Kriterium eindeutig zu erklären.
Ebenheit	gemäß DIN 18202, Tabelle 3, Zeile 6: *„flächenfertige" Wände und Decken: 5 mm/1 m*	**festlegen**
	Höhere Anforderungen sind gesondert zu vereinbaren; dafür erforderliche Aufwendungen und Maßnahmen sind vom AG detailliert	**festzulegen.**
	Höhere Ebenheitsanforderungen, z. B. nach DIN 18202, Tab. 3, Zeile 7, (3 mm/1 m) sind technisch nicht zielsicher erfüllbar.	**siehe** Abschn. 2.5
Ebenheit	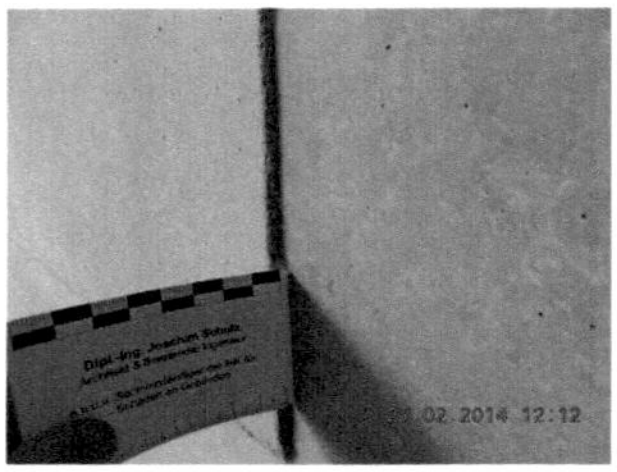 Beispielfoto	Mittels **Prinzipskizzen** ist vom Planer das Kriterium eindeutig zu erklären.

(Fortsetzung)

Tab. 3.14 (Fortsetzung)

Kriterium	Sichtbeton Anforderungen: Anforderungsprofil / Beschaffenheitsvereinbarung	Anwendungshinweis
Arbeitsfugen und Schalungsstöße	Planung der Detailausführung	**erforderlich**
	Versatz der Flächen im Fugen- bzw. Stoßbereich bis ca. 3 mm	**zulässig**
	Feinmörtelaustritt auf dem vorhergehenden Betonierabschnitt rechtzeitig	**entfernen**
	Weitere Anforderungen (z. B. Ausbildung von Arbeitsfugen und Schalungsstöße) sind detailliert	**festzulegen.**
Arbeitsfugen und Schalungsstöße	 Beispielfoto	Mittels **Prinzipskizzen** ist vom Planer das Kriterium eindeutig zu erklären.
Schalungshaut-klassen	1) Bohrlöcher als Reparaturstellen	**nicht zulässig**
	2) Nagel-und Schraublöcher, ohne Absplitterungen	**nicht zulässig**
	3) Beschädigungen der Schalhaut durch Innenrüttler	**nicht zulässig**
	4) Kratzer als Reparaturstellen	**nicht zulässig**
	5) Beton- oder Mörtelreste	**nicht zulässig**
	6) Zementschleier	**nicht zulässig**
	7) Aufquellen der Schalungshaut in Schraub- bzw. Nagelbereichen oder Welligkeiten an Kantenflächen („Ripplings“)	**nicht zulässig**
Betonkosmetik	in Teilflächen < 10 % der Gesamtfläche, nur nach Abstimmung mit dem Auftraggeber. Wird die Fläche der Betonkosmetik > 10 %, wird eine Preisminderung vom AG in Ansatz gebracht, die vom Sichtbeton-Sachverständigen ermittelt wird.	**zulässig**
Betonkosmetik	 Beispielfoto	Mittels **Prinzipskizzen** ist vom Planer das Kriterium eindeutig zu erklären
Risse	wählte, zulässige Rissbreite w = 0,15 mm, als Vorgabe für die Tragwerksplanung (Nachweis der Rissbreitenbeschränkung)	**unvermeidlich**

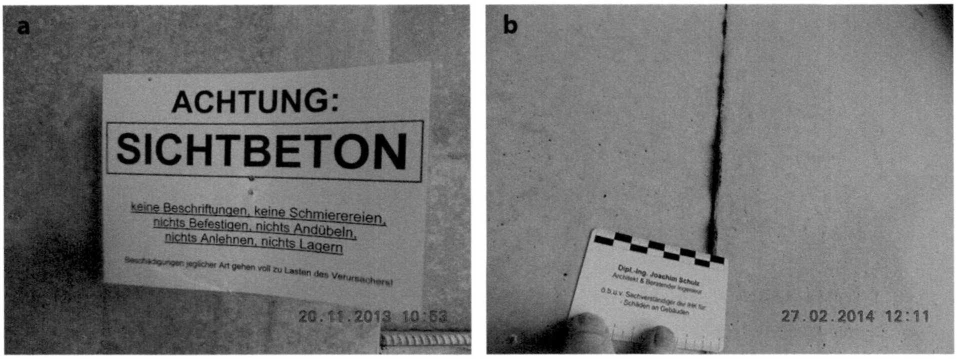

Abb. 3.2 **a** Sichtbeton Schutzmaßnahmen. **b** Sichtbeton Ergebnis

Die Anwendungshinweise in Spalte 3 der Tab. 3.14 sind gemeinsam festzulegen.

Über die Beratung des Planers ist gem. **DIN 18205:2016-11** „Bedarfsplanung im Bauwesen", ein Protokoll zu erstellen, das Auftraggeber und Planer (als gemeinsame Beschaffenheitsvereinbarung) zu unterschreiben haben.

Die entsprechenden Anforderungen an Planung und Ausführung (Abb. 3.2) sind der Tab. 3.15 (Abschn. 3.1.1.1.6) zu entnehmen.

Begriffsdefinitionen (siehe Sichtbeton Glossar in Kap. 11), u. a.

„vereinbaren":	d. h., zwei oder mehrere Personen beschließen, etwas Bestimmtes zu tun.
„empfehlen":	d. h., jemandem eine Sache nennen, die für einen bestimmten Zweck geeignet ist.
„vorsehen":	d. h., planen, beabsichtigen.
„gleichmäßig":	d. h., in gleichen Teilen, Aufteilung, regelmäßig, stetig
„ca."	ist die Abkürzung für: circa (zirka), lateinisch für: „ungefähr", „annähernd", d. h. geringfügige Überschreitungen sind im Einzelfall zulässig.

MUSTER

Sichtbeton – Beschaffenheitsvereinbarung

1.) Das o. g. **Anforderungsprofil für Sichtbeton** wurde gemeinsam zwischen dem Bauherrn und dem Architekten-Planer abgestimmt.
2.) Der Bauherr wurde vom Architekten auf die zu erwartenden Sichtbeton-Ergebnisse eindeutig und erschöpfend hingewiesen.
3.) Der Bauherr wurde vom Architekten auf evtl. Einschränkungen bzw. Erfordernisse sowie dass der Sichtbeton ein Unikat ist, d. h., dass Abweichungen (z. B. gegenüber Muster-Objekten) unvermeidlich sind, hingewiesen.
4.) Der Bauherr/AG erklärt, dass er die Hinweise vollumfänglich verstanden hat.
5.) Sollte es während der Ausführung oder zur Bauabnahme zu Unstimmigkeiten über die Sichtbetonergebnisse kommen, wird ein öbuv Sachverständiger für Sichtbeton hinzugezogen werden, der ggf. ein Schiedsgutachten erstellt.

Datum: ___________ 2021

________________________ ________________________

Bauherr/AG/Unterschrift Architekt /Unterschrift

Hinweis

Um die Gefahr einer Haftungspflicht zu umgehen, sollte bei sensiblen Konstruktionen (wie beim Sichtbeton) mit dem Bauherrn/AG ein Anforderungsprofil (DIN 18205:2016-11 „Bedarfsplanung im Bauwesen") erstellt werden, in dem die Eigenschaften des Sichtbetons mit Vor- und Nachteilen bzw. Risiken beschrieben werden.

3.1.1.1.6 Sichtbeton Anforderungsprofil an die Planung

Siehe auch Abschn. 4.3.7 Verantwortlichkeit: Ausführungsplanung, Bauüberwachung

Tab. 3.15 Anforderungen an die Planung

Kriterium	Anforderungen an die Planung und Ausführung	Hinweis
Textur	Aufwand wie bei DIN EN 13670/DIN 1045-3	
	• gleiche Art und Vorbehandlung der Schalungshaut	**sicherstellen**
	• Sauberkeit der Schalung und einen dünnen, gleichmäßigen Trennmittelauftrag	**sicherstellen**
	• Wechsel der Betonzusammensetzung bzw. der Betonausgangsstoffe	**ausschließen**
	• Schalungssystem mit geringer Fertigungstoleranzen	**wählen**
	• bei Trägerschalung ggf. Befestigung der Platten von Rückseite	**vereinbaren**
	• Abdichtung der Schalhautstöße	**vereinbaren**
	• Schalungseinlagen	**vereinbaren**
	• Schalungsanker möglichst gleichmäßig	**fest anziehen**
	• fachgerechte Lagerung der Schalung	**vorsehen**
	• möglichst gleichalte Schalungsplatten	**verwenden**
	• Anforderungen bezüglich Schalungsstöße und Rahmenabdruck detailliert	**festlegen**
	• Detailplanung der Schalung (Abdichtungen, Stöße, Fußpunkt)	**notwendig**
	• Schalung bei Lagerung vor Witterungseinflüssen	**schützen**
	• Schalungssystem mit sehr kleinen Fertigungstoleranzen (mögliche Einschränkungen bei der Wahl beachten)	**wählen**
	• Versiegelung/Abdichtung der Schnittkanten	**vereinbaren**
	• Kantenschutz der Schalungselemente	**vorsehen**
	• Entwurfsplanung	**vereinbaren**
	• kurze Zeitspanne zwischen Aufstellen der Schalung und dem Betoneinbau	**vereinbaren**
	• Erstellung von Arbeitsanweisungen	**vorsehen**
	• Vorgaben für die Ausbildung von Arbeitsfugen (Trapezleiste, flächenbündige Fugen u. ä.)	**definieren**
	• Fußpunkt:	
	Schalung auf nichtsaugenden Schaumstoffstreifen	**aufstellen**
	oder Schalung am Wandfuß	**abdichten**
	• Kantenschutz der ausgeschalten Bauteile	**vorsehen**

(Fortsetzung)

Tab. 3.15 (Fortsetzung)

Kriterium	Anforderungen an die Planung und Ausführung	Hinweis
Porigkeit	Aufwand wie bei DIN EN 13670/DIN 1045-3	
	• Betonsorte, Trennmittel und Schalungshaut aufeinander	**abstimmen**
	• gleiche Art und Vorbehandlung der Schalungshaut	**sicherstellen**
	• Sauberkeit der Schalung und einen dünnen, gleichmäßigen Trennmittelauftrag	**sicherstellen**
	• besondere Sorgfalt beim Betonieren im Bereich von horizontalen Kanten von Leisten und Einbauteilen	**erforderlich**
	• keine unterschnittenen Schalungen, Deckelschalungen	**vorsehen**
Farbtongleichmäßigkeit	Aufwand wie bei DIN EN 13670/DIN 1045-3	
	• Betonsorte, Trennmittel und Schalhaut aufeinander	**abstimmen**
	• gleiche Art und Vorbehandlung der Schalungshaut	**sicherstellen**
	• Sauberkeit der Schalung und einen dünnen, gleichmäßigen Trennmittelauftrag	**sicherstellen**
	• Schalung fachgerecht lagern, dabei UV-Einwirkung	**ausschließen**
	• Wechsel der Betonzusammensetzung bzw. der Betonausgangsstoffe	
	• Verwendung von Restwasser und Restbeton	**ausschließen**
	• Mischdauer des Betons im Werk je Charge mindestens 60 s	**berücksichtigen**
	• zusammenhängende Bauteile jeweils nur aus einer Produktionsstätte (Lieferwerk)	**liefern lassen**
	• Bauzeitplanung *hat* witterungsbedingte Einschränkungen/Verzögerungen zu	**berücksichtigen.**
	• Bauteilgeometrie und Bewehrungsführung *sind* so zu planen, dass eine einfache und zügige Betonage möglich ist. Schütt- und Rüttelöffnungen gleichmäßigen Abständen sind vom Planer	**vorzusehen.**
	• Bewehrungsführung, Schütt- und Rüttelöffnungen sind so zu planen, dass das Berühren von Schalung und Bewehrung mit dem Innenrüttler weitgehend	**vermieden** werden kann.
	• Schalungsstöße, Durchbindungen und Aufstandsflächen sind gegen das Auslaufen von Zementleim abzudichten. Die Art der Abdichtung ist vom Planer	**festzulegen.**
	• Saugverhalten von Leisten etc. dem der Schalungshaut	**anpassen**
	• Betondeckung c_v (Verlegemaß) von mindestens 30 mm	vorsehen
	• komplizierte Bauteilgeometrie vermeiden, damit Schalungsanker gleichmäßig	**angezogen** werden können

(Fortsetzung)

Tab. 3.15 (Fortsetzung)

Kriterium	Anforderungen an die Planung und Ausführung	Hinweis
	• bei starken Regenfällen nicht	**betonieren**
	• Spülwasserkontrolle vor der Beladung eines jeden Fahrmischers	**durchführen**
	• Wasserzementwert auf ± 0,02 genau bzw. Ausgangskonsistenz a10 auf ± 20 mm genau	**einhalten**
	• geeignete Verfahren zur Vermeidung von Kalkausblühungen an pigmentiertem Beton	**wählen**
	• Bauteilgeometrie und Bewehrungsführung *sind* so zu planen, dass eine einfache und zügige Betonage möglich ist. Schütt- und Rüttelöffnungen gleichmäßigen Abständen sind vom Planer	**vorzusehen.**
Ebenheit der Sichtbetonflächen	• Einmessen der Schalung	**erforderlich**
	• Zusätzliche Toleranzen aus anderen Normen	**berücksichtigen**
	• Maßkoordination bei Verwendung von Schalungen von verschiedenen Herstellern	**vornehmen**
	• auf steifes Bewehrungsgeflecht achten; ausreichende Anzahl von Abstandhaltern	**berücksichtigen**
	• Schalungsanker möglichst	gleichmäßig anziehen
	• Sicherung von Einbauteilen gegen Verschiebung	**berücksichtigen**
	• ausreichend Abstützung des Schalungssystems	**berücksichtigen**
	• ggf. über Zeile 6 von Tabelle 3 in DIN 18202 hinausgehende Ebenheitsanforderungen vertraglich	**vereinbaren**
	• Auftraggeber muss die zum Erreichen von über Zeile 6 von Tabelle 3 in DIN 18202 hinausgehende Ebenheitsanforderungen	**planen und festlegen.**
	• geodätisches Einmessen der Schalung	**erforderlich**
	• Maßtoleranzen und die Ebenflächigkeit von Schalungshaut und Befestigung vor Ort	**überprüfen**
	• ggf. Detailplanung	**notwendig**
Arbeitsfugen und Schalungsstöße	Aufwand wie bei DIN EN 13670/DIN 1045-3	
	• Feinmörtelaustritt aus dem vorgehenden Betonierabschnitt	**entfernen**
	• Schalungssystem mit geringen Fertigungstoleranzen	**wählen**
	• detaillierte Festlegung aller Maßnahmen durch den	**Planer**
Erprobungen	• Zur Abstimmung Schalung, Trennmittel, Beton, Einbau, Verdichtung, Anker-, Fugen- und Kantenausbildung sind i. A. mindestens zwei Erprobungen	**erforderlich.** (ggf. in Verbindung mit Tests an Prüfschalungen)

3.1.1.2 Herstellungstechnische Grenzen

Einschränkungen der zu erwartenden Sichtbetonqualität werden im DBV/VDZ-Merkblatt „Sichtbeton" [30] formuliert (Tab. 3.16 und 3.17). Demnach können

- „technisch nicht oder nicht zielsicher herstellbare Anforderungen" oder
- „eingeschränkt vermeidbare Abweichungen"

vorliegen.

Tab. 3.16 Herstellungstechnische Sichtbeton-Grenzen (Ortbeton) gemäß DBV/VDZ-Merkblatt „Sichtbeton" 2015

Stichwort	technisch nicht oder nicht zielsicher herstellbare Anforderungen	eingeschränkt vermeidbare Abweichungen	vermeidbare Abweichung
„Farbtönung"/ Farbton	• gleichmäßiger Farbton aller Ansichtsflächen • Farbton- und Texturgleichheit im Bereich von Schalungsstößen	• Wolkenbildung + Marmorierungen, • leichte Farbunterschiede zwischen aufeinander folgenden Schüttlagen	• unterschiedliche Oberflächenqualitäten bzw. Farb- und Texturunterschiede durch unsachgemäß gelagerte Schalung
„Poren"/ Lunker	• gleichmäßige Porenstruktur (Porengröße + -Verteilung) • porenfreie Ansichtsflächen	• Porenanhäufung im oberen Teil vertikaler Bauteile	
„Ausblutungen"/ „Kantenabbrüche"	• ungefaste, scharfe Kanten ohne kleinere Abbrüche und Ausblutungen	• geringe Ausblutungen an Stößen zwischen Schalbrettern bzw. -elementen, Ankerlöchern u. ä.	• starke Ausblutungen an Schalbrett- und Schalelementstößen sowie an Bauteilanschlüssen und Ankerlöchern
„Rostspuren"		• Rostspuren an Untersichten von horizontalen Bauteilen • einzelne Kalk- und Rostfahnen an vertikalen Bauteilen	• Häufung von Rostfahnen an vertikalen Bauteilen sowie • Rostspuren durch zurückgelassene Bewehrungsreste an den Untersichten horizontaler Bauteile
„Kiesnester"/ Schüttlagen			• Fehler beim Einbringen und Verdichten (z. B. Kiesnester, starke sichtbare Schüttlagen)
„Mörtelreste"/ „Nasen"			• herunterlaufende Mörtelreste („Nasen") durch undichte Arbeitsfugen an vertikalen Bauteilen

(Fortsetzung)

Tab. 3.16 (Fortsetzung)

Stichwort	technisch nicht oder nicht zielsicher herstellbare Anforderungen	eingeschränkt vermeidbare Abweichungen	vermeidbare Abweichung
„Schalungsanker"/ Ankerlöcher			• willkürliche, ungeordnete Anordnung von Schalungsankern, • unsauberer oder unterschiedlicher Verschluss von Ankerlöcher, falls gefordert
Versätze/ Schalhautstöße			• Versätze > 10 mm zwischen Schalelementstößen und an Bauteilanschlüssen
„Ausblühung"	• ausblühungsfreie Ansichtsflächen von Ortbetonbauteilen		
Abzeichnung der Bewehrung		• Abzeichnung der Bewehrung oder des Grobkorns	
Schleppwassereffekt		• Schleppwassereffekt in geringerer Anzahl und Ausdehnung	• stark ausgeprägte Schleppwassereffekte

Hinweis

Im Merkblatt „Grundlage der Planung und Ausschreibung", werden „Hinzunehmende Unregelmäßigkeiten" festgeschrieben, d. h. alle unter diesen Punkten aufgeführten Unregelmäßigkeiten sind (gem. DBV/VDZ-Merkblatt „Sichtbeton") hinzunehmen!

Daher sollten die Empfehlungen des Autors im Abschn. 3.1.1.1.5 beachtet werden.

Der Sichtbeton-Planer, i. d. R. der Architekt, muss explizit auf diese „Einschränkungen" im DBV/VDZ-Merkblatt hinweisen, da der Bauherr diese im Normalfall nicht kennt.

Tab. 3.17 Anforderungen an die Ausführung

Stichwort	DBV/VDZ-Merkblatt „Sichtbeton" 2015	Anmerkungen
scharfe, spitzwinklige Kanten: Abplatzungen	Abs. 5.1.3 Bautechnische Grundsätze: „Bei der Planung und Ausschreibung von spitzwinklig zulaufenden Wänden, scharfen Ecken, Kanten u. a. ist zu beachten, dass trotz größter Sorgfalt bei der Festlegung des Ausschalzeitpunkts und beim Ausschalen Kanten abbrechen können."	ggf. Bedenken-anmeldung erforderlich
Abzeichnung von Befestigungsmitteln, z. B. Nagel-, Schraubköpfe	Abs. 5.1.4.3 Trägerschalung: (b) „Auf der Sichtbetonfläche zeichnen sich in diesem Fall die Befestigungsmittel ab." [Die Schalhaut wird i. d. R. auf die Trägerlage aufgeschraubt bzw. genagelt.]	ggf. Bedenken-anmeldung erforderlich
Undichte Schalhaut bzw. Schalungsstöße, z. B. Arbeitsfugen, Türleibungen	Abs. 6.1 Schalung: (7) „Abdichtungen (Silikon oder komprimierbare, geschlossenzellige Fugeneinlagen) können die Dichtheit der Schalhaut- bzw. Schalungsstöße erhöhen." (auch bei Arbeitsfugen)	ggf. Bedenken-anmeldung erforderlich
störend sich abzeichnende Abstandhalter	Abs. 6.2 Bewehrung + Einbauteile: „Da Abstandhalter sich in weiche Schalungshaut eindrücken oder in Bauteiloberflächen (insbesondere in Bauteiluntersichten) störend abzeichnen können, sollten Abstandhalter zumindest ab SB 2 erprobt werden."	ggf. Bedenken-anmeldung erforderlich
Rostverfärbungen an Wänden, Stützen	Abs. 6.4 Bauausführung: (8) „Die vertikalen Sichtbetonflächen sind vor Rostverschmutzungen, z. B. durch Witterungsschutz der Anschlussbewehrung, zu schützen."	ggf. Bedenken-anmeldung erforderlich
Decken-Wand-Ixel: „Arbeitsfuge" „Betonnase" auslaufender Zementleim	Abs. 6.4 Bauausführung: (4) „Vermeidung der Verschmutzung der Sichtbetonfläche durch auslaufenden Zementleim oder -mörtel („Betonnasen") bei nachfolgenden Betoniervorgängen. Aufgetretene Verschmutzungen sind im frischen Zustand mit Wasser zu entfernen."	ggf. Bedenken-anmeldung erforderlich
Abzeichnung von z. B. Kanthölzern auf der Deckenunterseite	Abs. 6.4 Bauausführung: (5) „Bei der Nachbehandlung durch Abdecken mit Folie dürfen sich keine Hilfsmittel wie Kanthölzer etc. auf den Flächen abzeichnen."	ggf. Bedenken-anmeldung erforderlich

(Fortsetzung)

Tab. 3.17 (Fortsetzung)

Stichwort	DBV/VDZ-Merkblatt „Sichtbeton“ 2015	Anmerkungen
„sichtbare“ Abstandhalter	Abs. 6.2: Bewehrung + Einbauteile (1) „Die Auflagerungspunkte und -flächen der Abstandhalter sind im Allgemeinen an der Betonoberfläche erkennbar. Ein Probeeinsatz zur Vorlage und Abstimmung mit dem AG wird empfohlen.“ Auch das DBV-Merkblatt „Abstandhalter“ [35] weist darauf hin, dass „die Auflagerungspunkte und -flächen der Abstandhalter im Allgemeinen an der Betonoberfläche „erkennbar“ bleiben.	Ein sich Abzeichnen der Abstandhalter in der Sichtfläche kann durch besondere Maßnahmen verhindert werden, z. B. „Aufhängung“ der Bewehrung. Dies muss jedoch vereinbart werden (Kosten)! Eine Planung u. a. über die Lage, Anordnung, Form der Abstandhalter ist erforderlich
Rostverfärbungen an Deckenuntersichten	Abs. 6.2 Bewehrung: (4) „Bei längeren Standzeiten besteht bei horizontalen Bauteilen die Gefahr, dass Rostpartikel vom Bewehrungsstahl auf die Schalung fallen und nicht entfernt werden können.“	ggf. Bedenkenanmeldung erforderlich

Hierzu ist in DIN 18205:2016-11 „Bedarfsplanung im Bauwesen“ aufgeführt:

- **4.3 Informationen erfassen und auswerten**
  Unklare Anforderungen, Widersprüche und offene Fragen werden aufgegriffen und von den Betroffenen bzw. Verantwortlichen geklärt.

- **5.4 Planungs- und Gebäudeevaluierung**
  Die Bewertungsergebnisse planerischer und baulicher Lösungen während der Entwurfsentwicklung, Ausführungsplanung, Bauausführung und Nutzung sind nachvollziehbar zu dokumentieren.

Besonders hohe Anforderungen an hochwertige Sichtbetonflächen müssen „mit Worten geplant“ werden, d. h. es müssen umfangreiche <u>zusätzliche</u> technische Vorbemerkungen zum Sichtbeton vertraglich vereinbart werden. Andernfalls sind Enttäuschungen seitens des Bauherrn vorprogrammiert (Abb. 3.3, 3.4 und 3.5)!

> **Hinweis**
> Zulässige Sichtbeton-Ebenheitsabweichungen („Toleranzen“) siehe Abschn. 2.5

Abb. 3.3 Betonkosmetik: Sichtbetonklasse SB4

Abb. 3.4 Ausbohren von Pyrit-Einschlüsse

3.1.1.3 Porigkeit („Lunker")

In der Tabelle 2: „Porigkeit" des DBV/VDZ-Merkblatts „Sichtbeton" [30] wird der maximale Porenanteil mit „ca." angegeben, was impliziert, dass geringfügige Überschreitungen zulässig sind. Die hierfür notwendige Prüfung erfolgt anhand einer Prüffläche von 500 × 500 mm. Die Porigkeit ist der Anteil offener Poren von 2 bis 15 mm Durchmesser. Hierbei zeigt die Praxis, dass eine Porengröße < 2 mm den Gesamteindruck einer Sichtbetonfläche nicht stört.

Abb. 3.5 Sichtbetonklasse SB4 nicht erfüllt

Zudem ist zu beachten, dass sich Fehler in der Erfassung und der Dokumentation einschleichen können:

- beim Umkreisen der Poren: Bleistiftdicke, z. B. 0,5 mm
- beim Ablesen mit einem Maßstablineal: ± 1 mm bis 3 mm
- durch Addition von Maßungenauigkeiten usw.

Kaum vermeidbar sind Poren bei:

- geneigter Schalung und
- hohem Bewehrungsgrad, d. h. enge Bewehrung.

Poren/Lunker von einer Größe von ca. 15 × 15 mm, die bei einer glatten Schalung vereinzelt vorkommen, sind kaum vermeidbar und stellen keinen technischen Mangel dar.

Die Sichtbewertung, insbesondere die Erfassung der Porigkeit mittels „automatisierter Bildverarbeitung", kann in der Praxis teilweise „gefährlich" werden.

Hierbei spielt auch die Verortung der betrachteten Flächen eine Rolle (z. B. Abb. 3.6 a,b,c,d). Zum Beispiel sind Sichtbetonflächen mit Poren/Lunkern als „optischer Mangel" in repräsentativen Hoteleingangshallen anders zu bewerten, als bei Wänden in Kellern von Müll- und Abstellräumen.

Der Gesamteindruck der Sichtbetonfläche muss der Beschaffenheitsvereinbarung, d. h. der Gestaltungsabsicht entsprechen, die im Gebäudeentwurf festgelegt und durch Werkplanung und Leistungsverzeichnis präzisiert ist. Bei einer ungenauen Beschreibung ist bei der Sichtbetonbewertung zu berücksichtigen, dass es sich bei Betonarbeiten um Handwerkerarbeiten und nicht um feinmechanische Uhrmacherarbeiten handelt. Bei Nichtberücksichtigung sind Streitigkeiten vor Gericht vorprogrammiert!

Abb. 3.6 **a** Porengröße Wandfläche **b** Porenanteil an „Dämmbeton" **c** Sichtbetonklasse SB3 **d** Poren auf der geschalten „Einfüllseite"

Empfehlung

Bereits im Leistungsverzeichnis sollten präzise Angaben, wie:

- die Anzahl der Prüfflächen,
- die Lage der Prüfflächen, z. B. oben am Wandkopf oder unten am Wandsockel oder Wandmitte, usw.

vorgegeben werden.

3.1.1.4 Ebenheit (Toleranzen im Hochbau)

Die im DBV/VDZ-Merkblatt „Sichtbeton“ enthaltenen Hinweise zum Thema Bautoleranzen wurden im Abschn. 2.5 behandelt.

3.1.1.5 Schalungsmusterplan

Ein „Schalungsmusterplan“ muss u. a. folgende Bestandteile und Darstellungen aufweisen (Beispiele A-C siehe Abb. 3.7, 3.8 und 3.9):

- Ausbildung der Schalelemente, -stöße
- Ausbildung der Schalungsanker (Lage) einschl. Schließung
- Angaben zum Schalungssystem
- Schalungstyp/Qualität
- Schalungshautbefestigung
- Ausbildung der Arbeits- sowie Bauteil- und Dehnungsfugen, ggf. Schattenfugen (Flächengliederung)
- Kantenausbildung (scharf, Fasen)
- Einbauteile, z. B. Lampen, Handläufe
- zulässige Toleranzen, z. B. DIN 18202, Tab. 3, Zeile 7: „erhöhte Anforderungen“, (siehe Abschn. 2.5)
- Hinweis zum Abstandhalter (siehe Abschn. 2.1.3)
- Vorsorgemaßnahmen, u. a. zur Vermeidung von „Schuhabdrücken“ usw.

> **Hinweis**
> Der Architekt muss die Baubeteiligten **koordinieren** und deren Leistungen in seine Planung integrieren (siehe insbesondere Abschn. 2.6).

Auch § 34 Objektplanung HOAI weist darauf hin:

▶ *Bereitstellen der Arbeitsergebnisse als Grundlage für die anderen an der Planung fachlich Beteiligten sowie **Koordination** und Integration von deren Leistungen.*

3.1.1.6 Ausbildung von Stößen und Fugen

3.1.1.6.1 „geplante" Arbeitsfugen

An den Übergängen zwischen einzelnen „Betonierabschnitten“, z. B.

- Sohle – Wand,
- Wand – Decke und
- Decke – Wand

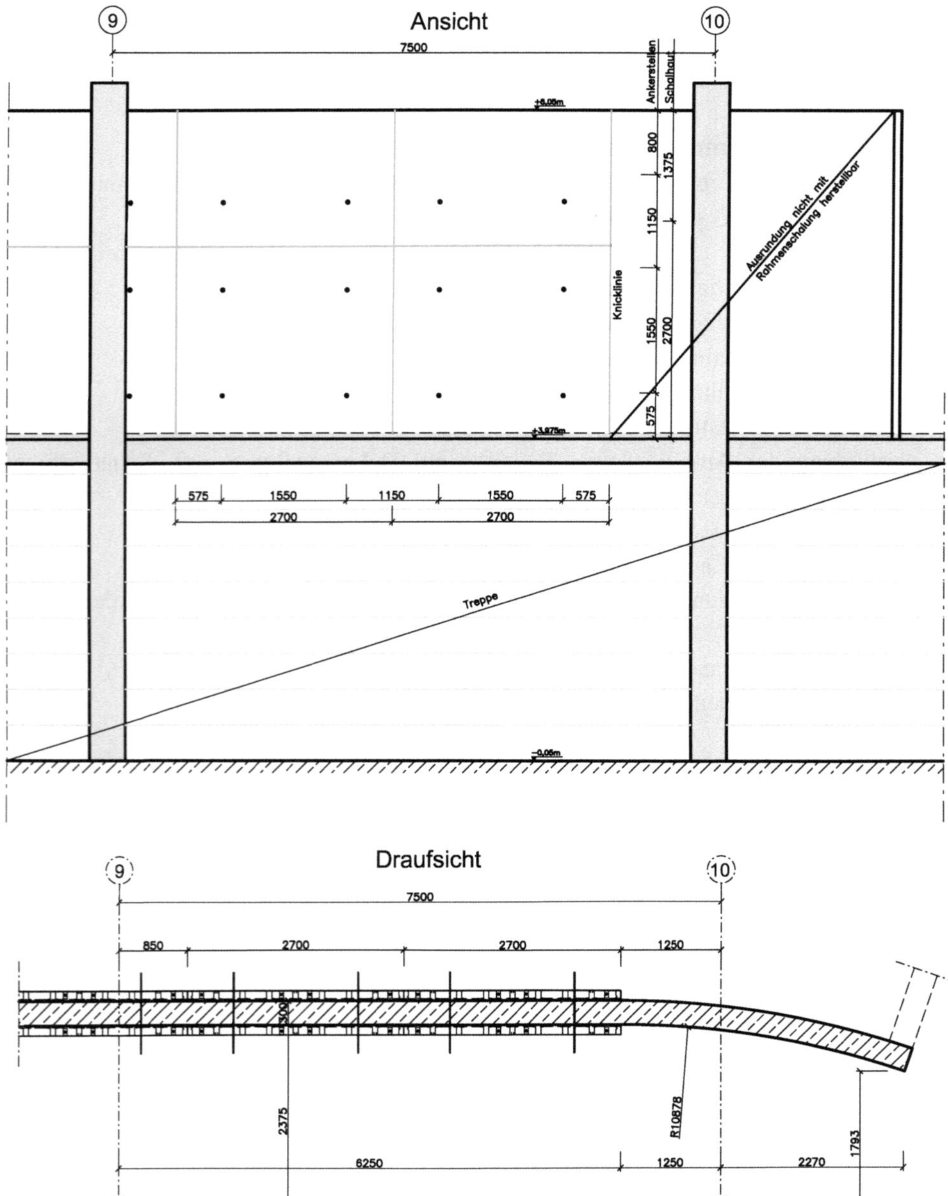

Abb. 3.7 Beispiel A eines Schalungsmusterplans

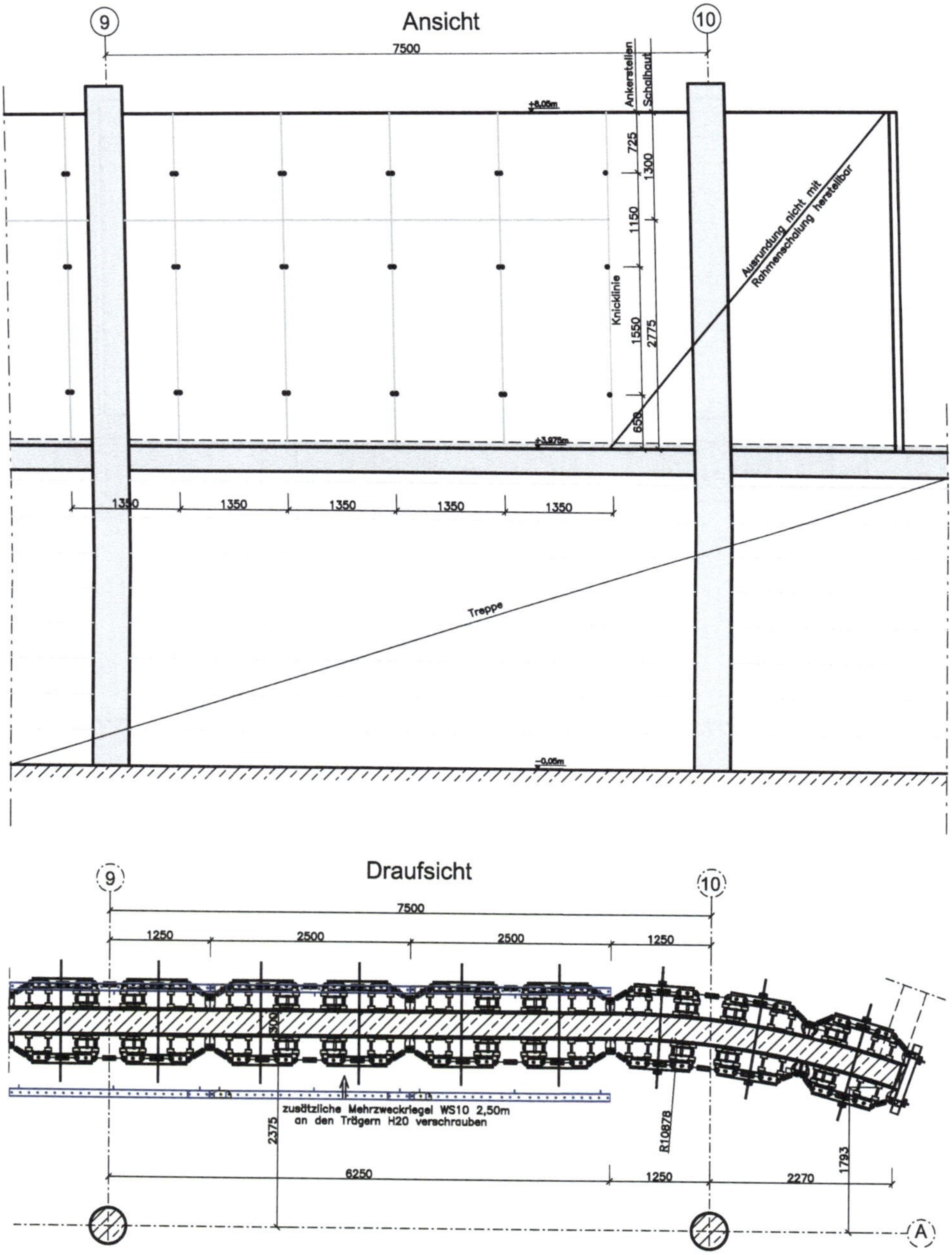

Abb. 3.8 Beispiel B eines Schalungsmusterplans

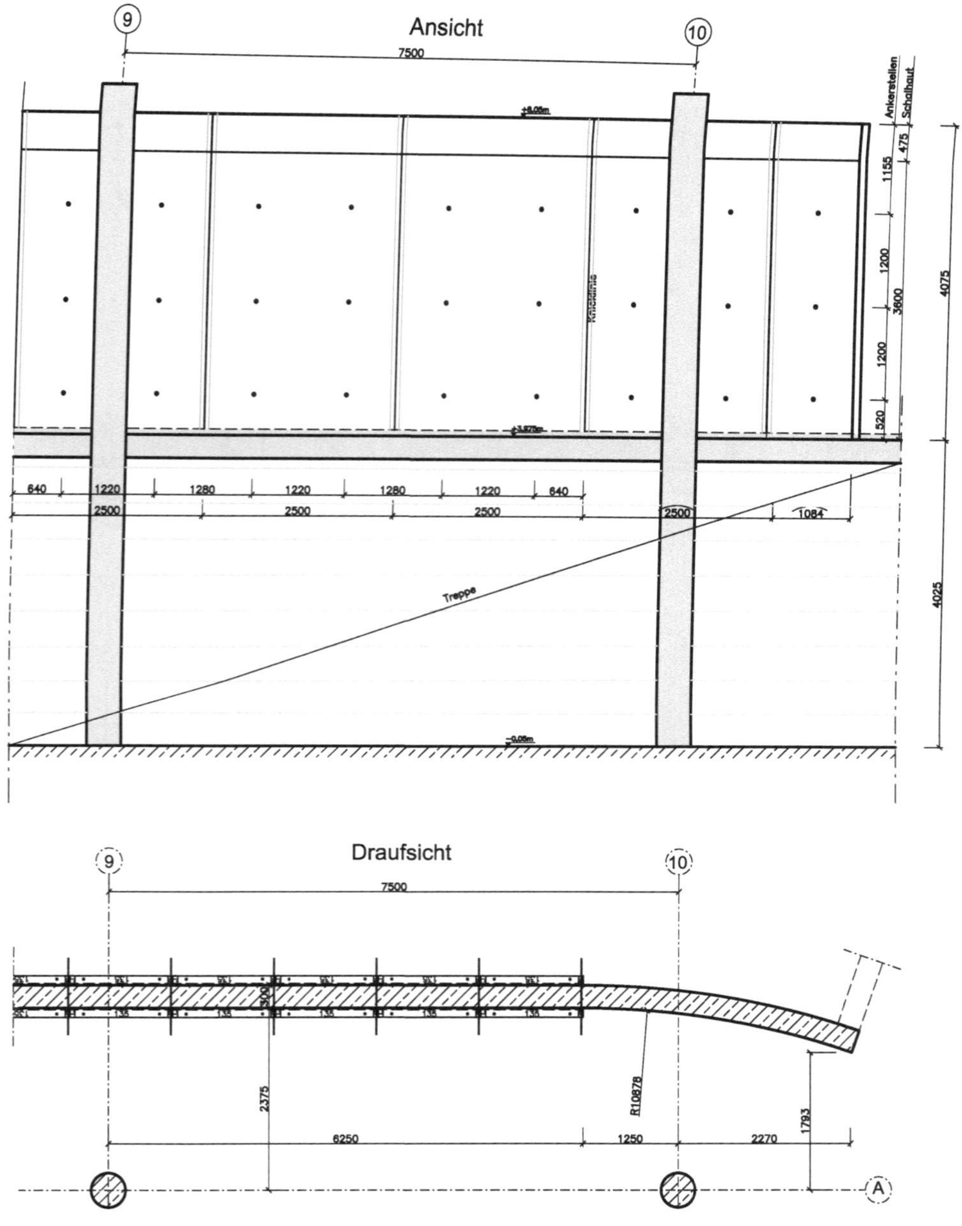

Abb. 3.9 Beispiel C eines Schalungsmusterplans

entstehen *Arbeitsfugen*, die besonders geplant (siehe Abb. 3.10) und gewissenhaft ausgeführt werden müssen. Gerade an Treppenhauswänden fallen Arbeitsfugen optisch besonders auf (siehe Abb. 3.12a,b). Durch Undichtigkeiten im Bereich der Arbeitsfuge entstehen Ausblutungen/Kiesnester. Durch Maßungenauigkeiten und labile Schalelemente entstehen Absätze („Versatz") in den Wandebenen (siehe Abb. 3.11).

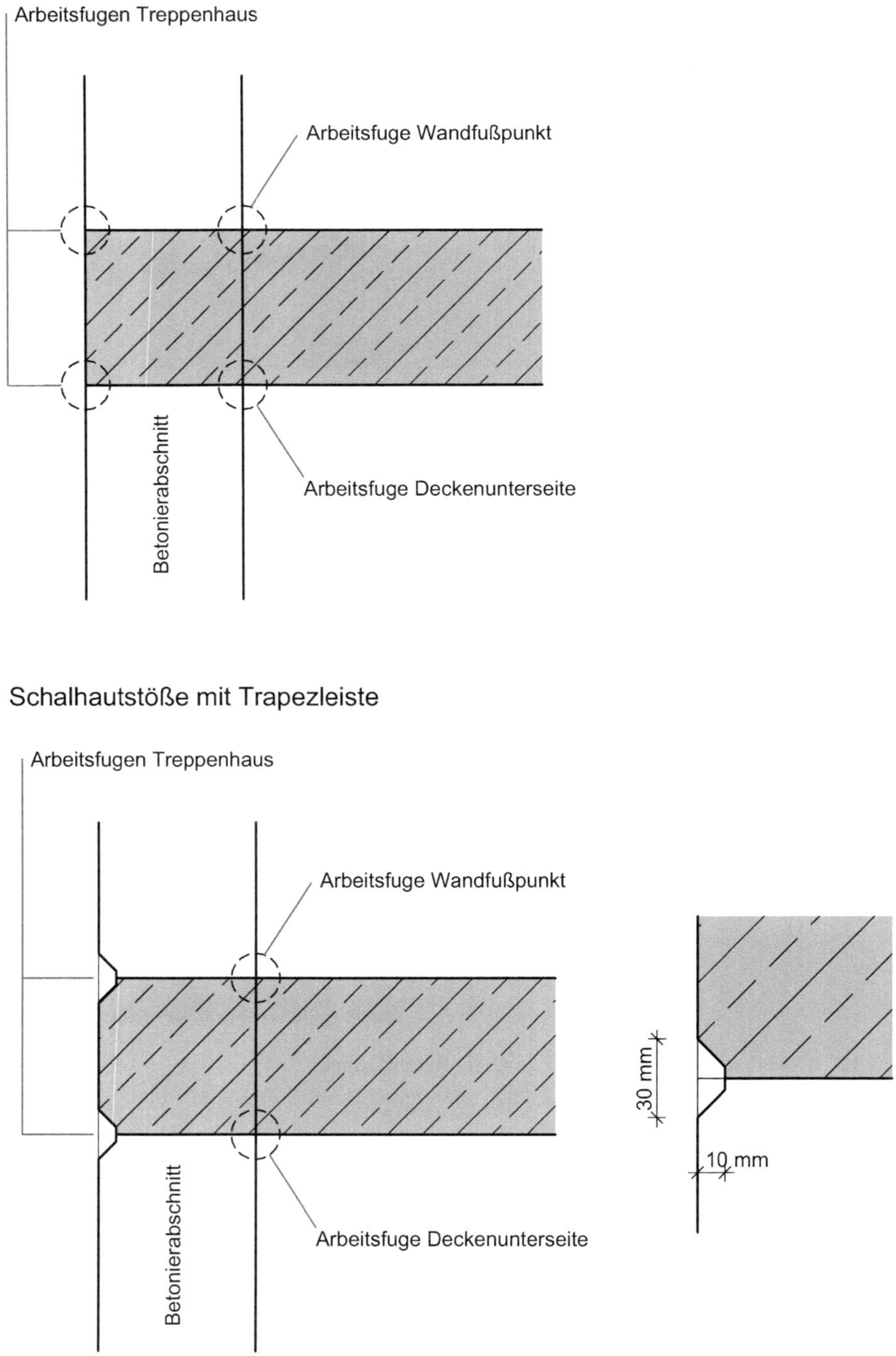

Abb. 3.10 Prinzipskizzen Arbeitsfugen

Abb. 3.11 Schalhautstöße – Versatz muss auf Zulässigkeit überprüft werden

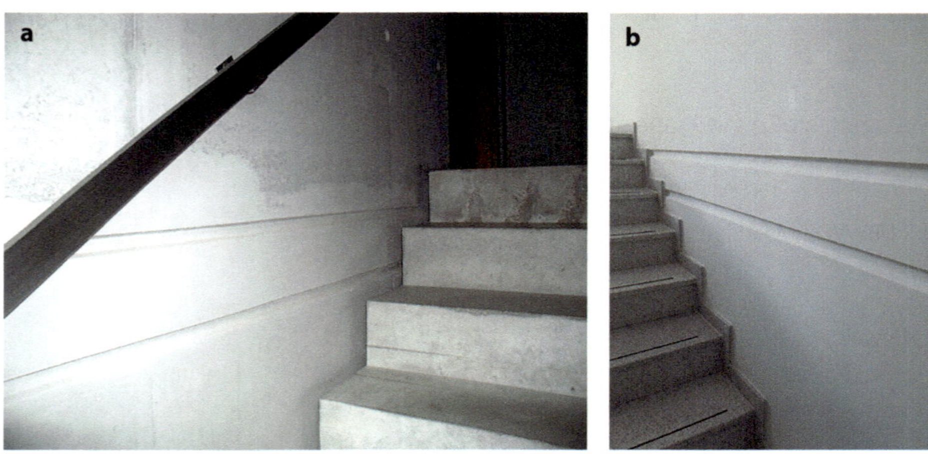

Abb. 3.12 **a** sichtbare Betonkosmetik **b** sichtbare Betonkosmetik

3.1.1.6.2 „ungeplante" Arbeitsfugen

Ungeplante Arbeitsfugen sind z. B. „Schüttlagen".

Bei langen Betonierabschnitten sind Schüttlagen fast unvermeidbar. Wenn die „obere" Betonlage eingebracht wird, ist die „untere", zu einem früheren Zeitpunkt eingebrachte Lage bereits erstarrt, sodass eine Verbindung der beiden Betonierlagen untereinander nicht mehr möglich ist (Abb. 3.13a, b).

Daher ist es zu empfehlen, schon im Vorfeld kürzere Abschnitte unter Berücksichtigung eventuell zusätzlicher Maßnahmen zu planen.

Gerade bei einer „Weißen Wanne" z. B. aus „WU-Beton" als Sichtbeton treten Probleme in mehrerlei Hinsicht auf, u. a.

- nachträgliches Abdichten der ungeplanten Arbeitsfuge (siehe Beispiel Kap. 8) und/oder
- optische Beeinträchtigungen durch die Schüttlagen.

3.1.1.6.3 Schalhautstöße

Für die Sichtbetonklassen SB2, SB3 und SB4 ist das Abdichten der Schalhautstöße bzw. Schnittkanten auszuschreiben bzw. zu planen, andernfalls sind „Grate" oder herauslaufender Zementleim nicht vermeidbar (Abb. 3.14). Es bleibt zu beachten, dass auch bei der Sichtbetonklasse SB4 Grate bis ca. 3 mm zulässig sind.

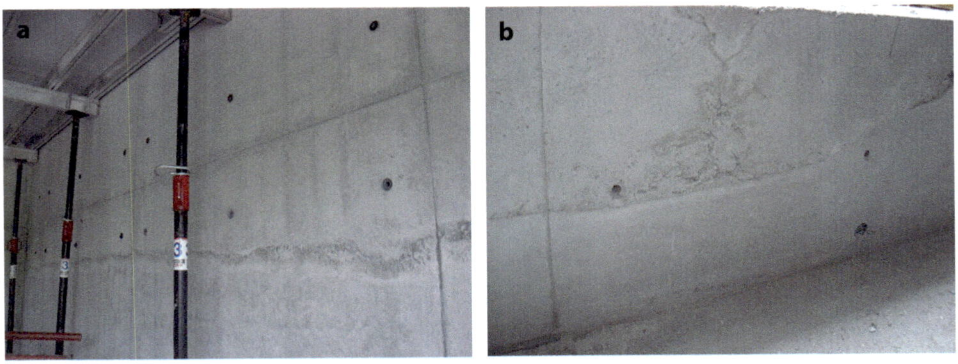

Abb. 3.13 **a** Schüttlagen **b** Schüttlagen im Fenstersturzbereich

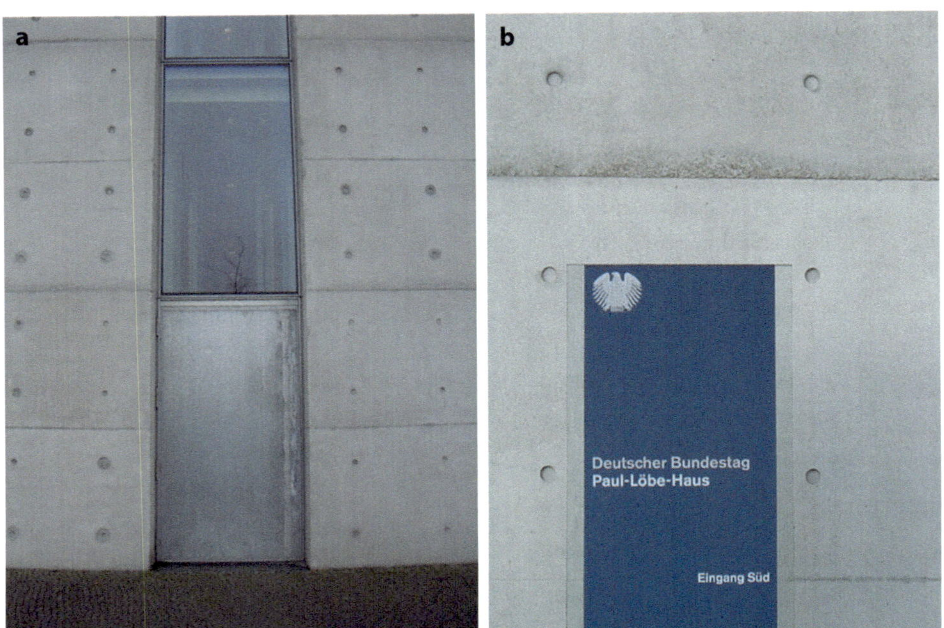

Abb. 3.14 **a** Schlalelementstöße **b** Schalelementstöße

3.1.1.7 Musterflächen, Erprobungsflächen, Referenzflächen

Musterflächen (Erprobungsflächen) sind unter normalen handwerklichen, witterungsbedingten Gegebenheiten auszuführen. Dies kann an der Außenseite des Bauwerks oder innerhalb des Gebäudes geschehen. Empfehlenswert ist, die Musterflächen für die Sichtbetonarbeiten im Untergeschoss auszuführen. Eine derartige Fläche muss alle „Details" entsprechend dem Anforderungsprofil enthalten.

Tab. 3.18 Erprobungswand: Beispiel

Ablage/ Ordner	Bauteil	Typ	Hersteller	Bemerkungen
1	Schalhaut	FinPly Maxi Pro	Peri	von hinten verschraubt
2	Schalsystem	VARIO Zugfest GT 24	Peri	
3	Dreikantleisten	hohl mit Nagelfahne	Rüde Gruppe	Schenkellänge ist noch vom AG zu bestimmen
4	Trennmittel	Peri Clean	Peri	
5	Abspannstellen	DW 15	Peri	
5	Distanzrohr	Rohr rau 22		
5	Dichtungskonen	Konus und Deckel mit Moosgummi		Varianten noch von AG zu bestimmen (DW 15/35 oder DW 15/55)
6	DK Betonkonus	mit Kleber DW 15/35 oder DW 15/55	Peri	
6	Kleber	SK Dichtungskleber 2	Peri	
7	Betonsorten			noch vom AG festzulegen
8	Schalpläne		Peri	
9	Betonagekonzept		Peri	
10	Nachbehandlungskonzept		S. Stracke Betontechnologie	
11	Wassernasenprofil		Reuse-Seufert	mit Edelstahlstiften zu befestigen
12	Querkraftdorn	Dorn Type SLD Q 60	Schöck	
12	Stahlstütze		Mehrbreier	mit Rostschutz nicht verzinkt
12	Dehnfuge d = 10 mm			Ausführung noch vom AG festzulegen
12	Fugenabschluss mit Quellband			Ausführung noch vom AG festzulegen
13	Trapezprofil Art. Nr. 20.635 Typ 20, 20/15/10 mm		Reuse-Seufert	

Erprobungsflächen sind so zu wählen, dass sie hinsichtlich ihrer Abmessungen (Decken-, Wanddicke), Öffnungen (Aussparungen), Bewehrungsgrad (Stahlmenge), Schalungsgrad (Verhältnis Beton zur Schalfläche) usw. dem geplanten Bauwerk (M 1:1) entsprechen. Aus geeigneten Erprobungsflächen sind Ansichtsflächen zu wählen, die die vertragliche Referenz definieren, sog. „Referenzflächen" (Beispiel siehe nachfolgende Tab. 3.18).

Die Abnahme dieser Fläche sollte unter den gleichen Voraussetzungen (Lichtverhältnisse, Betrachtungsabstand usw.), die der späteren Nutzung entsprechen, erfolgen. Es ist ein „Abnahmeprotokoll" zu erstellen, welches die Grundlage für die zukünftige Sichtbeton-Beurteilung darstellt.

Musterfläche – Ortbeton
(siehe Abb. 3.15, 3.16 und 3.17)

Musterfläche – Betonfertigteile
(siehe Abb. 3.18a, b, c, d und 3.19a, b)

3.1.1.8 Mängelbeseitigung

Da die Sichtbetonanforderungen (z. B. Anforderungen an die Sichtbetonklasse) – leider – nicht immer erfüllt werden können, ist es empfehlenswert, sich bereits in der Planung/Ausschreibung Gedanken über eine Mängelbeseitigung zu machen. Die Punkte in nachfolgender Tab. 3.19 sind dabei u. a. zu berücksichtigen (siehe auch Kap. 7: Betonkosmetik).

Beispiel: Mängelbeseitigung am Ortbeton (siehe Abb. 3.20)

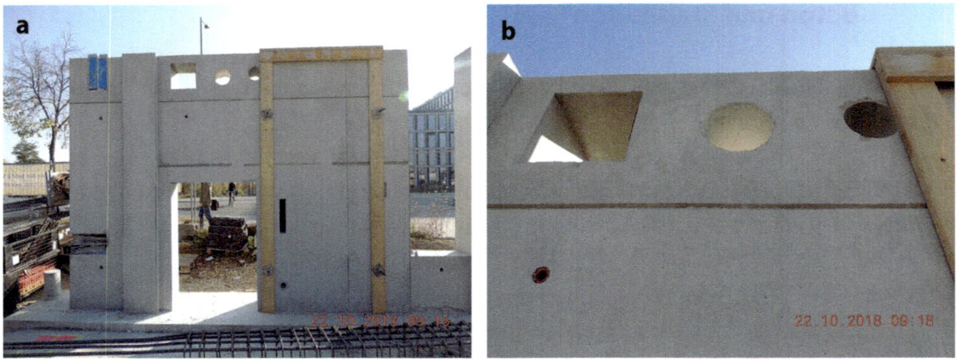

Abb. 3.15 **a** Musterfläche – Ortbeton **b** Musterfläche – Aussparungen

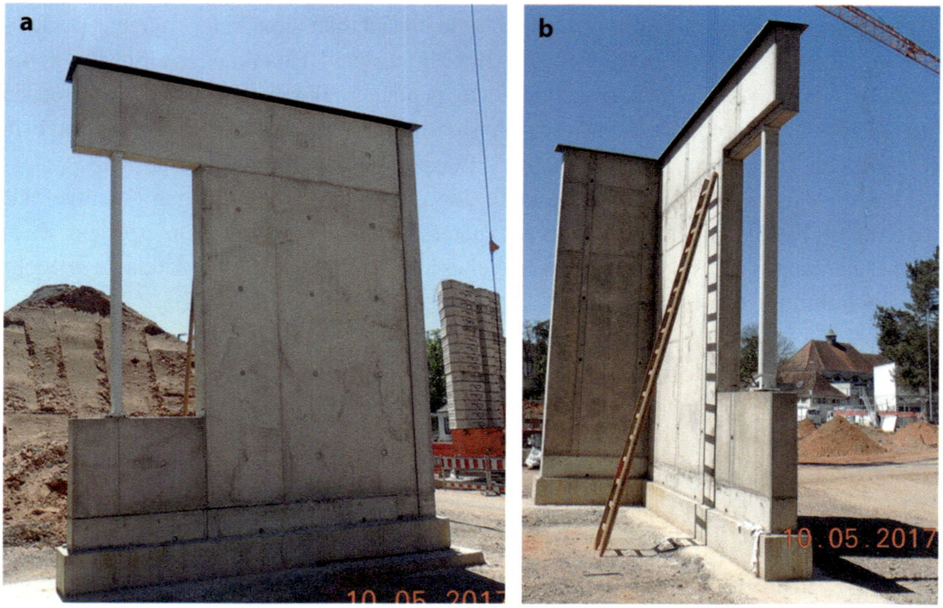

Abb. 3.16 **a** Musterfläche – Ortbeton **b** Musterfläche

Beispiel: Mängelbeseitigung an Betonfertigteilen
(siehe Abb. 3.21a, b, c, d, e und f).

3.1.2 DBV/BDZ-Merkblatt: „Betonierbarkeit von Bauteilen aus Beton und Stahlbeton" [36]

Aufgrund der für die Praxis als unzureichend befundenen Hinweise für Sichtbeton-Planer in den Normen:

- DIN EN 1992-1-1: 2011-01 „Bemessung und Konstruktion von Stahlbeton" und
- DIN EN 13670: 2011-03 „Ausführung von Tragwerken aus Beton",

wurde das DBV/BZB-Merkblatt überarbeitet. Es weist in der Vorbemerkung ausdrücklich darauf hin, dass es sich in erster Linie an den Planer und den Bauausführenden richtet. Planer für Sichtbetonleistungen ist in der Regel der Architekt in Zusammenarbeit mit dem Tragwerksplaner.

Es muss jedoch immer wieder festgestellt werden, dass eine **Koordinierung** vonseiten des planenden Architekten oftmals unzureichend durchgeführt wird.

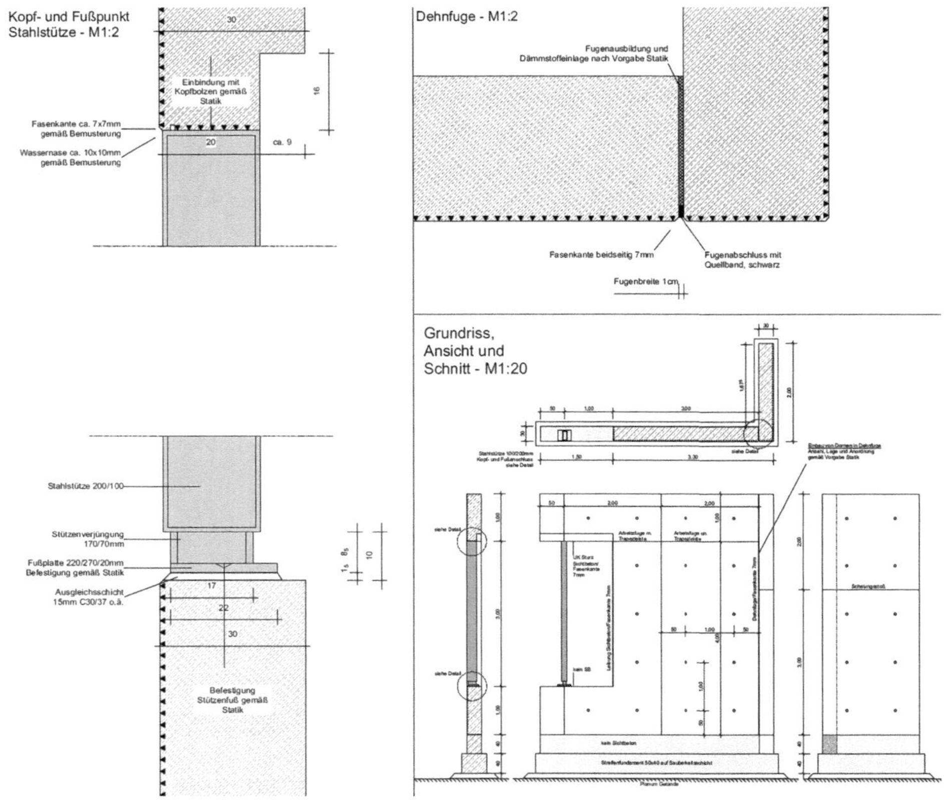

Abb. 3.17 Ausführungsplanung für eine Musterfläche

Die Koordinierung umfasst u. a.

- **Bauteilquerschnitte,** d. h. die Mindestdicke des Bauteils ergibt sich aus der Summe von
  - Betondeckung c_v, beidseitig,
  - Stahlbewehrung, beidseitig und
  - Einfüllschlauch zzgl. 40 mm Bewegungsraum.
- **Betonieröffnungen,** d. h. die Öffnungen zum Einführen des Einfüllschlauchs/Einbauschlauchs/Rohrs, sind bereits in der Planung (in den Bewehrungsplänen des Tragwerksplaners) zu berücksichtigen. Empfohlen wird ein Abstand von ca. 1,50 m.
- **Rüttellücken,** d. h. die Stellen zum Einführen des Innenrüttlers sind bereits in der Planung (in den Bewehrungsplänen des Tragwerksplaners), zu berücksichtigen. Empfohlen wird ein Abstand von dem ca. 8- bis 10fachem Durchmesser des Innenrüttlers.

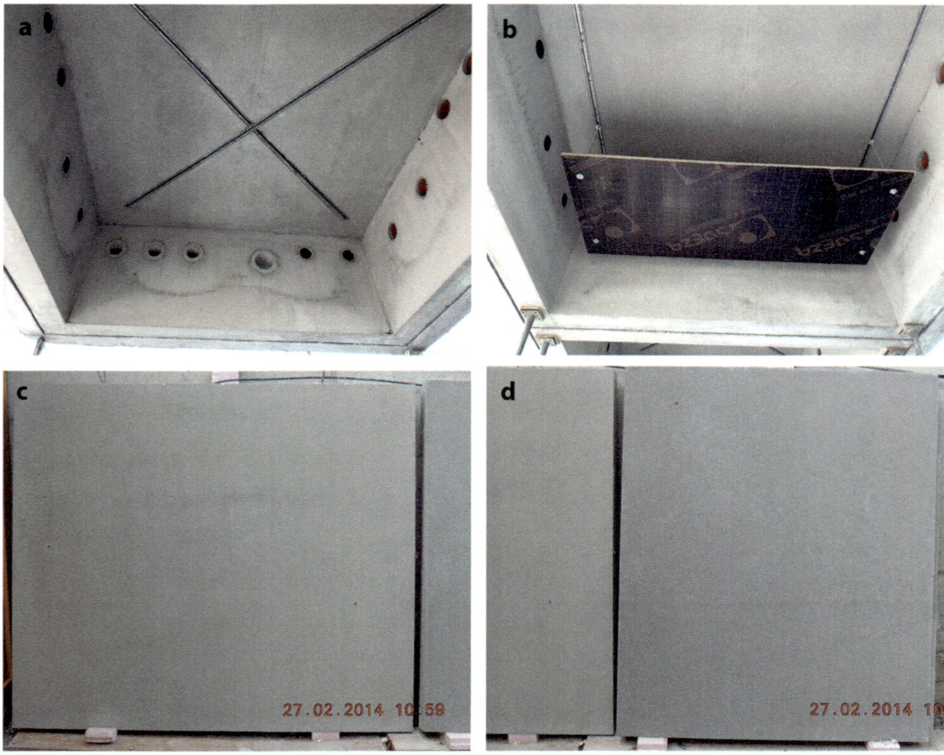

Abb. 3.18 **a** Musterfläche **b** Musterfläche **c** Musterflächen Betonfertigteile **d** Betrachtungsabstand

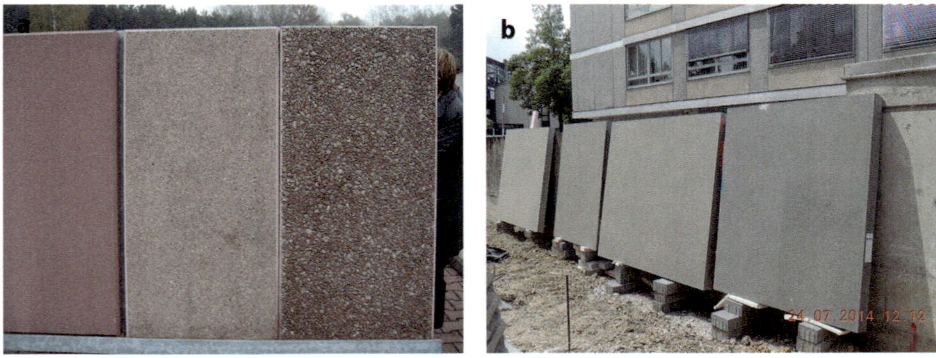

Abb. 3.19 **a** Musterflächen Sichtbetonoberfläche – Oberflächengestaltung **b** Musterflächen Sichtbetonoberfläche – Oberflächengestaltung

- **Einbauteile** sind in einem größeren Maßstab (z. B. 1:1) in den Bewehrungsplänen darzustellen, da diese zusätzlich zu der eng liegenden Bewehrung das Einfüllen des Betons verhindern. Eine Folge können Fehlstellen/Kiesnestern sein.
- **Betondeckung sowie Abstandhalter** (siehe DBV/BDZ-Merkblatt „Abstandhalter")
- **Arbeitsfugen** und deren Ausbildung und Abdichtung sind bereits in der Planung (in den Bewehrungsplänen des Tragwerksplaners) zu berücksichtigen.

Hinweis
Der sachkundige Sichtbeton-Planer/ -Bauleiter hat in der Planung, vor Ausführung und spätestens vor Ort o. g. Bauteile zu überprüfen („Koordinierungspflicht")!

Der Architekt muss die Sichtbeton-Arbeiten in angemessener und zumutbarer Weise überwachen. Er muss sich durch häufige Kontrollen vergewissern, dass seine Planung sachgerecht erledigt wird. Gerade Sichtbetonarbeiten weisen erfahrungsgemäß ein höheres Mängelrisiko auf, sodass der Architekt zu erhöhter Aufmerksamkeit und zu einer intensiveren Wahrnehmung der Bauaufsicht verpflichtet ist.

Besondere Aufmerksamkeit hat der Architekt auch solchen Baumaßnahmen zu widmen, bei denen sich im Verlauf der Bauausführung **Anhaltspunkte für Mängel** ergeben (siehe Abb. 3.22 a-d).

Tab. 3.19 Mängelbeseitigung – Vergleich „SOLL–IST–Ausführung" von Sichtbeton

1	Gemeinsame Festlegungen (Auftraggeber + Auftragnehmer)
1.1	„Hinzunehmende" Unregelmäßigkeiten: • materialbedingt • konstruktionsbedingt • ausführungsbedingt
1.2	Was und wie soll nachgebessert werden?
1.3	Entscheidung, ob der Aufwand zur Mängelbeseitigungen gerechtfertigt ist
2	**Verfahrensentwicklung und Herstellung von Erprobungsflächen**
2.1	Prüfung, ob die Mängelbeseitigung erfolgreich sein wird
2.2	Festlegung von Referenzflächen, an denen die Mangelbeseitigung probeweise durchlaufen werden kann
2.3	Erstellung von Arbeitsanweisungen (Planung!)
3	**Ausführung am Bauteil**
3.1	Anpassung
3.2	baubegleitende Qualitätskontrolle (Sichtbeton QM-Planung/Heft)
3.3	Abnahme der Mängelbeseitigung
4	**ggf. Schiedsgutachten durch einen ö. b. u. v. Sachverständigen für Sichtbeton**

Abb. 3.20 sichtbare Betonkosmetik: Sichtbetonklasse?

3.1.3 DBV/VDZ-Merkblatt „Abstandhalter" [35]

Das DBV/DBZ-Merkblatt gibt Ergänzungen zur DIN EN 1992-1-1 [4], die nicht nur vom Tragwerksplaner, sondern auch vom Sichtbeton-Planer zu berücksichtigen sind („Koordinierungspflicht").

Die Abstandhalter gewährleisten die erforderliche Betondeckung, d. h. den Abstand zwischen der Bewehrung und der angrenzenden Sichtbetonoberfläche. Für diese Aufgabe müssen sie ausreichend stabil, d. h. tragfähig sein, sich aber nicht auffällig an der Sichtbetonoberfläche abzeichnen.

Das DBV/DBZ-Merkblatt: „Abstandhalter" weist unter Punkt **2.3 Sichtbeton** darauf hin (siehe hierzu auch Abschn. 2.1.3: Abstandhalter und Abhängung):

- *„Werden Abstandhalter in Stahlbetonbauteilen verwendet, die als Beton mit gestalteten Ansichtsflächen (Sichtbeton) geplant sind, so muss die Aufstandsfläche der Abstandhalter auf der Schalung möglichst klein sein. Die Abstandhalter dürfen sich nur geringfügig in die Schalung eindrücken bzw. an der Betonoberfläche abzeichnen." (Abb.* 3.23*).*

3.2 FDB-Merkblätter Betonfertigteilbau [39]

Herausgeber der in diesem Kapitel beleuchteten FDB-Merkblätter ist die Fachvereinigung Deutscher Betonfertigteilbau e. V. Im Folgenden sind alle FDB-Merkblätter aufgezählt. Auf die fett gedruckten Merkblätter (Nr. 1 und Nr. 8) wird in den folgenden Unterkapiteln detaillierter eingegangen.

Abb. 3.21 **a** vor der Sanierung **b** Köcher für die Geländerpfosten **c** während der Sanierung **d** Betonersatzsystem **e** nach der Sanierung **f** Abrisse neu-alt

Nr. 1 – 2020-05: Sichtbetonflächen von Fertigteilen aus Beton und Stahlbeton
Nr. 2 – 2011-06: Korrosionsschutz von Verbindungsmitteln für Betonfertigteile
Nr. 3 – 2020-03: zur Planung vorgefertigter Stahlbetonfassaden
Nr. 4 – 2011-11: über die Befestigung vorgefertigter Betonfassaden
Nr. 5 – 2010-09: Checkliste für das Zeichnen von Betonfertigteilen
Nr. 6 – 2015-09: Toleranzen und Passungsberechnungen für Betonfertigteile
Nr. 7 – 2012-11: Brandschutz mit Betonfertigteilen
Nr. 8 – 2020-03: über Betonfertigteile aus Architekturbeton
Nr. 9 – 2010-09: Ladungssicherung von konstruktiven Betonfertigteilen

Nr. 10 – 2010-09: zum nachhaltigen Bauen mit Betonfertigteilen

Nr. 11 – 2010-09: Checkliste zur Vorspannung mit sofortigem Verbund von Betonfertigteilen

Nr. 12 – 2010-09: Bereitstellung der Montageanweisung für Betonfertigteile

Nr. 13 – 2010-09: Planungsphasen für das Bauen mit Betonfertigteilen

Nr. 14 – 2010-09: Checkliste für die Ausschreibung von Sichtbetonoberflächen bei Betonfertigteilen

Abb. 3.22 **a** Stützenkopf mit hohem Bewehrungsgrad **b** schräge Stützen-Bewehrung, Risiko Lunkerbildung **c** Stahlbau oder Stahlbeton? **d** unzureichende Verdichtung

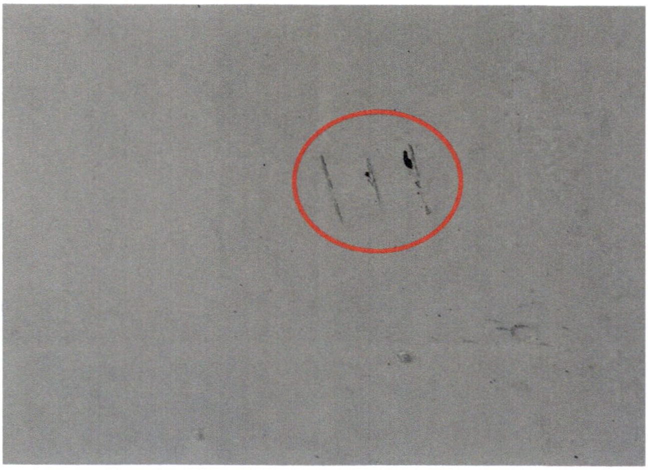

Abb. 3.23 sichtbare Abstandhalter auf der Sichtbetonoberfläche

Die Herstellung von Betonfertigteilen unterscheidet sich grundlegend von der von Ortbetonbauteilen. Dies ist auch bei der Sichtbeton-Bewertung zu berücksichtigen.

In der Regel werden die Fertigteilplatten auf sog. „Kipptischen" (siehe Abb. 3.24) produziert, die gleichzeitig mit einer Heizung sowie einem Flächenrüttler ausgestattet sind. Durch die liegende Herstellung auf dem Tisch entsteht eine geschalte glatte Oberfläche und eine „Füllseite", deren Oberseite abgerieben wird. Dadurch entstehen an der Fertigteilplatte eine glatte und eine „rauere" Seite. Der Planer muss also im Vorfeld überlegen, welche Seite der Platte er an welcher Stelle im geplanten Gebäude einsetzt, z. B.

- die **glatte** Seite als Balkonfußboden oder Treppenstufen,
- die **„rauere"** Seite als Balkondecke oder Treppenunterseite.

Explizit, um für derartige Problemstellungen eine Hilfestellung anzubieten hat die Fachvereinigung Deutscher Betonfertigteilbau e. V. die bereits erwähnten FDB-Merkblätter Nr. 1 „Sichtbetonflächen von Fertigteilen aus Beton und Stahlbeton [40] und Nr. 8 „über Betonfertigteile aus Architekturbeton" [41] herausgegeben. Darin wird u. a. darauf hingewiesen, dass eine „eindeutige und praktisch ausführbare Leistungsbeschreibung" erforderlich ist. Wichtig ist u. a. der Hinweis auf die Anforderungen an die „Einfüllseite " (Abb. 3.24f, nicht geschalte Seite).

Das Glätten der ungeschalten Frischbetonoberflächen („Einfüllseite") erfolgt entweder maschinell mittels Flügelglätter („kellenglatt") oder handwerklich (Abb. 3.24f). Unabhängig von der Methode ist die Oberfläche <u>nicht</u> mit einer geschalten Betonfläche vergleichbar. Besondere Eigenschaften/Anforderungen an die Oberfläche, die über die

Abb. 3.24 **a** Sichtbeton-Fertigteile **b** Sichtbeton Vorbereitung **c** Kipptische **d** Liegende Schalung „Füllseite" **e** Verdichten auf der „Füllseite" **f** Glätten der Füllseite.

einschlägigen Vorschriften hinausgehen, müssen gesondert definiert werden (weitere Beispiele und Hinweise zu Einfüllseite und Füllseite siehe Abb. 3.25, 3.26 und 3.27).

Der optische Gesamteindruck eines Bauwerks oder Bauteils kann nur aus angemessener Entfernung und bei üblichen Lichtverhältnissen beurteilt werden (siehe Abschn. 4.2.2.1 und 4.2.2.2).

Abb. 3.25 Liegende Schalung „Einfüllseite“

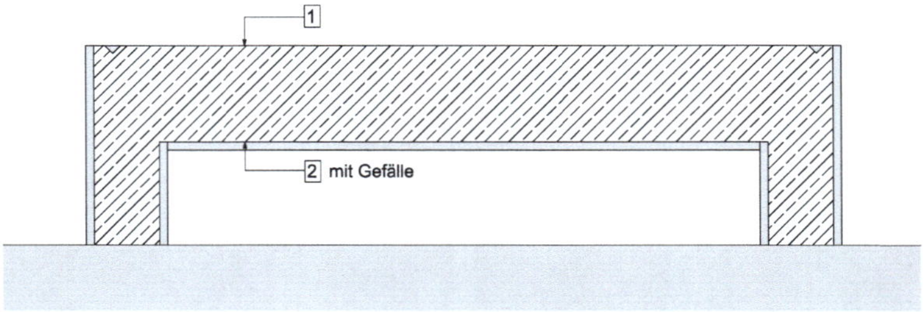

Abb. 3.26 „Füllseite“ oben/sog „Negativ-Schalung“ z. B. für Balkon-Fertigteile

3.2.1 FDB-Merkblatt-Nr. 1 „Sichtbetonflächen von Fertigteilen aus Beton und Stahlbeton“ [40]

Dieses Merkblatt definiert unter anderem eine Standard-Ausführung von Sichtbetonflächen bei Fertigteilen. Es wird auch eindeutig klargestellt, dass die Forderung im Leistungsverzeichnis nach „Sichtbeton“ allein nicht ausreicht. Vor der Ausführung muss eine eindeutige und praktisch ausführbare Leistungsbeschreibung vorliegen. Die Einteilung in Sichtbetonklassen entsprechend [30] ist bei der Verwendung von Fertigteilen i. d. R. nicht erforderlich.

Die einzelnen Seiten der Betonoberflächen werden folgendermaßen unterteilt:

- geschalte Seiten
- Einfüllseite

Die Anforderungen an die **Einfüllseite** sind besonders zu beschreiben. Hierzu sind u. a.

- abgezogene Oberflächen,
- abgeriebene Oberflächen,
- handgeglättete Oberflächen,
- flügelgeglättete Oberflächen,
- gerollte Oberflächen und/oder
- Oberflächen mit Besenstrich

anzugeben (siehe Abb. 3.28 a,b,c).

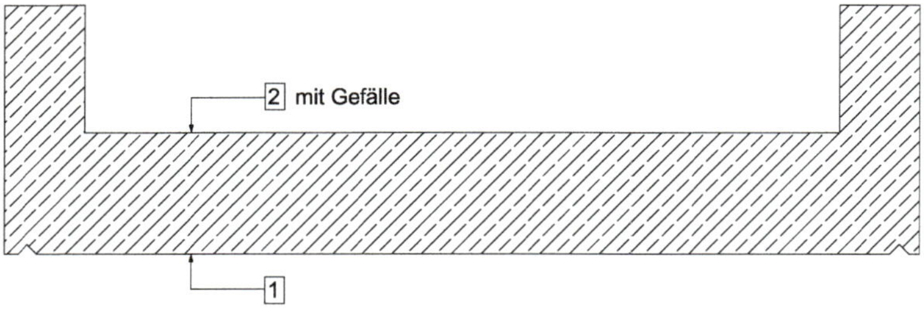

Abb. 3.27 Betonfertigteil (Balkondecke) gewendet: Deckenuntersicht (ehemalige Füllseite): „geglättet"= rau

Abb. 3.28 **a** Glätten der „Füllseite", d. h. nicht geschalte Betonoberseite **b** Oberflächenbearbeitung **c** Füllseite mit „Besenstrich"

Material und fachgerechte Ausbesserungen waren nach der alten DIN 18217 (siehe Kommentar [52]) und sind nach dem DBV-Merkblatt Sichtbeton (teilweise) zulässig und sollen i. d. R. auch bei größtem handwerklichen Geschick als solche erkennbar bleiben (siehe Kap. 7 Betonkosmetik).

Bei der Beurteilung der Sichtbetonflächen ist der Gesamteindruck aus dem üblichen Betrachtungsabstand maßgebend (siehe Kap. 4 Überprüfung des Erfolgs eines Sichtbeton-Projekts).

Einzelkriterien (Tab. 3.20) werden nur überprüft, wenn der Gesamteindruck (Tab. 3.21) der Ansichtsflächen den vereinbarten Anforderungen (Beispiele siehe Abb. 3.29 a,b und 3.30 a,b) nicht entspricht.

Tab. 3.20 Herstellungstechnische Sichtbeton-Grenzen „Einzelkriterien" nach [40]

Stichwort	Zu tolerierende Abweichungen FDB-Merkblatt-Nr. 1-2005-06 [alt]:	Zu tolerierende Abweichungen FDB-Merkblatt-Nr. 1-2020-05 [40]:
Strukturunterschiede	Geringe Strukturunterschiede bei bearbeiteten Betonflächen	Geringe Strukturunterschiede bei bearbeiteten Betonflächen
Wolkenbildung, Farbabweichung	Wolkenbildung, Marmorierungen und geringe Farbabweichung	Wolkenbildung, Marmorierungen und geringe Farbabweichung
Schwindverhalten		„Kranzbildung" durch frühes Schwinden an den Seiten (Abheben von der Schalung)
Poren, Anker	Porenanhäufung	Porenanhäufung
Abzeichnende Abstandhalter	sich abzeichnende Abstandhalter und Bewehrung	sich abzeichnende Abstandhalter und Bewehrung
Oberfläche		sich abzeichnendes Grobkorn („Leopardenhaut")
Ausblutungen	dunkle Streifen und geringe Ausblutungen an Schalelementstößen	dunkle Streifen und geringe Ausblutungen an Schalelementstößen
Schleppwassereffekt	Schleppwassereffekte in geringerer Anzahl und Ausdehnung	Schleppwassereffekte in geringerer Anzahl und Ausdehnung
Ausblühungen	vereinzelte Kalkfahnen und Ausblühungen	vereinzelte Kalkfahnen und Ausblühungen
Kantenabbrüche	Kantenabbrüche bei der Ausführung scharfer Kanten	Kantenabbrüche bei der Ausführung scharfer Kanten
Verwölbungen	geringe Verwölbungen	geringe Verwölbungen

Tab. 3.21 Gesamteindruck

Stichwort	Technisch nicht oder nicht zielsicher herstellbar FDB-Merkblatt-Nr. 1-2005-06 [alt]:	Technisch nicht oder nicht zielsicher herstellbar FDB-Merkblatt-Nr. 1-2020-05 [40]:
Wolkenbildung, Farbabweichung	gleichmäßiger Farbton aller Ansichtsflächen am Bauwerk	gleichmäßiger Farbton aller Ansichtsflächen am Bauwerk
Poren, „Lunker“	porenfeie Ansichtsflächen, gleichmäßige Porenstruktur (Porengröße und –verteilung)	porenfeie Ansichtsflächen, gleichmäßige Porenstruktur (Porengröße und –verteilung)
Risse	Oberfläche ohne Haarrisse	Oberfläche ohne Haarrisse

Geschalte Seiten		Gestaltungsmöglichkeiten der geschalten Seiten sind (einzeln oder in Kombination): • mit Schalung gestaltete Betonfläche (glatt oder strukturiert); • bearbeitete Betonfläche (z. B. Bearbeitungsarten nach DIN 18500-1:2021-01: *Auswaschen, Feinwaschen, Absäuern, Strahlen, Flammstrahlen, Schleifen, Feinschleifen, steinmetzartige Bearbeitung*) • farbig gestaltete Betonfläche (z. B. durch Zemente, Gesteinskörnungen, Pigmente, Anstriche) Die zwischen den Schalelementen entstehenden Stöße sind sichtbar und daher bei der Planung zu berücksichtigen. Element- und Scheinfugen können als Gestaltungsmerkmale dienen
Einfüllseite		Übliche Ausführungen der frischen Betonoberfläche unter Berücksichtigung der nachfolgend beschriebenen Erscheinungsbilder sind die folgend beschriebenen
	Abgezogene Oberflächen	zeigen die Spuren der Abziehlatte und/oder die Spuren des letzten Rüttelvorgangs. Die Ebenheit entspricht DIN 18202 [1] für nichtflächenfertige Oberseiten
	Abgeriebene Oberflächen	sind mit der Abziehbohle abgezogen und danach mit dem Reibbrett abgerieben. Die Ansätze und Übergänge der Reibbewegung sind sichtbar. Die Oberflächenstruktur ist nicht einheitlich. Wegen Wasserüberschuss zeigt die Oberfläche teilweise sogenannte „Apfelsinenhaut“. Die Ebenheit entspricht DIN 18202 [1] für nichtflächenfertige Oberseiten
	Hand-geglättete Oberflächen	sind abgezogen und geglättet. Die Ansätze der Glättkelle sind erkennbar. Die Oberflächenstruktur zeigt neben glattgestrichenen Stellen auch Stellen sogenannter „Wasserglättung“, die nach der Trocknung die genannte „Apfelsinenhaut“ aufweisen. Die Ebenheit entspricht DIN 18202 [1] für flächenfertige Böden bzw. flächenfertige Wände. Je feiner die Einfüllseite geglättet wird, desto mehr wird eine Wolkenbildung hervorgerufen
	Flügel-geglättete Oberflächen	sind maschinell geglättet. Die Ansätze der rotierenden Scheiben des Flügelglätters sind sichtbar. Die Oberfläche ist farblich nicht einheitlich. Es kann dunkle Stellen sowie Stellen mit sichtbarer Gesteinskörnung geben. Die Ebenheit entspricht DIN 18202 [1] für flächenfertige Oberseiten
	Gerollte Oberflächen	sind von Hand geglättet und danach mit einer Rolle bearbeitet. Die Rollenbreite ist erkennbar und leichte Wellen sind sichtbar
	Oberflächen mit Besen-strich	sind von Hand geglättet und danach mit einem Besen bearbeitet. Der Ansatz des Besens und die Strichrichtung sind erkennbar und leichte Wellen sichtbar

Abb. 3.29 **a** Sichtbeton-Fertigteile, Balkonbrüstungen **b** Sichtbeton-Fertigteile, Fassaden-Elemente

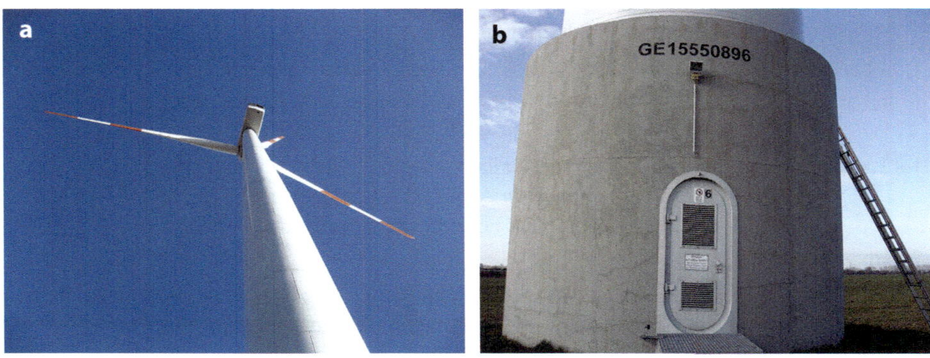

Abb. 3.30 **a** Windkraftrad **b** Sichtbetonfundament mit Hydrophobierung

3.2.2 FDB-Merkblatt-Nr. 8 „über Betonfertigteile aus Architekturbeton" [41]

Die Festlegungen des Merkblatts „über Betonfertigteile aus Architekturbeton" [41] der Fachvereinigung Deutscher Betonfertigteilbau e. V. sind in Tab. 3.22 zusammengefasst und kommentiert. Neu in der aktuellen Fassung ist der Anhang, der sich mit der Ausschreibung von Architekturbeton auseinandersetzt .

3.3 DAfStb-Richtlinie

3.3.1 Oberflächenschutzsysteme

Für Sichtbeton wird oftmals eine Hydrophobierung gewählt, ohne sich näher mit der Produktbeschreibung des Herstellers auseinander zu setzen.

Tab. 3.22 Herstellungstechnische Sichtbeton-Grenzen „Einzelkriterien" nach [41]

Stichwort	Merkblatt-Nr. 8: „Betonfertigteile aus Architekturbeton"	Hinweise, Anmerkungen
2.1 Form		
2.1.1 Fugenbild und Gliederung	Im Hinblick auf eine wirtschaftliche Umsetzung sollte man sich bereits im Entwurfsstadium erste Gedanken zu den geplanten bzw. möglichen Bauteilabmessungen machen. Bei der Montage von Betonfertigteilen entstehen Fugen, deren bewusste Anordnung als Gestaltungselement – eventuell in Kombination mit Scheinfugen – eingesetzt werden können. Die Fugenbreite ist abhängig von den Elementabmessungen	Beispiel siehe Abschn. 8.2
2.1.2 Kanten	Unterschieden wird zwischen gefasten Kanten mittels Dreikantleisten und „scharfen" Kanten mit einem für die Herstellung notwendigen Radius von ca. 3 mm. Die Kantenausbildung ist abhängig von der Oberflächenbearbeitung und der Betonrezeptur	
2.1.3 Ecken	Soll an einer Ecke keine Fuge angeordnet werden, kann die Vorfertigung eines Schenkels notwendig werden, um die gleiche Oberflächenqualität zu erreichen	
2.1.4 Laibungen	Die Ausbildung der Laibungen und ihre Oberflächenbeschaffenheit müssen detailliert festgelegt werden (wie z. B. Fensteranschlag, Fensterbank, Sonnenschutz)	
2.2 Farbe/Oberfläche		
2.2.1 Farbe	Verschiedene Farbspektren des Betons können durch die individuelle Auswahl von farbigen Gesteinskörnungen, unterschiedlichen Zementsorten und der Zugabe von Farbpigmenten erzielt werden	
2.2.2 Farbgleichmäßigkeit	Schalungsglatter Beton „lebt" und ist nicht mit einer gestrichenen Oberfläche vergleichbar. Eine höhere Farbgleichmäßigkeit der Oberfläche kann durch helle, texturierte oder bearbeitete (Feinwaschen, Säuern, Schleifen etc.) Oberflächen erreicht werden. Eine Unterbrechung des Produktionszyklus kann zu Farbabweichungen führen	Beispiel siehe Abschn. 8.2
2.2.3 Geschalte und ungeschalte Oberflächen („Füllseiten")	Die Oberflächen des gegen die Schalung (Holz-, Stahl- oder Matrizenschalung) betonierten Betons und die Oberfläche der ungeschalten Seite sind nicht gleich Die ungeschalte Seite („Einfüllseite") wird z. B. durch Abziehen, Reiben, Glätten oder Rollen bearbeitet. Sie kann nicht so ausgeführt werden, wie eine gegen die Schalung betonierte Oberfläche	

(Fortsetzung)

Tab. 3.22 (Fortsetzung)

Stichwort	Merkblatt-Nr. 8: „Betonfertigteile aus Architekturbeton“	Hinweise, Anmerkungen
2.2.4 Schalungsstöße	Das Abzeichnen von Schalungsstößen kann durch das Aufbringen von Beschichtungen über den gesamten Schalungsboden vermindert werden	
2.2.5 Textur	Mithilfe von Strukturmatrizen ist nahezu jede beliebige Oberflächentextur und/oder Gliederung zu erzielen. Die durch die Textur entstehende Licht- und Schattenwirkung kann der gesamten Ansichtsfläche eine größere optische Gleichmäßigkeit verleihen. Bei der Planung sind die Abmessungen der Fertigteile auf die verfügbaren Formengrößen der Matrizen abzustimmen. Gegebenenfalls müssen dabei Fugen an den Stoßstellen der Matrizen mit Beratung des Herstellers projektiert werden	
2.2.6 Gesteinskörnung	Um bei sichtbarer Gesteinskörnung eine möglichst gleichmäßige Kornfarbe für das gesamte Bauvorhaben zu gewährleisten, müssen bei Auftragserteilung die Gesteinskörnungen aus einer Charge bevorratet werden. Der Einsatz von unplanmäßig verfärbenden Bestandteilen der Gesteinskörnung ist zu vermeiden	
2.2.7 Poren	Durch die liegende Produktionsweise ist bei Fertigteilen die Porigkeit auf der Sichtbetonfläche sehr gering. Durch den Einsatz leicht verdichtbarer und selbstverdichtender Betone können auch stehend gefertigte Bauteile mit geringem Porenanteil realisiert werden	
2.2.8 Oberflächenschutz	Betonoberflächen sollten nach der Produktion behandelt werden, um ihnen einen zusätzlichen Schutz zu geben (z. B. Imprägnierung, Hydrophobierung, Anti-Graffiti-System (AGS)). Diese Produkte zum Oberflächenschutz können die Farbe beeinflussen und sind zu erproben. Die Wahl, die Ausführung sowie der Zeitpunkt des Auftragens sind in der Planungsphase zu definieren. Weitere Informationen bietet das FDB-Infoblatt Oberflächenschutz, Reinigung und Pflege von Fertigteilfassaden aus Architekturbeton	
2.2.9 Ausblühungen	Ausblühungen können durch besondere Maßnahmen reduziert werden, z. B. Lagerungsbedingungen, Hydrophobierung. Diese Leistungen müssen jedoch vereinbart werden	Bei „hellen“ Betonfarben fallen Ausblühungen weniger auf als bei „dunklem“ Anthrazit

(Fortsetzung)

Tab. 3.22 (Fortsetzung)

Stichwort	Merkblatt-Nr. 8: „Betonfertigteile aus Architekturbeton“	Hinweise, Anmerkungen
2.2.10 Alterung	Im Laufe der Zeit tritt durch Umwelteinflüsse (Verunreinigung, Witterung) eine optische Veränderung der Oberfläche („Aging“) ein. Durch betontechnologische und konstruktive Maßnahmen kann dieser Effekt abgemildert oder als gewünschtes architektonisches Gestaltungselement auch verstärkt werden	
2.2.11 Abstandhalter	Ein sich Abzeichnen der Abstandhalter in der Sichtfläche kann durch besondere Maßnahmen verhindert werden	Die zusätzlichen Maßnahmen (Kosten) müssen vereinbart werden, z. B. Aufhängen der Bewehrung
2.2.12 Wasserableitung „Fassadenverschmutzung“	Eine geplante Wasserführung sollte in der Detailausbildung und der Planung der Fassade beachtet werden	Fassadenverschmutzung, Wasserablaufspuren können vermieden werden, z. B. durch lotrecht, richtungsgebundene Strukturen, Gefälle
2.2.13 Transportanker	Bei geometrisch aufwendigen oder allseitig sichtbaren Architekturbetonelementen können sichtbar bleibende Transportanker nicht immer vermieden werden	Die Lage, Anordnung und das Verschließen der Transportanker sind festzulegen und zu planen, z. B. bei Balkonen (unten und oben sichtbarer Beton)

(Fortsetzung)

Tab. 3.22 (Fortsetzung)

Stichwort	Merkblatt-Nr. 8: „Betonfertigteile aus Architekturbeton"	Hinweise, Anmerkungen
2.3 Sonstiges		
2.3.1 Maßtoleranzen, Montagetoleranzen	Falls abweichende Maßtoleranzen zu den einschlägigen DIN-Normen vereinbart werden, müssen diese vorab abgestimmt werden. Bauteiltoleranzen und Montagetoleranzen sind aufeinander abzustimmen	
2.3.2 Schutzmaßnahmen	Die Fertigteilelemente müssen beim Transport und bei der Montage durch geeignete Maßnahmen geschützt werden. Weitergehende Schutzmaßnahmen für die Fertigteilelemente (z. B. während der Bauphase) sind abzustimmen	
2.3.3 Lagerstellen	Um Abdrücke oder Verfärbungen an den Bauteilen zu vermeiden, hat sich eine Lagerung bewährt, z. B. auf Kunststoffnoppenplatten	Abdrücke von Hilfsunterstützungen, Lagerungshölzern usw. führen immer wieder zu Streitigkeiten. Deshalb ist diese Leistung zu planen
2.3.4 Betonkosmetik	Kleinere Schäden, die auf der Baustelle entstanden sind, können durch Betonkosmetik behoben werden. Es empfiehlt sich, vor der Ausführung Arbeitsproben an Referenzflächen durchzuführen	
2.3.5 Erprobungsflächen, Referenzen	Es müssen Erprobungsflächen zur Abstimmung der Betonzusammensetzung, der Oberflächenbearbeitung, des Oberflächenschutzes und der Kanten- und der Eckausbildung hergestellt werden. Die Erprobungsfläche, die den Wünschen des Bauherrn entspricht, wird als Referenzfläche für den Auftrag festgelegt und als Beurteilungskriterium bei der Abnahme herangezogen. Die Größe der Referenzfläche ist dem Bauvorhaben anzupassen und mit gleichen Herstellungsbedingungen auszuführen	
3 Beurteilung und Abnahme	Beurteilungskriterium für die Abnahme ist die vereinbarte Referenzfläche. Bei der Beurteilung ist der Gesamteindruck aus einem angemessenen Betrachtungsabstand maßgebend. Einzelkriterien – sofern quantitativ festgelegt und vereinbart – werden nur geprüft, wenn der Gesamteindruck der Ansichtsfläche von der Referenzfläche wesentlich abweicht. Für diesen Fall werden die im FDB-Merkblatt Nr. 1 aufgeführten Einzelkriterien zu einer Beurteilung der Abweichung herangezogen	

Die Produktdatenblätter der Hersteller von Oberflächenschutzsystemen sind in vielen Fällen irreführend. Beispielsweise kann man der Überschrift eines solchen Datenblattes groß gedruckt entnehmen:

„RISSEÜBERBRÜCKENDES OBERFLÄCHENSYSTEM“

Demgegenüber wird oft im „Kleingedruckten“ die folgende Einschränkung vorgenommen:

„Rissüberbrückungsklasse „i_T“, bei 300 µm Trockenschichtdicke“.

Es stellt sich die Frage was sich genau an dieser Stelle hinter „i_T“ verbirgt und woher man Informationen über eine derartige Rissüberbrückungsklasse beziehen kann.

In der alten DAfStb-Richtlinie „Schutz und Instandsetzung von Betonbauteilen“ Teil 2:2001-10 wird in Tab. 5.1 „Oberflächenschutzsysteme“ jeweils eine Rissüberbrückungsklasse zugeordnet: „i_T“ steht für „gering“, d. h. Rissbreiten bis max. 0,15 mm. Das hat zur Folge, dass bei den vorhandenen zulässigen statischen Rissbreiten von 0,25 mm das gewählte Oberflächenschutzsystem reißen muss.

Gerade bei älteren Sichtbetonbauten (vor ca. 1970), bei denen die erforderliche Betondeckung zu gering ist, empfiehlt es sich, im Rahmen der Betoninstandsetzung einen Oberflächenschutz zu wählen.

Die Richtlinie „Instandhaltung von Betonbauteilen“ ersetzte im Jahr 2016 die soeben zitierte DAfStb-Richtline „Schutz und Instandsetzung von Betonbauteilen“ aus dem Jahr 2001. Diese wiederum wurde im Jahr 2020 durch die „Technische Regel Instandhaltung von Betonbauwerken“ Teil 1+2:2020-05. Gemäß dieser neuen Richtlinie werden für verschiedene Oberflächenschutzsysteme Mindestschichtdicken vorgegeben bzw. empfohlen.

Mindestschichtdicken für Oberflächenschutzsysteme nach *„Instandhaltung Betonbauwerke“* [43], (ersetzt DAfStb-RL SIB, Teil 2, Tab. 5.2):

Tabelle A.1 – Mindestschichtdicken $d_{min,s}$ der hauptsächlich wirksamen Oberflächenschutzschicht (hwO) für Oberflächenschutzsysteme

Oberflächenschutzsystem		Mindestschichtdicke $d_{min,s}$ [µm]
OS 2 (OS B)		80
OS 4 (OS C)		80
OS 5a (OS DII)		300
OS 5b (OS DI)		2000
OS 8		2500 [1)]
OS 11a (OS F a)	Deckschicht	3000
	Elastische Oberflächenschutzschicht (hwO, Schwimmschicht)	1500
OS 11b (OS F b)		4000
OS 14	Deckschicht	4000
	Elastische Oberflächenschutzschicht (hwO, Schwimmschicht)	2000

[1)] Gesamtschichtdicke inkl. Grundierung und Deckschicht

Hinweis	1 mm = 80 µm = 300 µm = 4000 µm =	1000 µm (Mikrometer) d. h. 0,08 mm 0,30 mm 4,00 mm

3.4 ÖVBB-Richtlinie (Österreichische Vereinigung für Beton und Bautechnik)

3.4.1 „Sichtbeton – Geschalte Betonflächen" [49]

Die Sichtbetonklassen SB1 bis SB3 (Tab. 3.23) und die damit beschriebenen Anforderungen an die Betonoberfläche (Tab. 3.24, 3.25 und 3.26) stellen Empfehlungen dar, welche die Mehrheit der Einzelfälle abdecken.

Tab. 3.23 Sichtbetonklassen (SB = Sichtbeton) nach ÖVBB-Richtlinien

Klasse	Beispiel		Kosten
SB1	**Geringer Umfang,** überwiegend technische Anforderungen im Industrie- und Tiefbau		niedrig
SB2	**Normaler Umfang,** z. B. einfache Fassaden in Hochbauten, Sichtflächen im Industriebau mit großem Betrachtungsabstand		mittel
SB3	**Hoher Umfang,** z. B. repräsentative Oberflächen oder komplexe Fassaden in Hochbauten		hoch
SBS	**Sonderklasse, frei definierbar,** Es obliegt den Planern und Ausschreibenden, sämtliche Anforderungen zu definieren.		sehr hoch

Tab. 3.24 Sichtbetonklasse SB 1 – nach ÖVBB-Richtlinie „Sichtbeton" mit PQ1 = Anforderungsklasse, Bauteilbeschreibung BQ1 = Anforderungsklasse, Betonoberfläche AQ1 = Anforderungsklasse, Bauausführung SQ1 = Anforderungsklasse, Schalungsmaterial, Trennmitteleinsatz

	Kriterium		SB 1: Anforderungen/Eigenschaft	
1.	PQ1	AP1		
1.1		Abstimmung im Planungsprozess	Angaben zu Bauteilmessungen, Betonüberdeckungen, Toleranzklasse, Ebenheit, Bauwerksfugen, Festlegung der Betonsorte (Festigkeitsklasse, Expositionsklasse, Betonstandard)	**erforderlich**
2.		GO1		
2.1		Gliederung der Betonoberfläche	Regelmäßig und geordnetes Schalungsbild, Ankerlöcher in ausreichender Zahl nach Wahl des Ausführenden	
3.	BQ1	3P		
3.1		Porigkeit	3P ≤ 0,9% der Prüffläche	
3.3		FT1		
		Farbtongleichmäßigkeit	• Hell-/Dunkelverfärbungen im Bereich von 4 benachbarten Farbtonstufen laut Farbtonskala	**zulässig**
			• Rost- und Schmutzflecken sind	**unzulässig**
3.4		BSBQ1		
3.4.1		Betonstandard	Anforderungen an Betonzusammensetzung	
4.	C	Farbe:		
4.1		C1	Betonfarbe, die sich aufgrund der Verwendung nutzungskonformer Betonmischungen und Zementarten ergibt	**oder**
4.2		C2		
4.2.1			Durch Zusatzstoffe oder Pigmente eingefärbter Beton, die Definition der Farbe erfolgt durch Referenzbauten, Referenzflächen oder Herstellermuster u. ä. durch den Planer im Leistungsverzeichnis, die Festlegung des Betonrezeptes erfolgt durch den Betonhersteller	**oder**
4.3		C3		
4.3.1			Wie C2, jedoch unter Verwendung von Weißzement, ausgewählter Gesteinskörnung oder weiteren Maßnahmen wie eingefärbter Beton unter Angabe dieser Maßnahmen im Leistungsverzeichnis	**oder**

(Fortsetzung)

Tab. 3.24 (Fortsetzung)

	Kriterium		SB 1: Anforderungen/Eigenschaft	
4.	AQ1	E1 Ebenheit		
4.1			Ebenheitsanforderungen nach ÖNORM – DIN 18202 (2005) Tab. 3, Zeile 5	
5.		AF1 Arbeitsfuge		
5.1			In den Arbeitsfugen ausgetretener Zementleim/Feinmörtel bis 15 mm Breite und 10 mm Tiefe	**zulässig**
5.2			Versatz der Flächen zweier Betonabschnitte bis 10 mm	**zulässig**
5.3			Feinmörtelaustritt auf dem vorhergehenden Betonierabschnitt muss rechtzeitig	**entfernt werden**
5.4			Trapezleiste od. glw. kann ohne Vereinbarung	**verwendet werden**
6		HS1 Schalhautstoß		
6.1			Schalhautstoß ohne besondere Maßnahmen (z. B. nach Schalungssystem, stumpfer Stoß) mit üblichen Feinmörtelaustritt	
6.2			Versatz der Schalhautränder bis 5 mm	**zulässig**
7	K	Kantenbildung		
7.1		K1	gebrochene, gefaste Kante (z. B. Dreikantleisten)	**oder**
		K2		
7.2			Scharfe Kante (ungefaste, scharfe Kanten ohne kleinere Abbrüche bzw. Feinmörtelaustritt sind nicht zielsicher herzustellen. Scharfe Kanten sind während der Bauzeit zu schützen.)	**oder**

(Fortsetzung)

Tab. 3.24 (Fortsetzung)

	Kriterium		SB 1: Anforderungen/Eigenschaft	
8.	AS	Ankerstelle		
8.1		AS1	Ankerstelle ohne besonderen Maßnahmen (z. B. nach Schalungs-system) mit üblichen Feinmörtelaustritt	**oder**
8.2		AS2		
			Ankerstellen mit besonderen, festzu-legenden Maßnahmen (z. B. Dichtungs-ring) mit geringem Feinmörtelaustritt	**oder**
		AS3		
8.3			Keine sichtbaren Ankerstellen durch ankerfreie Schalungskonstruktion	**oder**
9.	AV	Ankerverschluss		
9.1		AV1	Distanzrohre, Konen und markt-übliche Verschlussstopfen oder vertieft gespachtelter Mörtelverschluss nach Wahl des Ausführenden	**oder**
9.2		AV2		
			Distanzrohre, Konen und Verschluss-stopfen aus Kunststoff, Beton, Faser-zement und dgl. nach Angaben im Leistungsverzeichnis	**oder**
10.	AH	Aufhängestellen		
10.1		AH1	Aufhängestellen in system-konformer Ausführung nach Wahl des Ausführenden. Anordnung und Erscheinungsbild dürfen von den Anker-löchern abweichen.	**oder**
		AH2		
10.2			Anordnung und Erscheinungsbild müssen den Ankerlöcher entsprechen.	**oder**

(Fortsetzung)

Tab. 3.24 (Fortsetzung)

	Kriterium		SB 1: Anforderungen/Eigenschaft	
11.	SQ1	BA1		
11.1		Befestigungsart der Schalhaut	Abdrucke durch systemkonforme Befestigung von vorne, mit max. 3mm tiefen oder erhabenen Abdrücken in der Betonoberfläche	**zulässig**
		SZ1 Schalhautzustand		
11.2			Abdrücke in der Betonoberfläche durch:	
11.3			• mehrmaligen Gebrauch, solange die vereinbarte Betonoberfläche erreicht wird,	**zulässig**
11.4			• Plattenüberstand über Rahmen bis zu ca. 2 mm	**zulässig**
11.5			• systemkonforme und fachgerechte Reparatur stellen der Schalhaut	**zulässig**
11.6			• Kratzer bis zu ca. 3 mm Tiefe und ca. 5 mm Breite	**zulässig**
11.7			• Nagel- und Schraublöcher ohne Absplitterung bis ca. 10 mm Durchmesser	**zulässig**
11.8			• Aufquellungen im Befestigungsbereich	**zulässig**
11.9			• Betonreste in Vertiefungen und Zementschleier	**zulässig**
11.10		TE1 Trennmitteleinsatz		
			Eignung der Kombination von Schalhaut, Trennmittel	

(Fortsetzung)

Tab. 3.24 (Fortsetzung)

	Kriterium		SB 1: Anforderungen/Eigenschaft	
12.	SY	Schalungssystem		
12.1		SY1	System-Rahmenschalung Betonbild mit regelmäßigen Rahmenabdrücken im Raster des Herstellers, Ankerstellen, Schalhautstoß und Schalhaut systembedingt vorgegeben	**oder**
		SY2		
12.2			System-Trägerschalung Betonbild ohne Rahmenabdruck, Ankerstellen, Schalhautstoß und Schalhaut systembedingt vorgegeben	**oder**
		SY3		
12.3			Objektschalung Betonbild durch an das Bauteil angepasste einzelgefertigte Schalungselemente, Schalhautstoß und Schalhaut in den Grenzen der technischen Möglichkeiten frei wählbar	**oder**
13.	T	Textur		
13.1		T1	raue Betonoberfläche unter Verwendung von Schalhäuten, nach Wahl des Ausführenden	**oder**
13.2		T2		
			glatte Betonoberfläche unter Verwendung von Schalhäuten, nach Wahl des Ausführenden	**oder**
13.3		T3		
			Betonoberfläche, nach Angabe des Planers	**oder**
14.		Musterflächen		**nicht erforderlich**
15.		Sichtbetonteam		**nicht erforderlich**

Tab. 3.25 Sichtbetonklasse SB 2 - nach ÖVBB- Richtlinie „Sichtbeton" mit PQ2 = Anforderungsklasse, Bauteilbeschreibung BQ2 = Anforderungsklasse, Betonoberfläche AQ2 = Anforderungsklasse, Bauausführung SQ2 = Anforderungsklasse, Schalungsmaterial, Trennmitteleinsatz

	Kriterium		SB 2: Anforderungen/Eigenschaft	
1.	PQ2	AP2		
1.1		Abstimmung im Planungsprozess	Wie AP1, zusätzlich: Betonanbringung, Verdichtung, Rüttelgassen, Bewehrungsgrad	
2.	GO2	Gliederung der Betonoberfläche		
2.1			Wie GO1, zusätzlich: Ausführung nach Vorgaben des Planers (Beschreibung und/oder Skizzen, z. B. durchgehende Vertikalfugen mit eingelegten Trapezleisten, einheitlichen Elementstößen des Schalungssystems	
3.	BQ2	2P Porigkeit		
3.1			2P $\leq$ 0,6% der Prüffläche	
3.3		FT2 Farbtongleichmäßigkeit		
			Wie FT1, jedoch: • nur gleichmäßige, großflächige Hell-/Dunkel-verfärbungen im Bereich von 3 benachbarten Farbtonstufen laut Farbskala.	**zulässig**
			• deutlich sichtbare Schüttlagen	**unzulässig**
3.4		BSBQ2 Betonstandard	Anforderungen an Betonzusammensetzung	
4.	C	Farbe C1		**oder**
4.1			Betonfarbe, die sich aufgrund der Verwendung nutzungskonformer Betonmischungen und Zementarten ergibt	
4.2		C2		**oder**
			durch Zusatzstoffe oder Pigmente eingefärbter Beton, die Definition der Farbe erfolgt durch Referenzbauten, Referenzflächen oder Herstellermuster u. ä. durch den Planer im Leistungsverzeichnis, die Festlegung des Betonrezeptes erfolgt durch den Betonhersteller	
4.3		C3		**oder**
			Wie C2, jedoch unter Verwendung von Weißzement, ausgewählter Gesteinskörnung oder weiteren Maßnahmen wie eingefärbter Beton unter Angabe dieser Maßnahmen im Leistungsverzeichnis	

(Fortsetzung)

Tab. 3.25 (Fortsetzung)

	Kriterium		SB 2: Anforderungen/Eigenschaft	
5.	AQ2	E1 Ebenheit		
5.1			Ebenheitsanforderungen nach ÖNORM – DIN 18202 (2005) Tab. 3, Zeile 5	
6.		AF2 Arbeitsfugen		
6.1			in den Arbeitsfugen ausgetretener Zementleim/Feinmörtel bis 15 mm Breite und 10 mm Tiefe	**zulässig**
6.2			Versatz der Flächen zweier Betonierabschnitte bis 5 mm	**zulässig**
6.3			Feinmörtelaustritt auf dem vorhergehenden Betonierabschnitt muss rechtzeitig	**entfernt werden**
6.4			Trapezleiste od. glw. kann nur mit Vereinbarung	**verwendet werden**
7		HS1 Schalhautstoß		
7.1			Schalhautstoß ohne besondere Maßnahmen (z. B. nach Schalungssystem, stumpfer Stoß) mit üblichen Feinmörtelaustritt	
7.2			Versatz der Schalhautränder bis 5 mm	**zulässig**
8.	K	Kantenbildung K1		
8.1			Gebrochene, gefaste Kante (z. B. Dreikantleisten)	**oder**
		K2		
8.2			Scharfe Kante (ungefaste, scharfe Kanten ohne kleinere Abbrüche bzw. Feinmörtelaustritt sind nicht zielsicher herzustellen. Scharfe Kanten sind während der Bauzeit zu schützen.	**oder**
9.	AS	Ankerstelle AS1		
9.1			Ankerstelle ohne besondere festzulegende Maßnahmen (z. B. nach Schalungssystem) mit üblichem Feinmörtelaustritt	**oder**
		AS2		
9.2			Ankerstellen mit besonderen, festzulegenden Maßnahmen (z. B. Dichtungsring) mit geringem Feinmörtelaustritt	**oder**
		AS3		
9.3			Keine sichtbaren Ankerstellen durch ankerfreie Schalungskonstruktion	**oder**

(Fortsetzung)

Tab. 3.25 (Fortsetzung)

	Kriterium		SB 2: Anforderungen/Eigenschaft	
10.	AV	Ankerverschluss		
10.1		AV1	Distanzrohre, Konen und marktübliche Verschlussstopfen oder vertieft gespachtelter Mörtelverschluss nach Wahl des Ausführenden	**oder**
		AV2		
10.2			Distanzrohre, Konen und marktübliche Verschlussstopfen aus Kunststoff, Beton, Faserzement und dgl. nach Angaben im Leistungsverzeichnis	**oder**
11.	AH	Aufhängestellen		
11.1		AH1	Aufhängestellen in systemkonformer Ausführung nach Wahl des Ausführenden. Anordnung und Erscheinungsbild dürfen von den Ankerlöchern abweichen.	**oder**
		AH2		
11.2			Anordnung und Erscheinungsbild müssen den Ankerlöcher entsprechen.	**oder**
12.	SQ2	BA1		
12.1		Befestigungsart der Schalhaut	Abdrücke durch systemkonforme Befestigung von vorne, mit max. 3mm tiefen od. erhabenen Abdrücken in der Betonoberfläche	**zulässig**
		SZ1		
12.2		- Schalhautzustand	Abdrücke in der Betonoberfläche durch:	
12.3			• mehrmaligen Gebrauch, solange die vereinbarte Betonoberfläche erreicht wird,	**zulässig**
12.4			• Plattenüberstand über Rahmen bis zu ca. 2 mm	**zulässig**
12.5			• systemkonforme und fachgerechte Reparaturstellen der Schalhaut	**zulässig**
12.6			• Kratzer bis zu ca. 3 mm Tiefe und ca. 5 mm Breite	**zulässig**
12.7			• Nagel- und Schraublöcher ohne Absplitterung bis ca. 10 mm Durchmesser	**zulässig**
12.8			• Aufquellungen im Befestigungsbereich	**zulässig**
12.9			• Betonreste in Vertiefungen und Zementschleier	**zulässig**
12.10		TE1 - Trennmitteleinsatz	Eignung der Kombination von Schalhaut und Trennmittel	

(Fortsetzung)

Tab. 3.25 (Fortsetzung)

	Kriterium		SB 2: Anforderungen/Eigenschaft	
13.	SY	Schalungssystem		
13.1		SY1	System-Rahmenschalung Betonbild mit regelmäßigen Rahmenabdrücken im Raster des Herstellers, Ankerstellen, Schalhautstoß und Schalhaut systembedingt vorgegeben	**der**
13.2		SY2	System-Trägerschalung Betonbild ohne Rahmenabdruck, Ankerstellen, Schalhautstoß und Schalhaut systembedingt vorgegeben	**oder**
13.3		SY3	Objektschalung Betonbild durch an das Bauteil angepasste einzelgefertigte Schalungselemente, Schalhautstoß und Schalhaut in den Grenzen der technischen Möglichkeiten frei wählbar	**oder**
14.	T	Textur		
14.1		T1	raue Betonoberfläche unter Verwendung von Schalhäuten, nach Wahl des Ausführenden	**oder**
		T2		
14.2			glatte Betonoberfläche unter Verwendung von Schalhäuten, nach Wahl des Ausführenden	**oder**
14.3		T3	Betonoberfläche, nach Angabe des Planers	**oder**
15.		Musterfläche		**?**
16.		Sichtbetonteam		**empfohlen**

Tab. 3.26 Sichtbetonklasse SB 3 – nach ÖVBB- Richtlinie „Sichtbeton" mit PQ3 = Anforderungsklasse, Bauteilbeschreibung BQ3 = Anforderungsklasse, Betonoberfläche AQ3 = Anforderungsklasse, Bauausführung SQ3 = Anforderungsklasse, Schalungsmaterial, Trennmitteleinsatz

	Kriterium		SB 3: Anforderungen/Eigenschaft	
1.	PQ3	AP3	Wie AP2, zusätzlich:	
1.1		Abstimmung im Planungsprozess	Lage von Arbeitsfugen, Entlüftung horizontaler oder geneigter Sichtflächen, Einbauteile, wenn erforderlich Details des Schalungsbau, sichtbetonkonforme Bauzeitplanung	
2.	GO3	Gliederung der Betonoberfläche		
2.1			Wie GO2, zusätzlich: Gliederung durch Schalungsmusterplan festgelegt mit Angaben zu Schalungssystem, Bauteilabmessungen, Größe der Schalungselemente, Ankerstellen und Betonierabschnitte	
3.	BQ3	P	Anteil offener Poren von 1 • 15 mm größter Abmessung: P ≤ 0,3 % der Prüffläche	
3.1		Porigkeit		
4.		FT3		
4.1		Farbtongleichmäßigkeit	Wie FT2, jedoch: • geringe Hell-/Dunkelverfärbungen (z. B. leichte Wolkenbildung, geringe Farbtonabweichung) lässig im Bereich von 2 benachbarten Farbtonstu fen laut Farbtonskala	**zulässig**
4.2			• Verfärbungen durch ungeeignete Nachbehandlung des Betons	**unzulässig**
4.3			• Bauzeitplanung muss witterungsbedingte Einschränkungen/Verzögerungen Kein Betonieren bei starken Regenfällen oder kalter Witterung	**berücksichtigen**
4.4			• Spülwasserkontrolle vor jeder einzelnen Beladung eines Fahrmischers	**durchzuführen**
5.		BSBQ3 Betonstandard	Anforderungen an Betonzusammensetzung	

(Fortsetzung)

Tab. 3.26 (Fortsetzung)

	Kriterium		SB 3: Anforderungen/Eigenschaft	
6.	C	Farbe		
6.1		C1	Betonfarbe, die sich aufgrund der Verwendung nutzungskonformer Betonmischungen und Zementarten ergibt	**oder**
6.2		C2	durch Zusatzstoffe oder Pigmente eingefärbter Beton, die Definition der Farbe erfolgt durch Referenzbauten, Referenzflächen oder Herstellermuster u. ä. durch den Planer im Leistungsverzeichnis, die Festlegung des Betonrezeptes erfolgt durch den Betonhersteller	**oder**
6.3		C3	Wie C2, jedoch unter Verwendung von Weißzement, ausgewählter Gesteinskörnung oder weiteren Maßnahmen wie eingefärbter Beton unter Angabe dieser Maßnahmen im Leistungsverzeichnis	**oder**
7.	AQ3	E2 Ebenheit		
7.1			Ebenheitsanforderungen nach ÖNORM – DIN 18202 (2005) Tab. 3, Zeile 6	
8.		AF2 Arbeitsfugen		
8.1			In den Arbeitsfugen ausgetretener Zementlein/Feinmörtel bis 15 mm Breite und 10 mm Tiefe	**zulässig**
8.2			Versatz der Flächen zweier Betonabschnitte bis 5 mm	**zulässig**
8.3			Feinmörtelaustritt auf dem vorhergehenden Betonierabschnitt muss rechtzeitig	**entfernt werden**
8.4			Trapezleiste od. glw. kann ohne Vereinbarung	**verwendet werden**
9		HS2 Schalhautstoß		
9.1			Schalhautstoß mit besondere Maßnahmen (z. B. Neubelegung, Dichtungsband) mit geringem Feinmörtelaustritt	
9.2			Versatz der Schalhautränder bis 3 mm	**zulässig**
10	K	Kantenbildung		
10.1		K1	gebrochene, gefaste Kante (z. B. Dreikantleisten)	**oder**
10.2		K2	Scharfe Kante (ungefaste, scharfe Kanten ohne kleinere Abbrüche bzw. Feinmörtelaustritt sind nicht zielsicher herzustellen. Scharfe Kanten sind während der Bauzeit zu schützen.	**oder**

(Fortsetzung)

Tab. 3.26 (Fortsetzung)

	Kriterium		SB 3: Anforderungen/Eigenschaft	
11.	AS	Ankerstelle		
11.1		AS1	Ankerstelle ohne besondere festzulegende Maßnahmen (z. B. nach Schalungssystem) mit üblichem Feinmörtelaustritt	**oder**
11.2		AS2	Ankerstellen mit besonderen festzulegenden Maßnahmen (z. B. Dichtungsring) mit geringem Feinmörtelaustritt	**oder**
11.3		AS3	Keine sichtbaren Ankerstellen durch ankerfreie Schalungskonstruktion	**oder**
12.	AV	Ankerverschluss		
12.1		AV1	Distanzrohre, Konen und marktübliche Verschlussstopfen oder vertieft gespachtelter Mörtelverschluss nach Wahl des Ausführenden	**oder**
12.2		AV2	Distanzrohre, Konen und marktübliche Verschlussstopfen aus Kunststoff, Beton, Faserzement und dgl. nach Angaben im Leistungsverzeichnis	**oder**
13.	AH	Aufhängestellen		
13.1		AH1	Aufhängestellen in systemkonformer Ausführung nach Wahl des Ausführenden. Anordnung und Erscheinungsbild dürfen von den Ankerlöchern abweichen.	**oder**
13.2		AH2	Anordnung und Erscheinungsbild müssen den Ankerlöcher entsprechen	**oder**

(Fortsetzung)

Tab. 3.26 (Fortsetzung)

	Kriterium		SB 3: Anforderungen/Eigenschaft	
14.	SQ3	BA2		
14.1		Befestigungs-art der Schal-haut	die Befestigung der Schalhaut (z. B. schalhaut-ebene/überstehende Befestigung, nicht sichtbare Befestigung, betonte Befestigung	**verein-baren**
14.2		SZ2	Abdrücke in der Betonoberfläche durch:	
14.3		- Schalhaut-zustand	• mehrmaligen Gebrauch, solange die vereinbarte Betonoberfläche erreicht wird.	
14.4			• Plattenüberstand über Rahmen bis zu ca. 10 mm	**zulässig**
14.5			• systemkonforme und fachgerechte Reparaturstel len der Schalhaut	**zulässig**
14.6			• Kratzer bis zu ca. 0,2 cm Tiefe und ca. 0,2cm Breite	**zulässig**
14.7			• Nagel- und Schraublöcher ohne Absplitterung bis ca. 0,5 cm Durchmesser	**zulässig**
14.8			Abdrücke in der Betonoberfläche durch:	
14.9			• Aufquellungen im Befestigungsbereich	**nicht zulässig**
14.10			• Betonreste in Vertiefungen	**nicht zulässig**
14.11			• Beschädigungen der Schalhaut durch Innenrüttler und dgl.	**nicht zulässig**
14.12		TE2 - Trennmittel-einsatz	Kombination von Schalhaut, Trennmittel und Beton ist an Probeflächen bei der jeweiligen Einsatz-witterung anzuwenden, zu beurteilen und	**festzu-legen**

(Fortsetzung)

Tab. 3.26 (Fortsetzung)

	Kriterium		SB 3: Anforderungen/Eigenschaft	
15.	SY	SY1 - Schalungs-system		
15.1			System-Rahmenschalung Betonbild mit regelmäßigen Rahmenabdrücken im Raster des Herstellers, Ankerstellen, Schalhautstoß und Schalhaut systembedingt vorgegeben	**oder**
		SY2		
15.2			System-Trägerschalung Betonbild ohne Rahmenabdruck, Ankerstellen, Schalhautstoß und Schalhaut systembedingt vorgegeben	**oder**
		SY3		
15.3			Objektschalung Betonbild durch an das Bauteil angepasste einzelgefertigte Schalungselemente, Schalhautstoß und Schalhaut in den Grenzen der technischen Möglichkeiten frei wählbar	**oder**
16.	T	Textur T1		
16.1			raue Betonoberfläche unter Verwendung von Schalhäuten, nach Wahl des Ausführenden	**oder**
		T2		
16.2			glatte Betonoberfläche unter Verwendung von Schalhäuten, nach Wahl des Ausführenden	**oder**
		T3		
16.3			Betonoberfläche, nach Angabe des Planers	**oder**
17.		Musterfläche		
				erforderlich
18.		Sichtbeton-team		
				erforderlich

Begriffsdefinitionen

„vereinbaren“:	d. h., zwei oder mehrere Personen beschließen, etwas Bestimmtes zu tun
„empfehlen“:	d. h., jemandem eine Sache nennen, die für einen bestimmten Zweck geeignet ist
„vorsehen“:	d. h., planen, beabsichtigen
„gleichmäßig“:	d. h., in gleichen Teilen, Aufteilung, regelmäßig, stetig
„ca.“:	ist die Abkürzung für: circa (zirka), lateinisch für: „ungefähr“, „annähernd“,
	d. h. geringfügige Überschreitungen sind im Einzelfall zulässig

3.4.2 VÖB-Richtlinie (Verband Österreichischer Beton- und Fertigteilwerke)

3.4.2.1 „Sichtbeton für Fertigteile aus Beton und Stahlbeton" 2009-09 [48]

Die Richtlinie „Sichtbeton für Fertigteile aus Beton und Stahlbeton“ des Verbands Österreichischer Beton- und Fertigteilwerke e. V. (VÖB) gilt, wenn diese ausdrücklich vereinbart wird. Wenn „Sichtbeton“ vereinbart wurde, aber keine weiteren Angaben zu den Anforderungen gemacht werden, gelten die Mindestanforderungen und Abnahmekriterien der ÖNORM B 2210 (Abschn. 2.8).

Die folgende Checkliste (Tab. 3.27) soll eine Hilfestellung für die Anwendung in der Praxis (z. B. im Rahmen einer Abnahme) darstellen.

Tab. 3.27 Checkliste „Sichtbeton"-Prüfung

Phase/Vorgang/ Teilvorgang oder Element	Darstellung		Klarheit		Ausführbarkeit		Kontrolle	
	erfüllt	nicht erfüllt	erfüllt	nicht erfüllt	bedenklich	unbedenklich	erfüllt	nicht erfüllt
Schalungsplan								
Gestaltungsmerkmale								
Abnahmekriterien								
Ebenheit								
Struktur								
Flächengliederung								
Elementfugen								
Schalungshautfugen								
Aussparungen, Einbauten etc.								
Betoneinbringung								
Expositionsklassen								
Bewehrungsüberdeckung								
Bauteilabmessungen								
Bewehrungsgrad								
Kantenausbildung								
Lage und Art der Montageeinbauteile								
Nachträgliche Oberflächenbehandlung								
Ausführungsplan (Fertigungsplan)								
Leistungsbeschreibung allgemein								
Leistungsbeschreibung für die Schalung								
Leistungsbeschreibung für die Bewehrung								
Leistungsbeschreibung für den Beton								

(Fortsetzung)

Tab. 3.27 (Fortsetzung)

Phase/Vorgang/ Teilvorgang oder Element	Darstellung		Klarheit		Ausführbarkeit		Kontrolle	
	erfüllt	nicht erfüllt	erfüllt	nicht erfüllt	bedenk-lich	unbe-denklich	erfüllt	nicht erfüllt
Leistungs-beschreibung für die Musterfläche								
Leistungs-beschreibung für nachträglich bearbeiteten Sicht-beton								
Abnahmekriterien - Gesamteindruck								
Abnahmekriterien - Einzeleindruck								
Nachbehandlung								
Schutz über die Bauzeit								
Transport auf die Baustelle								
Lagerung auf der Baustelle								

4 Überprüfung des Erfolgs eines Sichtbeton-Projekts

J. Schulz, *Sichtbeton*, https://doi.org/10.1007/978-3-8348-2250-5_4

Der Inhalt einer vertraglichen Beschaffenheitsvereinbarung ist eine rechtliche Würdigung auf Grundlage der Vertragsunterlagen, z. B. einer Leistungsbeschreibung. Nachfolgend wird in technischer Hinsicht geklärt, ob die Bauleistungen die Anforderungen an die Beschaffenheitsvereinbarung erfüllen.

Das Sichtbeton-Bauteil ist frei von Sachmängeln, wenn es

- *„… die vertraglich vereinbarte Beschaffenheit aufweist" (§ 633 BGB, Abs. 2, Satz 1) und*
- *„… den allgemein anerkannten Regeln der Technik entspricht." (vertraglicher Mindeststandard)*

Sollte eine Beschaffenheit vertraglich nicht explizit vereinbart worden sein, muss sich das Baugewerk zunächst:

- für die *nach dem Vertrag vorausgesetzte Verwendung* eignen (§ 633 BGB Abs. 2 Satz 2, Nr. 1), ansonsten
- für die gewöhnliche Verwendung eignen,
- eine *Beschaffenheit* aufweisen, die bei Werken der gleichen Art *üblich* ist und
- die der Auftraggeber nach der Art der Leistung *erwarten kann* (§ 633 BGB Abs. 2 Satz 2 Nr. 2).

Die aufgezählten Kriterien dürfen nicht alternativ, sondern müssen kumulativ (anhäufend, aufsummierend, steigend) angewandt werden.

4.1 SOLL-Zustand

Damit der „Subjektivität" nicht zu viel Spielraum gegeben wird, wird der „SOLL"-Zustand nachempfunden und definiert (Beispiel einer Sichtbeton-Wand siehe Abb. 4.1).

Die unterschiedliche Interpretation der Leistungsbeschreibung „Sichtbeton" führt aufgrund immer größer werdender Erwartungshaltungen in der Praxis immer häufiger zum Streit. Die Ursache liegt meist darin, dass Bauwerke mit Bühnenbildern verwechselt werden sowie Grundkenntnisse der Baustoffe und Bauchemie und deren praxisgerechte Umsetzung nicht in die Planung einfließen.

Der alleinige Hinweis auf das DBV/VDZ-Merkblatt „Sichtbeton" [30] mit Bezug auf eine Sichtbetonklasse reicht nicht aus. Im Merkblatt werden im Anhang diverse Empfehlungen gegeben, die oftmals nicht berücksichtigt werden, z. B. *„…sind zu vereinbaren", „festzulegen"* usw.

Auf Grundlage eines „Anforderungsprofils" muss die Leistungsbeschreibung „Sichtbeton" eindeutig und erschöpfend definiert (siehe Tab. 4.1), d. h. beschrieben werden (siehe auch *Kap. 9 Mängel und Haftung aus rechtlicher Sicht*).

Abb. 4.1 Sichtbeton-Wand

Tab. 4.1 Anforderungsprofil, schemenhaft

Ergebnis	Anforderungen	Kapitel
Sichtbetonklasse	SB1, SB2, SB3, SB4 (besser: mit eigenen Worten)	3.1.1.1
Schalhautklassen	glatt, texturiert	
Betonzusammensetzung	z. B. farbiger Beton	
Toleranzen	ggf. erhöhte Ebenheit	2.5
Fugenaufteilung	Ansichtszeichnungen	2.6
Ankerlöcher	Verschlussart	2.2
Befestigungspunkte	Nagel- und Schraublöcher	
Plattenstöße	Schließung, Abdichtung, Grate	3.1.1.6
Arbeitsfugen	Zeit- und Betoniermöglichkeit	
Porigkeit	Porigkeitsklassen, Lunker	3.1.1.3
Beanstandungen	Reparaturgrenzen	3.1.1.2
Vertrag	„vertragen“, Schiedsgutachten	3.1.1.1.5

Empfehlung

Eine „eindeutige und erschöpfende“ Ausschreibung („mit Worten geplant“) und Ausführungspläne gem. DIN 1356-1: 1995-02 [9] sowie eine Sichtbeton-Definition sind daher unerlässlich.

4.1.1 Ungenaue Sichtbeton-Leistungsbeschreibung/ Erwartungshaltung

Oft gibt es Streitigkeiten, wenn eine Leistung nicht genau beschrieben bzw. definiert ist und das Ergebnis die Erwartungshaltung nicht befriedigt. Daher stellt sich unweigerlich die Frage: Welche Sichtbeton-Leistungen darf man erwarten bzw. wie muss das Ergebnis aussehen, wenn keine Sichtbetonklasse (z. B. nach dem DBV/VDZ-Merkblatt) vorgegeben ist?

Um die Erfüllung eines Mindeststandards der Leistung „Sichtbeton" beurteilen zu können, existieren folgende a. R. T („anerkannten Regeln der Technik"):

- DIN 1961:2016-09 VOB/B (Allgemeine Vertragsbedingungen für die Ausführung von Bauleistungen)
- weitere DIN-Normen
- Merkblätter
- Verarbeitungsrichtlinien

In einem derartigen, wie oben beschriebenen Fall, ist eine detaillierte Auseinandersetzung mit dieser Literatur unumgänglich. Im Folgenden sollen diese genauer beleuchtet werden.

DIN 1961:2016-09 VOB/B [10]

§13 Mängelansprüche
„(1) Der Auftragnehmer hat dem Auftraggeber seine Leistung zum Zeitpunkt der Abnahme frei von Sachmängeln zu verschaffen. Die Leistung ist zur Zeit der Abnahme frei von Sachmängeln, wenn sie die ***vereinbarte Beschaffenheit*** *hat und den anerkannten Regeln der Technik entspricht."*

Ist die Beschaffenheit nicht vereinbart, so ist die Leistung zur Zeit der Abnahme frei von Sachmängeln, wenn sie sich

1. für die nach dem Vertrag vorausgesetzte, sonst
2. für die gewöhnliche

Verwendung eignet und eine Beschaffenheit aufweist, die bei **Werken der gleichen Art üblich ist und die der Auftraggeber nach der Art der Leistung erwarten kann.**

Was bei Sichtbeton üblich ist bzw. was der Auftraggeber bei einer undefinierten Leistungsbeschreibung erwarten kann (siehe auch Kap. 9), ist u. a. dem Nationalen Anhang der DIN EN 1992-1-1 zu entnehmen.

DIN EN 1992-1-1/NA:2013-04 [16]

„NA.2.8.4 Baubeschreibung

(1) P Angaben, die für die Bauausführung oder für die Prüfung der Zeichnungen oder der statischen Berechnung notwendig sind, aber aus den Unterlagen nach NA.2.8.2 und NA.2.8.3 nicht ohne Weiteres entnommen werden können, müssen in einer Baubeschreibung enthalten und erläutert sein. **Dazu gehören auch die erforderlichen Angaben für Beton mit gestalteten Ansichtsflächen.**"

Demnach muss Sichtbeton *(gestaltete Ansichtsflächen)* geplant werden, sei es mit Worten oder zeichnerisch im Detail.

DIN 1045-3:2008-08 [6] „Bauausführung"

(Dokument wurde ersetzt durch: DIN 1045-3:2012-03 , DIN EN 13670:2011-03)

3 Begriffe

3.4 Beton mit gestalteten Ansichtsflächen

„Beton mit in der Projektbeschreibung angegebenen Anforderungen an das Aussehen"

5.3 Schalungen

„(4) Bei Schalungen für Beton mit gestalteten Ansichtsflächen sind die in den bautechnischen Unterlagen gestellten besonderen Anforderungen an die Schalhaut bei der Ausführung zu berücksichtigen (siehe z. B. DBV-Merkblatt Sichtbeton)."

Hier erfolgt innerhalb der DIN für die Schalung ein Hinweis auf das DBV/VDZ-Merkblatt.

DIN 18217 [2] „Betonflächen und Schalungshaut" (zurückgezogen)

2.1 Betonflächen, Allgemeines

„Betonflächen sind das Spiegelbild der Schalungshaut oder das Ergebnis nachträglicher Bearbeitung und/oder Behandlung."

und

„Betonflächen mit Anforderungen an das Aussehen sind sichtbar bleibende Betonflächen, für die eine eindeutige und praktisch ausführende Beschreibung vorliegen muss."

Siehe dazu den Kommentar der DIN 18217 in „Sichtbeton Planung" [52]

DIN 18331 [3] „Betonarbeiten"

„0.2 Angaben zur Ausführung

0.2.4 Bei sichtbar bleibenden Betonflächen u. a.

- *Klassifizierung der Ansichtsflächen,*
- *Oberflächentextur, erforderlichenfalls Beschreibung des Schalungs- und Schalhautsystems, Oberflächenausbildung nicht geschalter Teilflächen,*
- *Farbtönung,*
- *Flächengliederung,*
- *Ausbildung von Fugen, Kanten, Ankern und Ankerlöchern sowie Schalungsstößen,*

- *Bewehrungsanschlüsse für einbindende Bauteile,*
- *erhöhte Anforderungen an die Deckenuntersicht und daraus resultierende Leistungen, z. B. zum Schutz gegen abfallenden Flugrost,*
- *Anzahl der Erprobungsflächen, Auswahl der Referenzfläche."*

(…)

„3.2 Herstellen des Betons
Es bleibt dem Auftragnehmer überlassen, wie er den Beton zur Erreichung der geforderten Eigenschaften herstellt, mischt, verarbeitet und nachbehandelt."

Aus den o. g. Hinweisen zu den DIN-Normen wird deutlich, dass in diesen Sichtbeton nicht definiert ist, d. h. in der Architektenplanung ist eine „eindeutige und erschöpfende" Beschreibung des Sichtbetons zwingend erforderlich, um nachträgliche Diskussionen zu vermeiden.

An dieser Stelle sei darauf verwiesen, dass in Kap. 8 dieses Buches Beispiele auch zu diesem Thema aufgeführt sind.

Empfehlung
Nach DIN 18205:2016-11 „Bedarfsplanung im Bauwesen", Absatz 4.3 sollen zwischen dem Bauherrn und dem Planer *„unklare Anforderungen, Widersprüche und offene Fragen aufgegriffen und von den Betroffenen bzw. Verantwortlichen geklärt"* und protokolliert werden.

4.1.2 Sichtbeton-Ausschreibung: Hinweise

Vor Beginn von Planung und Ausschreibung ist zwischen dem Bauherrn und dem Planer ein *„Anforderungsprofil"* zu erstellen, das gemeinsam als Protokoll zu unterschreiben ist (Muster: siehe Abschn. 3.1.1.1.5).

Ein Schalungsmusterplan soll u. a. darstellen:

• Sichtbetonklasse	(SB1, SB2, SB3, SB4)
• Betonfarbton	(z. B. farbiger Beton)
• Betonrezeptur	(Betoningenieur)
• Schalhautklassen	(glatt, strukturiert, texturiert)
• Ausbildung der Schalelemente, -stöße	
• Schalhautbefestigung	(Nagel- und Schraublöcher)
• Plattenstöße	(Schließung, Grate)
• Bauteil- und Dehnungsfugen	
• Schattenfugen	(Flächengliederung)

• Sichtbetonklasse	(SB1, SB2, SB3, SB4)
• Arbeitsfugen	(Zeit- und Betoniermöglichkeit)
• Fugenaufteilung	(Ansichtszeichnungen)
• Schalungsanker	(Ansichtszeichnungen)
• Ankerlöcher	(Verschlussart, Konen)
• Porigkeit	(Porigkeitsklassen, „Lunker")
• Bautoleranzen	(Ebenheit, zulässige Toleranzen)
• Einbauteile	(z. B. Lampen, Handläufe)
• Kantenausbildung	(scharf, Fasen)
• Beanstandungen	(Reparaturgrenzen)
• Hinweise zum Abstandshalter	
• Vertrag	(„vertragen", Schiedsgutachten)
• Betonkosmetik	(bereits in Planung berücksichtigt?)
• Bauabnahme	(Betrachtungsabstand usw.)

Die Schalung muss absolut wasserundurchlässig sein, d. h. Verfärbungen bzw. Strukturabweichungen an der Sichtbetonoberfläche durch Schalungsundichtigkeiten sind unzulässig.

Vorsorgemaßnahmen, u. a. zur Vermeidung von „Schuhabdrücken" usw., müssen getroffen werden.

Sichtbeton-Betonzusammensetzungen/Betontechnologische Vorgaben
Bereits im Rahmen einer Rezepturentwicklung sind neben der allgemein üblichen Erstprüfung im Sinn der DIN EN 206:2021-06 und DIN 1045-2:2008-08 die Sichtbetoneigenschaften der Rezepturen zu überprüfen.

Erprobungsflächen, Musterflächen, Referenzflächen (Ortbeton)
In den Untergeschossen sind „Erprobungsflächen" vorzusehen, die in der Ausführungsplanung gekennzeichnet sind. Sie sind so zu wählen, dass sie hinsichtlich ihrer Abmessungen (Decken-, Wanddicke), Öffnungen (Aussparungen), Bewehrungsgrad (Stahlmenge), Schalungsgrad (Verhältnis Beton zur Schalfläche) usw. dem geplanten Bauwerk (M 1:1) entsprechen. Alle Sichtbetonanforderungen und Herstelltechnologien sind an diesen Erprobungsflächen/ Musterflächen zu erfassen (z. B. Ankerlöcher, Schalhautstöße, Arbeitsfugen, Eckausbildung, Schutz der Anschlussbewehrung usw.). Aus geeigneten Erprobungsflächen sind Ansichtsflächen auszusuchen, die die vertragliche Referenz definieren, sog. „Referenzflächen".

Es ist ein „Abnahmeprotokoll" (Fotodokumentation) zu erstellen, welches Grundlage für die zukünftige Sichtbeton-Beurteilung wird.

Muster Sichtbetonfertigteile
Sinngemäß wie vor. Die einzelnen Seiten der Betonoberflächen werden unterteilt in:

- geschalte Seiten
- Einfüllseite

Anforderungen an die Einfüllseite (nichtgeschalte Seite) sind gesondert zu beschreiben, u. a. hinsichtlich:

- abgezogene Oberflächen
- abgeriebene Oberflächen
- handgeglättete Oberflächen
- flügelgeglättete Oberflächen
- gerollte Oberflächen
- Oberflächen mit Besenstrich
- usw.

Abstandhalter
können sich an der Sichtbetonoberfläche abzeichnen, daher ist eine systematische Verlegung/Planung erforderlich (siehe DBV/VDZ-Merkblatt „Abstandhalter").

Die DIN EN 1992-1-1:2011-01 gibt Angaben zum Vorhaltemaß, Verlegemaß usw. als Grundlage zur Mindestbetondeckung, aus der die unterschiedlichen Abstandhalter gewählt werden können. Eine Bemusterung der Abstandhalter sowie entsprechende Hinweise im Leistungsverzeichnis sind daher erforderlich und schriftlich zu vereinbaren.

Ankerlöcher
Die Ankerlöcher der Schalung sind mittels Vorsatz-Konen (Durchmesser ca. 40 mm) auszubilden, abzudichten und mit entsprechenden Betonstöpseln aus Beton gleicher Farbe zu verschließen (Grenzmuster). Die Betonstöpsel müssen bezüglich der Wandoberfläche 7 mm nach innen versetzt angeordnet sein. Es sind Betonstöpsel in mindestens 5 verschiedenen Farben (Farbtönen) vorzuhalten, um diese dem Farbton der jeweils vorgefundenen Betonfläche anpassen zu können.

Bewehrung
Auch bei dichter Bewehrung ist durch den AN durch geeignete Maßnahmen eine gute Einbringung und Verdichtung des Betons sicherzustellen, z. B. durch Einsatz von an die Bewehrungsabstände („Rüttelgassen") angepassten Rüttlern. Die Architekten-Bauleitung hat dies ständig zu überprüfen und bei Abweichung sofort den Tragwerksplaner zu informieren. Die Lagerung der Bewehrung hat grundsätzlich witterungsgeschützt zu erfolgen. Es ist nichtrostender Bindedraht zu verwenden. Rostabzeichnungen auf der Schalung bzw. der Betonoberfläche sind unzulässig.

Schalungsstoß

Die Arbeitsfuge ist so auszuführen, dass zwischen unterem und oberem Betonierabschnitt lediglich eine minimale Kante von max. 3 mm entsteht. Die Schnittkanten müssen wieder lackiert bzw. imprägniert werden. In die Nut wird ein Schalungsfugenband (geschlossenzellig, nicht saugend) eingeklebt. Die Tafel ist exakt auszurichten. Es ist für ein gleichmäßiges Anliegen/Anpressen der Schalung und Dichtung Sorge zu tragen. Hierzu wird der Einsatz von Drehmomentschlüsseln bzw. Vorspanneinrichtungen empfohlen.

Wasserundurchlässigkeit der Schalung

Die Schalung/Fuge muss absolut wasserundurchlässig sein. Verfärbungen der Betonfläche aufgrund undichter Schalung (Veränderung Wasser-Zement-Wert) sind nicht zulässig. Vor dem Verschluss der Schalung ist diese von der Bauleitung abnehmen zu lassen.

Nachbehandlung des Sichtbetons

Die Bauteile sind bis zum Ende der Bauzeit mit reißfesten Folien/Planen abzudecken und durch geeignete Maßnahmen zu schützen, insbesondere vor mechanischer Beschädigung. Vor und nach dem Betonieren von Deckenabschnitten sind darunterliegende Sichtbetonflächen auf Rostfahnen und andere Verschmutzungen zu prüfen und ggf. zu reinigen. Eine Beschädigung der Sichtbetonbauteile, auch durch andere am Bau beteiligte Unternehmen während der gesamten Bauzeit ist auszuschließen.

Die fertiggestellten Bauteile müssen mit Faserplatten mit UK oder Mehrschichtholzplatten vor Beschädigungen geschützt werden. Der Schutz ist so anzubringen, dass er dauerhaft bis kurz vor der Gesamtfertigstellung des Bauwerks das jeweilige Bauteil schützt. Der Schutz ist derart anzubringen, dass er zum Einbringen des Bodens partiell im unteren Teil zurückgebaut werden kann. Die hierzu notwendigen Abstandhalter sind im Bereich der Konen bzw. Abspannlöcher anzuordnen. Ein Platzieren an anderer Stelle kann irreversible Schäden an der Betonoberfläche hervorrufen (Verfärbungen) und ist deshalb untersagt.

Maßtoleranzen

Es wird darauf verwiesen, dass insbesondere bei den Schalungsaufdoppelungen für Zargennischen der Türen, Aufzugstüren und Fenster auf eine sehr hohe Maßhaltigkeit geachtet werden muss. Zargen müssen auf der angeschlagenen Seite so gesetzt werden, dass das (ggf. bauseitige) Bauelement bündig zur Oberfläche der Betonwand sitzt. Auf der Gegenseite muss die Zarge in der Betonnische verschwinden. Die Maßhaltigkeit darf im Lot 3,0 mm nicht überschreiten. Das Verfüllloch zum Zargenverguss ist mit dem Architekten abzustimmen. Die für das Bauwerk geltenden Grenzabweichungen sind gemäß DIN 18202:2019-07, Tabelle 1 Spalte 4 einzuhalten, die Grenzwerte für die Ebenheitsabweichungen sind gemäß DIN 18202:2019-07, Tab. 3 Zeile 4 und Zeile 7 einzuhalten.

Jahreszeitliche Einflüsse auf die Sichtbetonausführung
Aufgrund der hohen Anforderungen an die Sichtbetoneigenschaften wird die Baustelle bezüglich der Durchführbarkeit von Arbeiten sehr witterungsabhängig sein. Vor allem niedrige oder sehr hohe Temperaturen oder Niederschlag lassen die Erstellung von hochwertigen Sichtbetonflächen nicht zu. Grundsätzlich sind für Betonagen bei winterlichen Umgebungsbedingungen die Regelungen der DIN 1045-3 sowie des DBV-Merkblattes „Betonieren im Winter" (Fassung August 1999, redaktionell überarbeitet 2004) zu beachten.

Qualitätssicherung Sichtbeton
Der AN hat für die gesamte Bauzeit dafür Sorge zu tragen, dass ein Betoningenieur mit nachgewiesenen Erfahrungen im Sichtbetonbereich die Arbeiten betreut (Der Nachweis der Qualifikation des Betoningenieurs ist mit dem Angebot abzugeben).

Auf Grundlage des Sichtbeton-Anforderungsprofils des AG hat der AN (spätestens 4 Wochen nach Auftragserteilung) dem AG eine Broschüre **„Sichtbetonkonzept"** vorzulegen, aus dem hervorgeht, durch welche Maßnahmen die Anforderungen aus der Architektenplanung und Ausschreibung die hochwertige Sichtbetonausführung betreffend zielsicher erreicht werden können, u. a. Betonierplan (drei Tage vor Beginn der jeweiligen Arbeiten), u. a. mit Betonrezeptur, Ausführung, Kontrolle, Wettervorhersage, Ausschalfristen, Nachbehandlung usw.

Der AN hat für jede Sichtbetonarbeit ein **Protokoll** inklusive Fotodokumentation zu erstellen und spätestens wöchentlich dem AG (bspw. als PDF-Datei) zur Verfügung zu stellen.

Vor dem Verschluss der Schalung, d. h. vor dem Betonieren hat eine gemeinsame Überprüfung (durch den Bauleiter des AN + AG) zu erfolgen (einschl. Protokoll im Hinblick auf die absolute Dichtigkeit der Schalungsstöße und weitere Anforderung gem. Planung).

Vom AN ist eine **Namensliste** der Mitarbeiter zu erstellen und dem AG vor Baubeginn vorzulegen, die u. a. für

- die Reinigung der Arbeitsfuge vor Verschließung der Schalung
- die Ausführung/Überprüfung der Dichtigkeit von Schalungsstößen/Ankerlöcher/ Arbeitsfugen
- die Ausführung der Abstandhalter
- den Auftrag der Trennmittel

„verantwortlich" sind (für die gesamte Dauer der Bauzeit).

HINWEIS
Es müssen immer dieselben Handwerker diese Leistungen ausführen. (Bereits bei den Erprobungsflächen im Untergeschoß, d. h. eine „rotierende Handwerkerschaft" ist unzulässig.)

Es ist ein Sichtbetonteam zu berufen, bestehend u. a. aus:

- Bauherrenvertreter
- Architekt
- Tragwerksplaner
- Betontechnologen des AN
- Transportlieferant
- Vertreter Schalungshersteller
- ö. b. u. v. Sachverständiger für Sichtbeton (als Schiedsgutachter, z. B. Dipl.-Ing. Joachim Schulz)

Rückbau bei Nichterreichen der Sichtbetonqualität
Sollte ein Rückbau vom AG aus technischen oder terminlichen Gründen ausgeschlossen werden, so entstehen Minderungsansprüche i. H. des 10-fachen des Neubauwerts. Diese Minderungsansprüche bestehen dabei nicht allein für die unmittelbar nicht vertragskonformen Teilflächen, sondern darüber hinaus auch für die Flächen, die durch die bereichsweise mangelhafte Sichtbetonqualität beeinflusst werden. Inkludiert sind daher auch jene Flächen eines Bauteils, die im üblichen Betrachtungsabstand vom Betrachter mit erfasst werden.

4.2 IST-Zustand – Erfassung

Bei der IST-Zustandserfassung wird unterschieden zwischen

- der Erfassung des Gesamteindrucks und
- der Erfassung von Einzelkriterien.

Ein Beispiel zur Erfassung des Ist-Zustandes einer Fassade ist in Kap. 5 nachzulesen.

Nur wenn der Gesamteindruck nicht den Anforderungen entspricht, müssen auch „Einzelkriterien“ überprüft werden.

„Deutlich erkennbar“
Damit ein behaupteter Mangel („Mängelbehauptung“) „deutlich erkennbar“ ist, sind folgende Punkte zu berücksichtigen:

- normaler Betrachtungsabstand
- im peripheren Sichtfeld (siehe Abb. 4.2) auffallend d. h. erkennbar
- spontane Sichtung, ohne Hinweis einer zweiten Person, d. h. nicht erst suchend

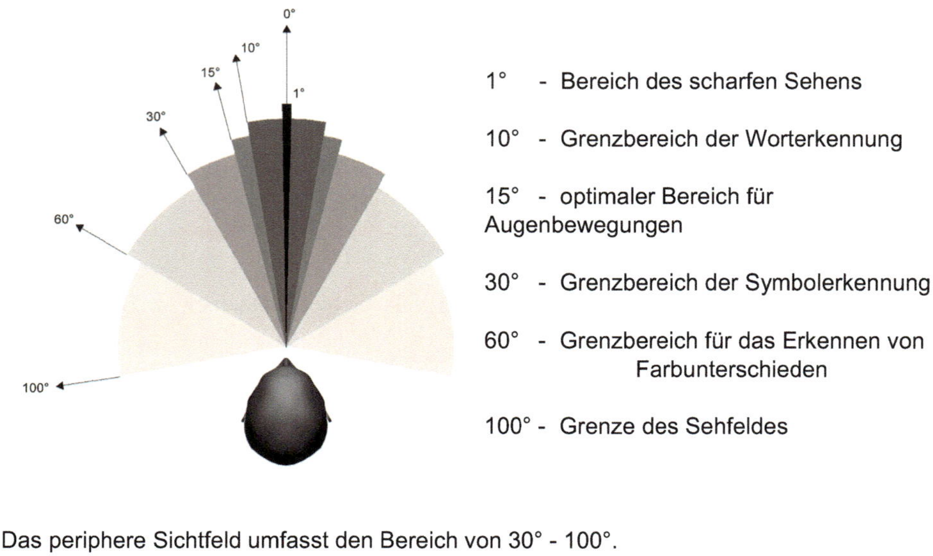

Abb. 4.2 menschliches Sichtfeld

4.2.1 Einzelkriterien

Zu den Einzelkriterien zählen (siehe dazu auch Abschn. 3.1.1.1.5):

- Textur und Ausbildung der Elementstöße
- Porigkeit
- Farbtongleichmäßigkeit
- Ebenheit
- Arbeits- und Schalhautfugen

Technische Fehler (Mängel) können verschiedene Ursachen haben. Oftmals werden sie bedingt durch

- Planung,
- Material,
- Schalung,
- Trennmittel,
- Bewehrung und/ oder
- Betonverarbeitung.

Hinsichtlich der Einzelkriterien bei der Bewertung der Gebrauchsfunktion wird auf das Buch *„Sichtbeton Mängel“* [53] verwiesen. Darin werden die Sichtbetonmängel gutachterlich eingestuft sowie Hinweise zur Mängelbeseitigung bis hin zur Betoninstandsetzung gegeben.

4.2.1.1 Beispiele für Sichtbeton-Bewertung „Einzelkriterien“

Die Beispiele in Tab. 4.2 sind dem Buch „Sichtbeton Mängel“ [53] entnommen.

Hinweis

Begriffsdefinition (siehe Sichtbeton Glossar in Kap. 10)

Einige Mängel werden im DBV/VDZ-Merkblatt als „hinzunehmende“ Unregelmäßigkeiten eingestuft, d. h. Unregelmäßigkeiten sind hinzunehmen. Eine eindeutige Leistungsbeschreibung ist daher erforderlich!

Tab. 4.2 Einzelkriterien für Sichtbeton-Bewertung nach dem Ausschlussverfahren

Stichworte	Foto (Beispiel)	Vermutliche Ursache(n)
Farbton-Abweichungen: • Hell-Dunkel • „Farbtongleichmäßigkeit“ • „Grauton“		• Zusammensetzung des Betons (Betonrezeptur), • Wechselwirkung mit Trennmittel, Schalhaut, ggf. witterungsbedingt
• Poren • Lunker • „Porigkeit“		• Luft- und Wassereinschlüsse an dichter, glatter Schalung • zu hohe Einfüllhöhe, schlecht verdichtet („Rüttler“)

(Fortsetzung)

Tab. 4.2 (Fortsetzung)

Stichworte	Foto (Beispiel)	Vermutliche Ursache(n)
• Ausblutung • Blutungen • Bluten (hier: Wand/Ecke) • „Textur“	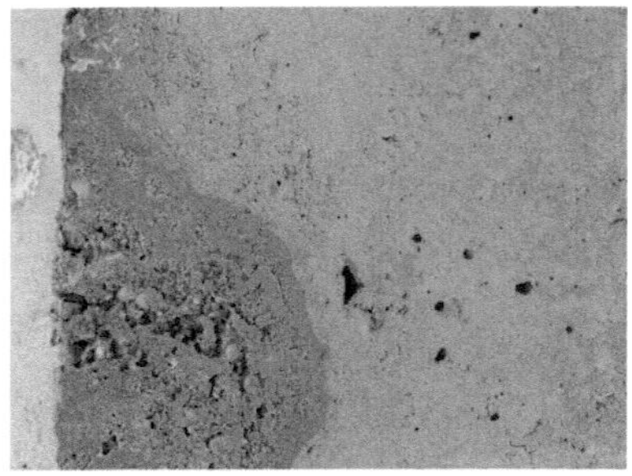	• undichter Schalelementstoß • herauslaufende Zementschlämme Achtung: zulässig (*) gem. DBV/VDZ-Merkblatt Sichtbeton bis SB2:10 mm Breite SB3:10 mm Breite SB4: 3 mm Breite
• Kiesnester (hier Unterzug) • „Textur“		• undichte Schalung (nicht abgedichtet) • Auslauf des Zementleimes • zu enge/viel Bewehrung Achtung: zulässig (*) gem. DBV/VDZ-Merkblatt Sichtbeton bis SB2:10 mm Breite SB3:10 mm Breite SB4: 3 mm Breite
• Rostspuren (hier: Decke) • „Farbtongleichmäßigkeit“	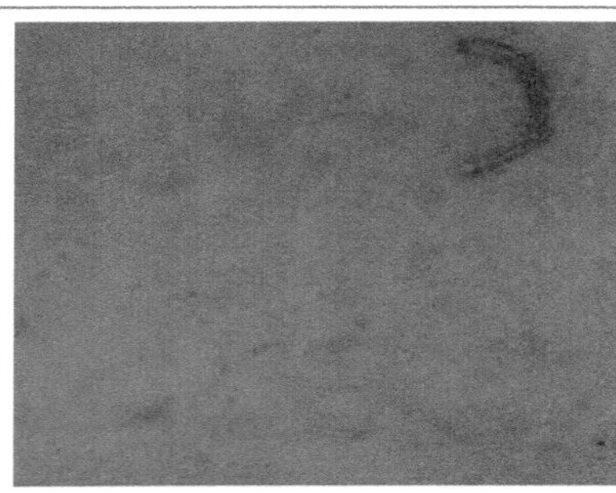	• Partikelrost der Bewehrung • Rest des Bindedrahtes • Abtropfrost nach Regen
• Schüttlagen (hier Wand) • „Textur“		• zwischen unterem und oberem Betonierabschnitt • zu große Zeitunterbrechung • keine fachgerechte „Verdichtung“/ „Vernadelung“ möglich

(Fortsetzung)

Tab. 4.2 (Fortsetzung)

Stichworte	Foto (Beispiel)	Vermutliche Ursache(n)
• Mörtelreste • Nasen • „Schalhautfugen“		• undichte Schalhautfuge Wand/Decke • heraustretender Zementleim Achtung: zulässig (*) gem. DBV/VDZ-Merkblatt Sichtbeton bis SB2:10 mm Breite SB3:10 mm Breite SB4:3 mm Breite
• Schalungsanker • Ankerlöcher • „Schalhautfugen“	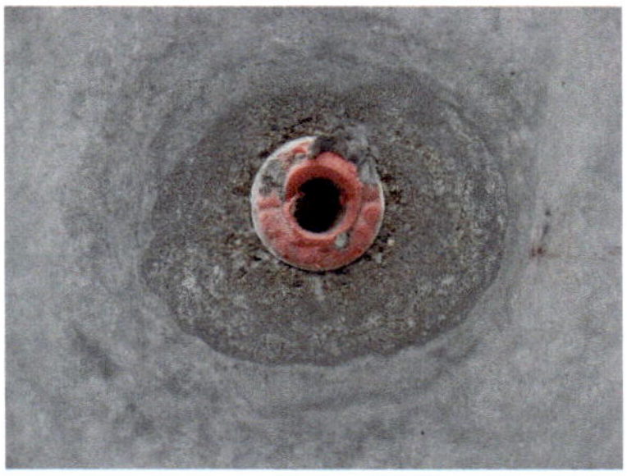	• undichter Schalungsanker • Auslauf des Zementleimes • Feinstzementanreicherung dunklere Verfärbung
• Versatz • Schalelementstöße • „Ebenheit“ • „Schalhautfugen“		• Toleranzen zwischen unterer und oberer Schalung Achtung: Versatz zulässig (*) gem. DBV/VDZ-Merkblatt Sichtbeton bis SB2:10 mm SB3: 5 mm SB4: 5 mm
• Ausblühungen an Decke, • nähefreie Stirnseite • „Farbtongleichmäßigkeit“		• „Helle schleierartige Verfärbungen“ auf der Sichtbetonoberfläche • Mit Kalkhydrat angereichertes Wasser, das an der Oberfläche verdunkelt, wird mit der Zeit schwächer bzw. verschwindet vollständig. • Ursache nachträglicher Feuchtigkeitseinwirkung auf frischen Betonflächen, sei es von innen durch austretendes Überschusswasser oder Niederschlag von außen

(Fortsetzung)

Tab. 4.2 (Fortsetzung)

Stichworte	Foto (Beispiel)	Vermutliche Ursache(n)
• Abzeichnung der Bewehrung • „Farbtongleichmäßigkeit“		• Das Berühren der Bewehrung mit dem Rüttler hat zur Folge, dass sich die Stäbe an der Oberfläche abzeichnen. • Vibrationsschwingungen auf Bewehrung verursacht Ansammlung von Feinstanteilen mit dunkler Abzeichnung.
• Schleppwassereffekt • „Textur“	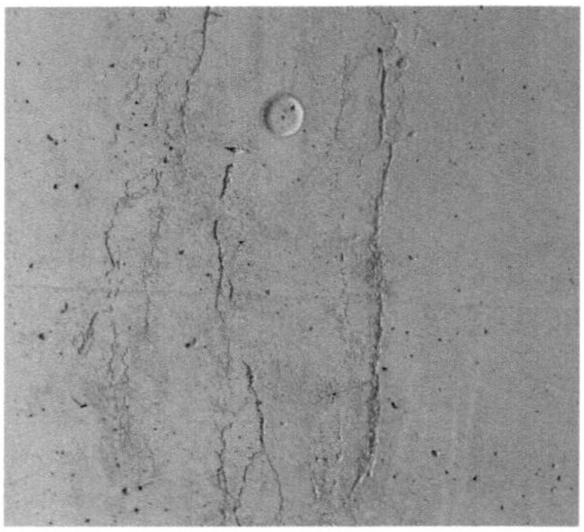	• Kleinere Zement- bzw. Gesteinskörnungen, die aufgrund ihrer geringen spezifischen Gewichte nach oben „geschleppt“ werden. • Je höher die kontinuierliche Betoneinfüllung, desto intensiver der Trend zur sog. Schleppwasserbildung, d. h. zum Auftrieb des überschüssigen Zugabewassers unter Mitnahme von Zement- und Mehlkornbestandteilen.
• „sichtbare“ Abstandhalter • „Farbtongleichmäßigkeit“		• falsche Auswahl von Abstandhaltern • keine geometrische Anordnung • Abhängung der Bewehrung möglich (höhere Kosten)

(Fortsetzung)

Tab. 4.2 (Fortsetzung)

Stichworte	Foto (Beispiel)	Vermutliche Ursache(n)
• Abzeichnung von z. B. Kanthölzern (Beton-Fertigteil-Treppe) • „Farbtongleichmäßigkeit"		• Abdruck der Lagerhölzer
• Abzeichnung von Befestigungsmitteln • „Textur"		• zu tiefe Befestigung (Spiegelbild: Abzeichnung) • Verspachtelung vor Ausführung möglich (ggf. höhere Kosten)
• Schuhabdrücke • „Farbtongleichmäßigkeit"		• Verschmutzte Schuhe auf mit Trennmittel versehender Schalung • Spiegel-Abdruck
• Arbeitsfuge • Wand-Decke-Wand		• undichte Schalungsstöße • Auslauf des Zementleimes Achtung: zulässig (*) gem. DBV/VDZ-Merkblatt Sichtbeton bis SB2:10 mm Breite SB3:10 mm Breite SB4: 3 mm Breite

(Fortsetzung)

Tab. 4.2 (Fortsetzung)

Stichworte	Foto (Beispiel)	Vermutliche Ursache(n)
• Beton-Fehlstellen • „Textur“		• zu enge Bewehrung • unzureichende Verdichtung
• Wolkenbildungen • Hell-Dunkel-verfärbungen • „Farbtongleichmäßigkeit“		• kreisförmige Sedimentation • ungleichmäßiges Schütten/Verteilen (bei waagerechten Betonfertigteilen)
• Grate • „Textur“	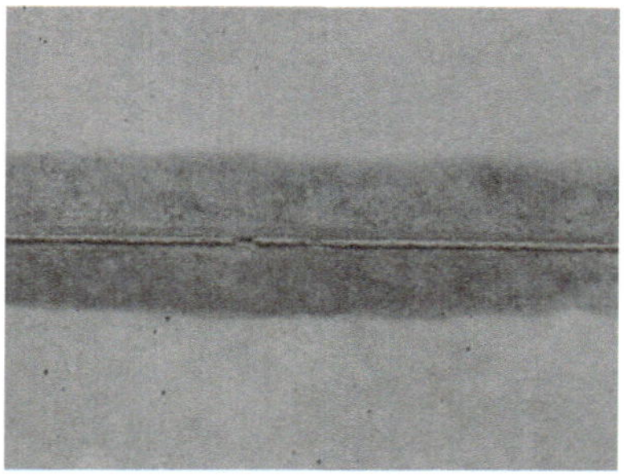	• undichter Schalelementstoß • fehlende Fugenabdichtung Achtung: Grate (Höhe) zulässig gem. DBV/VDZ-Merkblatt Sichtbeton bis SB2:5 mm Breite SB3:5 mm Breite SB4:3 mm Breite

(Fortsetzung)

Tab. 4.2 (Fortsetzung)

Stichworte	Foto (Beispiel)	Vermutliche Ursache(n)
• Fehlstellen im Bereich der Schalelementstöße • „Textur“		• undichter Schalelementstoß • unzureichende Fugenabdichtung • Auslauf des Zementleimes Achtung: zulässig gem. DBV/VDZ-Merkblatt Sichtbeton bis SB1:20 mm Breite, Tiefe 10 mm SB2:10 mm Breite, Tiefe 5 mm SB3:10 mm Breite, Tiefe 5 mm SB4: 3 mm Breite
• Ungleichmäßigkeiten an Einfüllseite		• Aufgrund der oberen (schrägen) Schalung kann die eingeschlossene Luft/Wasser nicht entweichen – trotz „Einfüllstützen“. Folge: Poren an der Oberseite
• Ripplings		• Vertiefungen an der Sichtbeton-Oberfläche („Riefen“).

(*) Achtung: teilweise „zulässig“ gem. DBV/VDZ-Merkblatt „Sichtbeton“ [30]

4.2.2 Gesamteindruck/Sichtflächenbetrachtung

Das Objekt ist unter *„gebrauchsüblichem"* Abstand zu betrachten. Eventuelle optische Beeinträchtigungen sind für jeden nachvollziehbar in einem Protokoll (siehe Abb. 4.3) festzuhalten, d. h.:

- Beanstandungen, z. B. „netzartige Risse" (siehe Abschn. 4.2.1),
- Betrachtungsabstand (siehe Abschn. 4.2.2.1),
- Lichtquelle (siehe Abschn. 4.2.2.2).

Eine Fotodokumentation ist beizufügen.

<table>
<tr><td colspan="3">Tel. 030/300 98 30</td><td>I G S Bausachverständige
Architekten + Ingenieure</td></tr>
<tr><td colspan="4">Begehungsprotokoll / Datum vom: ____________
Erfassung von (Name) ______________________
Eingetragen auf Skizze, siehe nächste Seite</td></tr>
<tr><td colspan="2">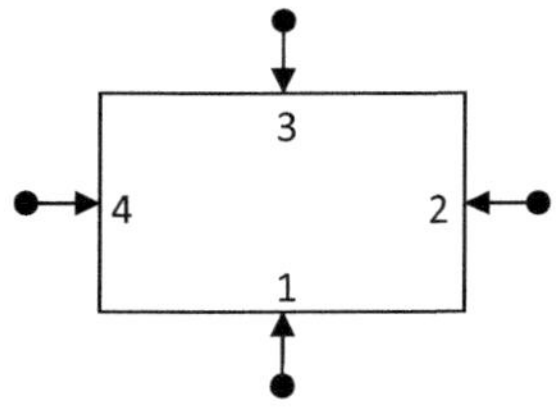
</td><td>Fassaden-Ansicht:

1 = Süd, West, Nord, Ost
2 = Süd, West, Nord, Ost
3 = Süd, West, Nord, Ost
4 = Süd, West, Nord, Ost</td><td>Skizze:</td></tr>
<tr><td>1.)</td><td>Betrachtungsabstand:</td><td>m_1 = _______________m
m_2 = _______________ m</td><td>Skizze:</td></tr>
<tr><td>2.)</td><td>Lichtquelle{ XE "Lichtquelle" }:</td><td>O Fassade im Gegenlicht
O Fassade im Schatten
O Sonne von „oben"
O Sonne im „Rücken"
O Sonne von „links/ rechts"</td><td>Skizze:

[siehe Kapitel 4.2.2.2]</td></tr>
<tr><td>3.)</td><td colspan="3">Bemerkungen:</td></tr>
</table>

Abb. 4.3 Anforderungsprofil für die Dokumentation (Muster)

Empfehlung
Um unterschiedliche Meinungen (Grundlagen) zur Sichtbeton-Bewertung zu vermeiden, ist ein Protokoll (siehe o. g. Muster) über den Ortstermin anzufertigen.

4.2.2.1 Betrachtungsabstand/„übliche Nutzung"

Die Prüfung von Sichtflächen ist in der Regel in dem Abstand durchzuführen, welcher der *„üblichen Nutzung"* entspricht.

Der „übliche" Betrachtungsabstand ist vergleichbar mit einer Gemäldebetrachtung, d. h.

- kleinere Bilder erfordern einen geringeren,
- größere Bilder einen entsprechend größeren Betrachtungsabstand.

Die Abb. 4.4 definiert den richtigen Betrachtungsabstand in diesen Abhängigkeiten.

Demzufolge wird eine Fassade als Gesamteindruck nicht vom Gerüst betrachtet:

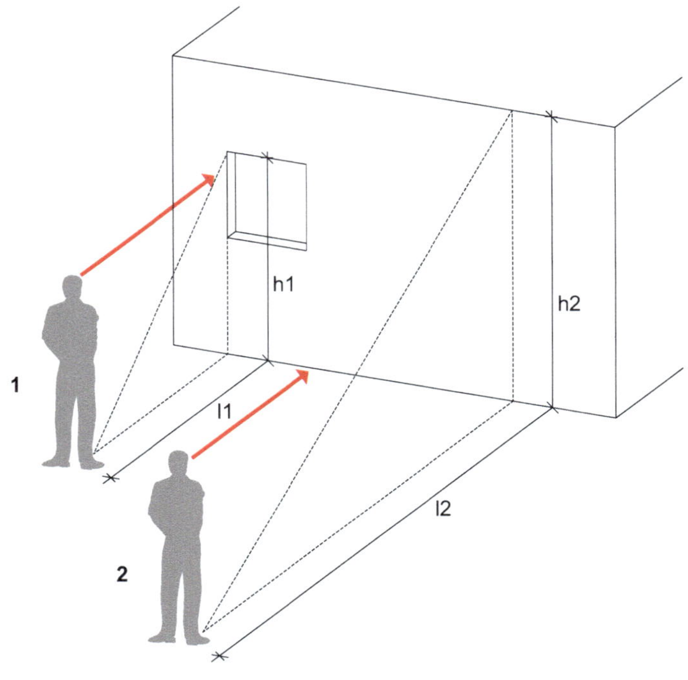

Abb. 4.4 Prinzipskizze – Betrachtungsabstand und Gesamteindruck (Punkt 1: Bei kleineren Besichtigungsflächen (h1), geringer Abstand (l1) Punkt 2: Bei größeren Besichtigungsflächen (h2) (z. B. Gesamteindruck der Fassade) entsprechend weiterer Abstand (l2))

- Bei größeren Betrachtungsflächen entspricht der Betrachtungsabstand der Traufhöhe.
- Bei kleineren Betrachtungsflächen, wie einem Erdgeschossfenster, entspricht der Betrachtungsabstand der Höhe des Fenstersturzes über dem Erdboden.

Die übliche Nutzung muss nicht immer der tatsächlichen Nutzung entsprechen. Wenn möglich, sollte der Abstand von 1 m bei der Bewertung nicht unterschritten werden. Ein „Fernglas“ ist zwar zur Ursachenfindung eines evtl. Schadens nützlich, stellt jedoch nicht den üblichen Betrachtungsabstand dar. Bei der Prüfung auf eventuelle Fehler, ist die Betrachtung möglichst im rechten Winkel auf die Oberfläche durchzuführen.

„Eingeschränkter“ Gesamteindruck: Gerüststellung

Ein Gerüst kann die Auswahl des richtigen Betrachtungsstandpunktes für eine Fassade erheblich behindern, den Betrachtungsabstand einengen (siehe nachfolgende Abb. 4.5a, b).

„Außenanlage“, Rasenfläche

Sollte das zu betrachtende Objekt aufgrund von Bepflanzungen, der Wegeführung oder sonstigen, dauerhaften Sichteinschränkungen nur bedingt einsehbar sein, ist die Bewertung der Sichtflächen von den üblichen Betrachtungspositionen vorzunehmen.

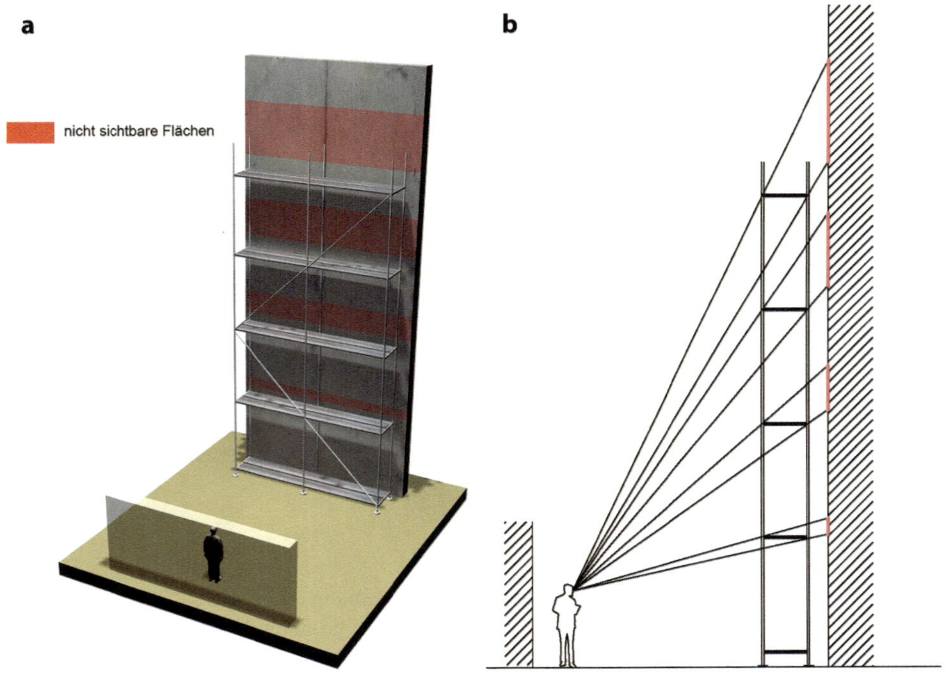

Abb. 4.5 a Gesamteindruck durch Gerüst behindert **b** „eingeschränkter“ Gesamteindruck

Abb. 4.6 Fassade: Gesamteindruck? Gebrauchsüblicher Abstand?

Wenn bspw. in einem Vorgarten ein Blumenbeet vorhanden ist, welches üblicherweise nicht begangen wird, ist der Bewertungsabstand entsprechend dieser Situation anzupassen (siehe Abb. 4.7a+b).

4.2.2.2 Lichtquelle

Die Oberflächenqualitäten sollten unter „normalen" Tageslichtverhältnissen geprüft werden. Unregelmäßigkeiten, die durch seitlichen Einfall von natürlichem Sonnenlicht zeitlich begrenzt sichtbar werden, sind in der Regel hinzunehmen. Die Elektroplanung (Decken-Wand-Halogenstrahler bzw. LED-Beleuchtung) ist bei der Sichtbetonplanung daher besonders zu berücksichtigen.

Künstliches Streiflicht („Beleuchtung") ist zulässig, stellt jedoch eine erhöhte Anforderung dar und ist gesondert zu vereinbaren.

Bei der Bewertung von Sichtbetonflächen ist die Angabe der Lage der Lichtquelle besonders wichtig, falls nachträglich eine andere Person die „Sichtbewertung" (Gutachten) nachvollzieht bzw. überprüft. Eine Vergleichbarkeit ist nur dann möglich, wenn von gleichen Grundlagen (hier „Lichtquelle") ausgegangen wird. Lichtquellen mit anderen Einfallswinkeln zum Objekt können durchaus andere Erkenntnisse/Ergebnisse hervorrufen.

Tageslichtverhältnisse

Einige „Interessenvertreter" fordern, dass eine Abnahme unter *„diffusen Tageslichtverhältnissen"* stattfinden soll. Es stellt sich also unweigerlich die Frage: Welcher Verfasser dieser Anforderungen lebt unter „diffusen Tageslichtverhältnissen"?

a

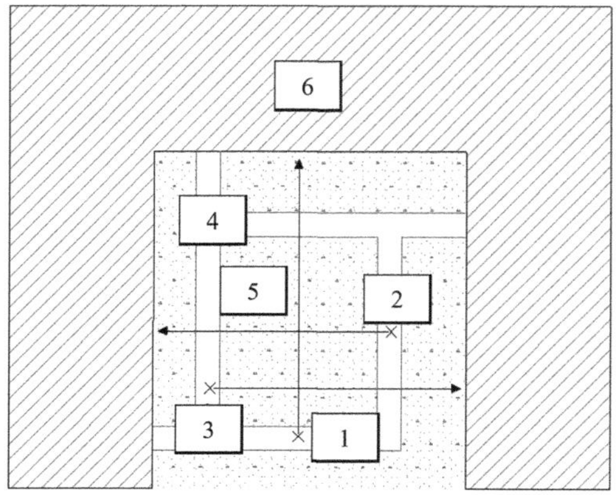

b

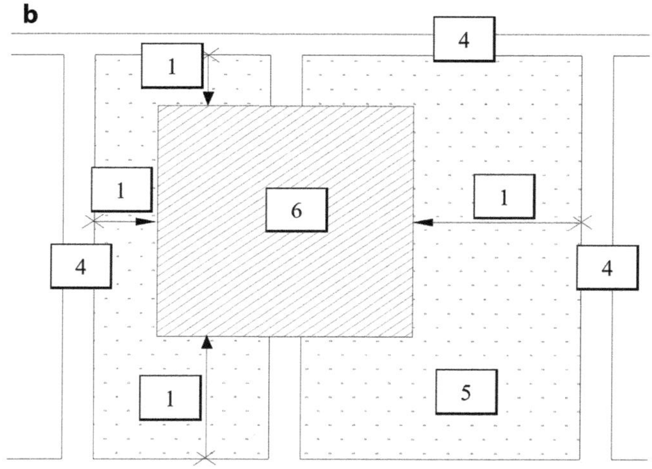

Abb. 4.7 **a** Lageplan mit Betrachtungsabständen, Fassaden-Gesamteindruck z. B. bei Hofbegrünung **b** Lageplan mit Betrachtungsabständen, Fassaden-Gesamteindruck, z. B. Wege, Bürgersteig (Legende zu Abb. 4.7a+b Punkt 1 bis 3:Betrachtungsabstände/ Positionen der Sichtflächenbewertung Punkt 4:gepflasterter Weg Punkt 5:Rasenfläche/ Hofbegrünung Punkt 6:zu betrachtendes Objekt)

Unter sehr dunklen Lichtverhältnissen ist es nur bedingt möglich, eine Bauabnahme durchzuführen, es sei denn, es werden Hilfsmittel hinzugezogen, z. B. eine Taschenlampe. Versucht man sich auf theoretischem Weg mit dieser Problematik auseinanderzusetzen, stellt man schnell fest, dass in den relevanten Merkblättern auf diese Problematik der Oberflächenbegutachtung nicht eingegangen wird. Die als Bewertungsmaßstab für Sichtflächen anzunehmenden, üblichen Lichtverhältnisse sind häufig durch künstliche Leuchten zum Zeitpunkt der Abnahme zu simulieren.

In der Praxis stellt sich das Ganze wie folgt dar: Es ist häufig zu beobachten, dass einige Handwerker keinen großen Wert auf eine optimale, in der Nutzung zu erwartende

Belichtung mit adäquaten Baustrahlern legen und ihre Arbeiten im Halbdunkeln verrichten. Das hat zur Konsequenz, dass die eigene Leistung nicht oder nur bedingt überprüft werden kann. Die mit eingeschränkter Beleuchtung durchgeführte Bewertung von Oberflächenqualitäten betrifft nicht nur Ausführende, sondern ebenso die Bauüberwachung (Architekt).

Hinzu kommt, dass ich als Sachverständiger häufig mit der Situation konfrontiert bin, dass der verantwortliche Fachbauleiter die Leistung seiner Mitarbeiter erst während der Durchführung der Bauabnahme überprüft. Warum er diese nicht bereits in Vorbereitung der Bauabnahme kontrolliert, ist mir ein Rätsel. Dabei bräuchte er nicht vor dem „gefürchteten Streiflicht“ zurückschrecken, denn spätestens zur Abnahme sollte davon ausgegangen werden, dass eine kritische Abnahme der Oberflächenqualität bei alltagsüblichen Lichtverhältnissen erfolgt.

> Eine Bewertung von Sichtflächen (Wände und Decken) ist nicht in der DIN 18202 geregelt, sondern basiert einzig und allein auf der Beschaffenheitsvereinbarung für die Oberfläche.

Betrachten wir nun beispielhaft die Sonne als Lichtquelle „von oben“, lässt diese Vor- und Rücksprünge innerhalb der Fassade deutlicher erscheinen als eine Lichtquelle „im Rücken“. Eine Lichtquelle von der Seite („Streiflicht“) verdeutlicht „Unebenheiten“ mehr als bei einer im Schatten liegenden Fassade.

Folgende Angaben zur Lichtquelle bzw. zum Sonnenstand sind bei Feststellung des Objektzustandes in einem Protokoll zu dokumentieren:

- Fassade im Gegenlicht
- Fassade im Schatten
- Sonne „von oben“
- Sonne von hinten, d. h. „im Rücken“
- Sonne „von links“ bzw. „rechts“

„Vorne“ bzw. „hinten“ bezieht sich immer von der Person ausgehend in Blickrichtung. Wie wichtig die Dokumentation der Lichtverhältnisse ist, wird am folgenden Beispiel verdeutlicht. Die Sonne (als natürliche Lichtquelle) zieht bekannter Weise von Ost nach West. (Abb. 4.8a, b)

In der Regel werden fünf „Lichtquellen“ unterschieden:

- Sonne von links (Streiflicht)
- Sonne von rechts (Streiflicht)
- Sonne von oben (Streiflicht)
- Sonne von hinten (Fassade im Gegenlicht)
- Sonne von vorne (Fassade im Schatten)

Die nachfolgenden Abbildungen (Abb. 4.9) zeigen die Lichtverhältnisse zu unterschiedlichen Tageszeiten.

Die Abb. 4.10–4.13 verdeutlichen in Verbindungen mit den Angaben in der Tab. 4.3, dass die Besichtigung/Begutachtung einer Fassade zu unterschiedlichen Tageszeiten bei unterschiedlichen Lichtverhältnissen stattfindet. Daraus folgt, dass der Betrachter zu verschiedenen Tageszeiten zu unterschiedlichen Ergebnissen kommen kann (vergleichend dazu auch Abb. 4.14). Daher ist für jede Fassadenansicht eine eigene Bewertung (siehe Abschn. 4.2.2) aufzustellen.

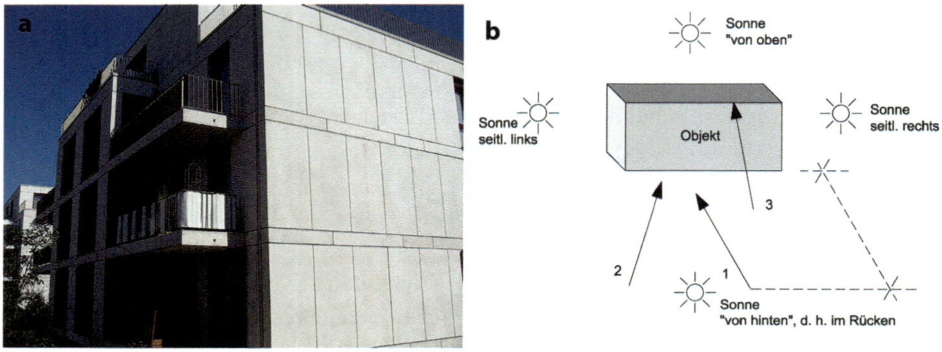

Abb. 4.8 a Fassade: Licht – Schatten b Sonnenstand bzw. natürliche Lichtquelle (Punkt 1: übliche Betrachtung im rechten Winkel mit Betrachtungsabstand „l"; Punkt 2: unübliche Betrachtung, schräg von der Seite; Punkt 3: unübliche Betrachtung direkt vor dem Objekt, von unten nach oben gesehen)

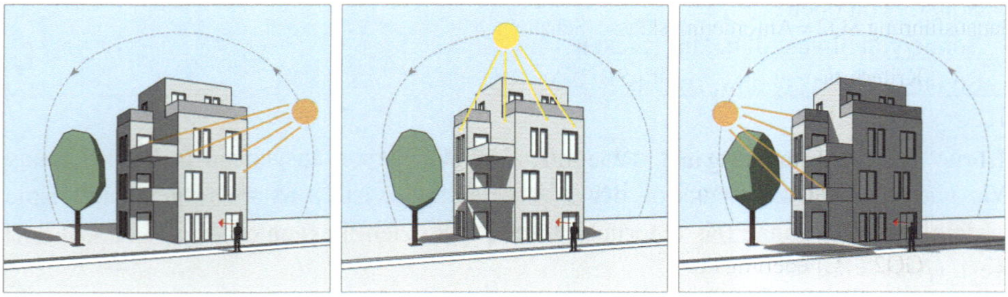

8:00 Uhr 12:00 Uhr 17:00 Uhr

Abb. 4.9 Prinzipskizze – Lichtverhältnisse

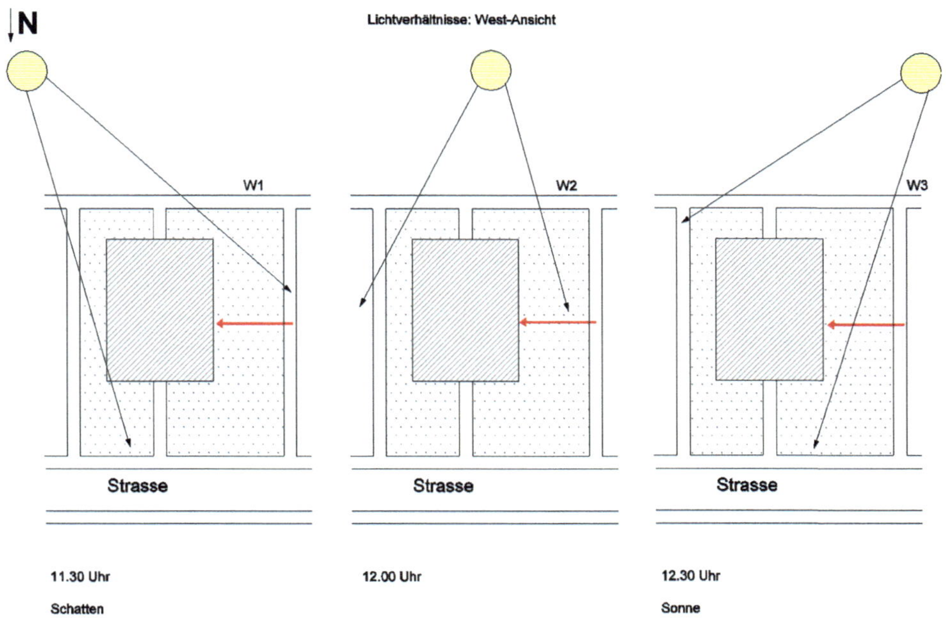

Abb. 4.10 Sonnenstand Westseite, dicker (roter) Pfeil zeigt Standpunkt des Betrachters

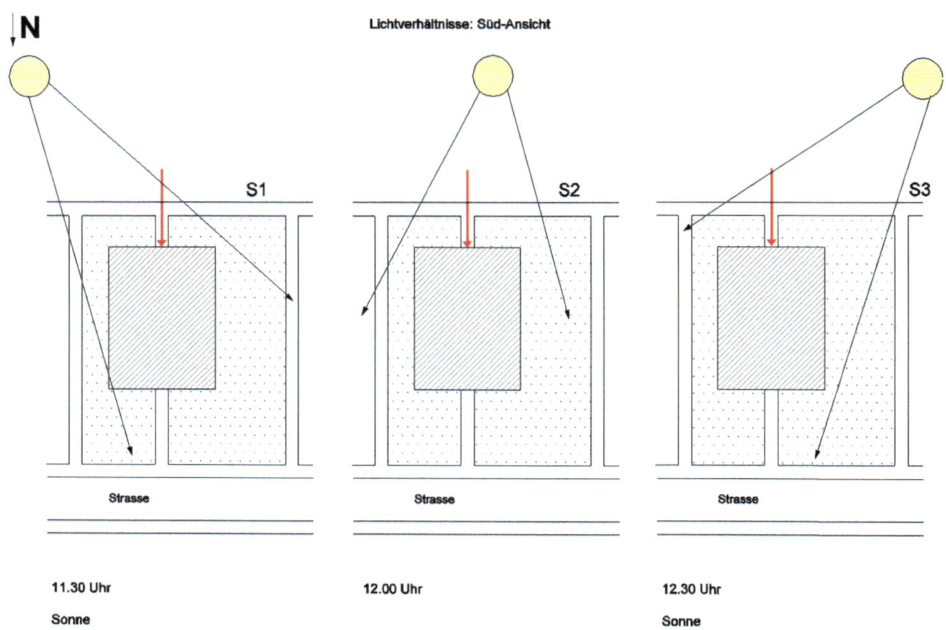

Abb. 4.11 Sonnenstand Südseite, dicker (roter) Pfeil zeigt Standpunkt des Betrachters

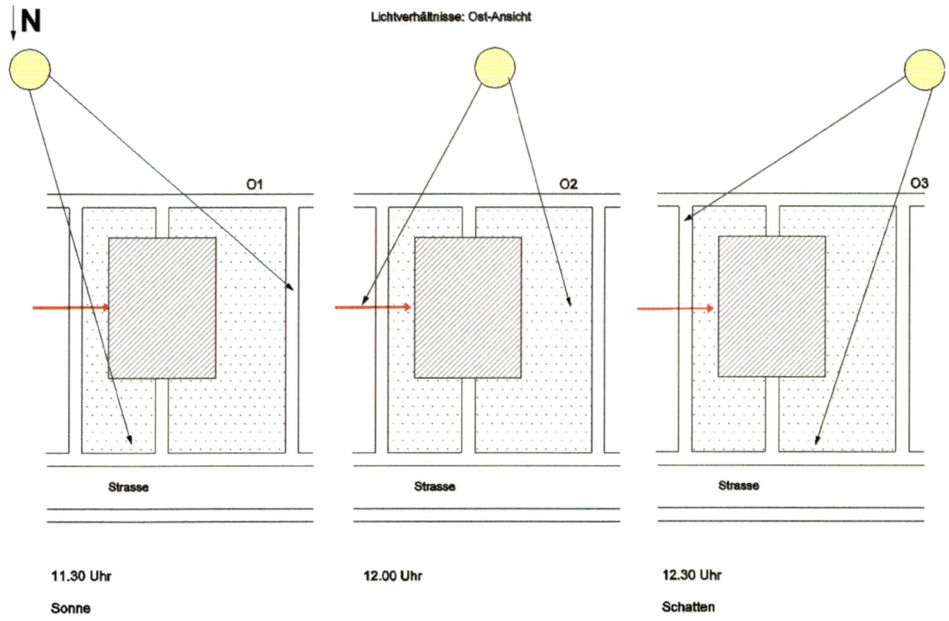

Abb. 4.12 Sonnenstand Ostseite, dicker (roter) Pfeil zeigt Standpunkt des Betrachters

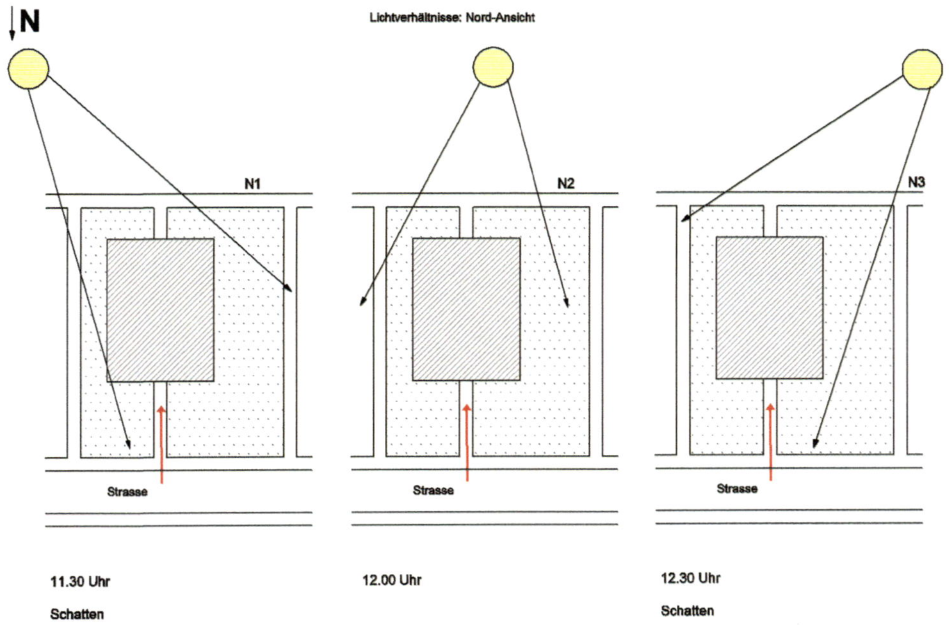

Abb. 4.13 Sonnenstand Nordseite, dicker (roter) Pfeil zeigt Standpunkt des Betrachters

Tab. 4.3 Lichtverhältnisse zu verschiedenen Tageszeiten

Ansicht	Sonne Vormittags	Sonne Mittags	Sonne abends
West – Abb. 4.10	Abb.W1 Schatten	Abb. W2 Streiflicht	Abb.W3 Sonne
Süd – Abb. 4.11	Abb. S1 Sonne	Abb. S2 Sonne	Abb. S3 Sonne
Ost – Abb. 4.12	Abb. O1 Sonne	Abb. O2 Streiflicht	Abb. O3 Schatten
Nord – Abb. 4.13	Abb. N1 Schatten	Abb. N2 Schatten	Abb. N3 Schatten

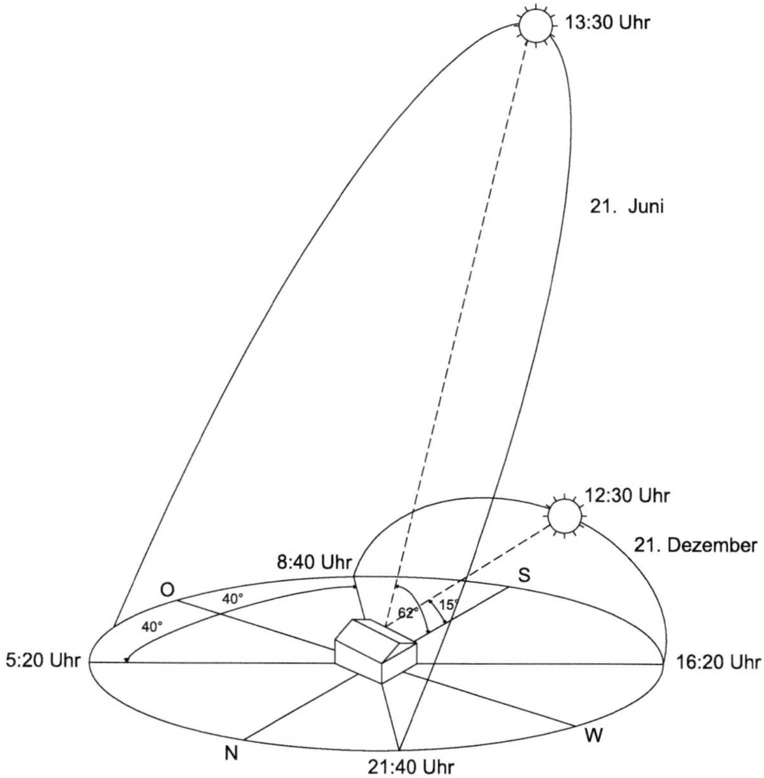

Abb. 4.14 Sonnenstand – tageszeitabhängig

4.3 SOLL-IST-Vergleich

Eine Oberfläche besitzt eine Funktion, die mit „Geltungsfunktion“ (optische Funktion) bezeichnet wird. Diese Funktion ist erfüllt, wenn der visuell wahrnehmbare Gesamteindruck, z. B. der Fassade bzw. der betrachteten Einzelfläche, der Gestaltungsabsicht entspricht, die im Gebäudeentwurf festgelegt und durch Werkplanung und Leistungsbeschreibung präzisiert ist. Dies kann als erreicht gelten, wenn die einzelnen Teilflächen frei von unbeabsichtigten Unregelmäßigkeiten hinsichtlich ihrer Farbe, ihrer Struktur und ihrer Form sind. Die Forderung nach ungestörtem Aussehen gilt für alle Arten von Sichtflächen, unabhängig vom Baustoff.

Bei Sichtbeton ist mit gewissen Einschränkungen zu rechnen (Abb. 4.15 a,b). Da der Grad der Helligkeit (Farbnuancen) bzw. die Intensität der Farbdifferenzen des Betons nicht immer genau planbar sind, muss der Planer die in der Praxis vorkommenden Einschränkungen kennen und sie in der Leistungsbeschreibung berücksichtigen. Zu empfehlen ist eine genaue Festlegung der Bandbreite anhand einer vor Ort zu erstellenden Musterfläche.

Der Hinweis auf ein bestehendes Objekt als „Muster“ bzw. Referenzobjekt ist hilfreich, jedoch nicht ausreichend.

Abb. 4.15 **a** Sichtbeton während der Bauzeit **b** Sichtbeton-Fertigstellung (einschl. Betonkosmetik)

4.3.1 Sichtbeton-Vergleich

Häufig besteht ein Widerspruch mit dem Leistungsverzeichnis (Leistungsbeschreibung), der vereinbarten Sichtbetonklasse und den Mängelrügen. Primäre Aufgabe einer Sichtbetonbewertung ist, zu klären, welche Beanstandungen technisch berechtigt sind (Siehe Abb. 4.16).

SICHTBETON

„WIE“ | „SOLL“ | „IST“

Widerspruch?

gem. Leistungsverzeichnis	z. B.	Siehe Gutachten Kapitel 8 Beispiele
▪ Schalung planeben, glatt, dicht, nicht saugend	▪ Farbgleichheit	
	▪ einheitliche Porengröße	
▪ max. Schalungsplattengröße	▪ frei von Wolkenerscheinungen	
▪ Schalungsstöße vermeiden	▪ keine sichtbaren Nagelstellen usw.	
▪ Ecken und Kanten mit Einlegeleisten gefasst		
▪ sämtliche Schaltafeln, Ecken und Fugen mit Silikon schließen		
▪ Nagellöcher verspachteln		

siehe Kapitel 8 | Planung der Mängelbeseitigung: siehe Kapitel

Abb. 4.16 Sichtbeton-Vergleich

4.3.2 Mängelbewertung

Das Vorgehen bei der Bewertung von Mängeln (Beispiele in Abb. 4.18 a, b und c) ist dem Flussdiagramm in Abb. 4.17 zu entnehmen.

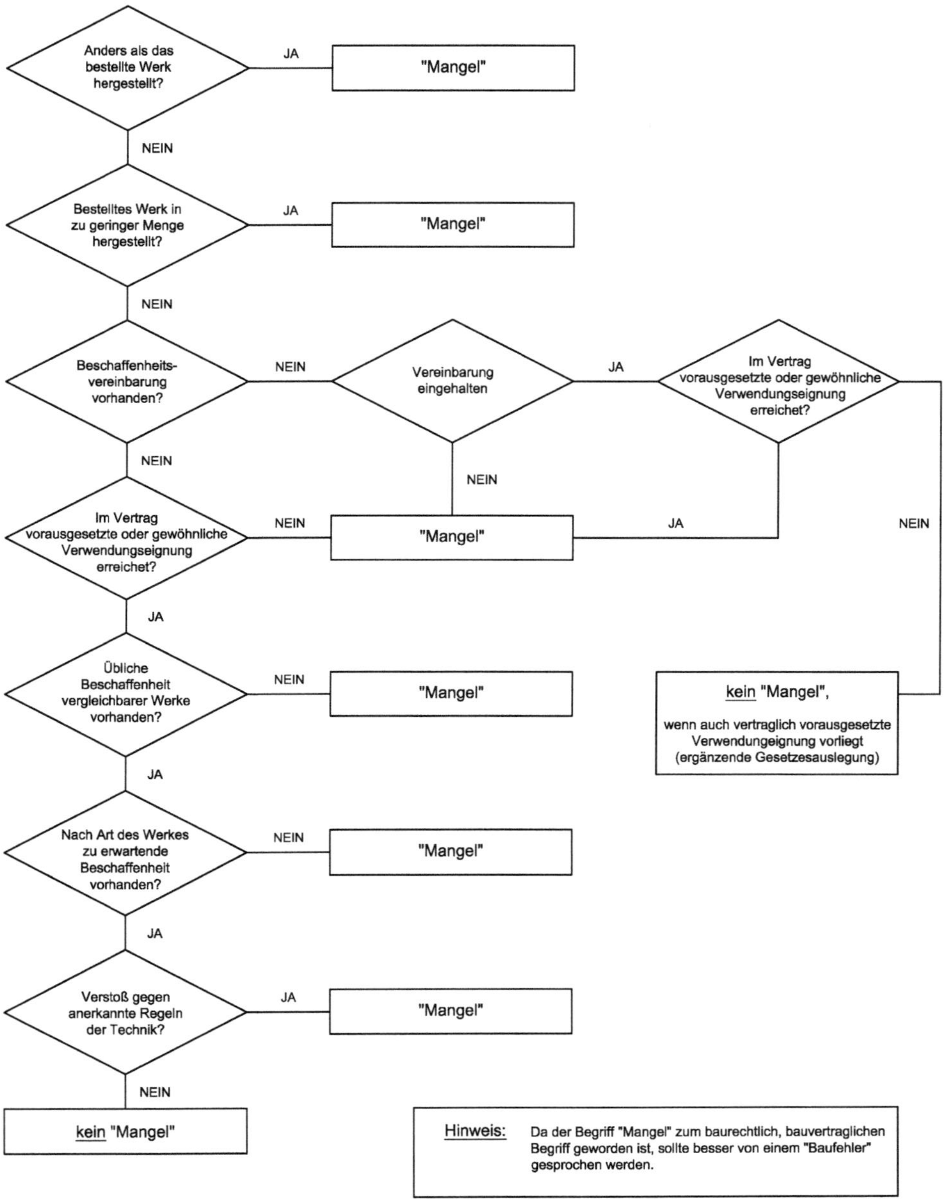

Abb. 4.17 Flussdiagramm zum Vorgehen bei der Mängelbeurteilung

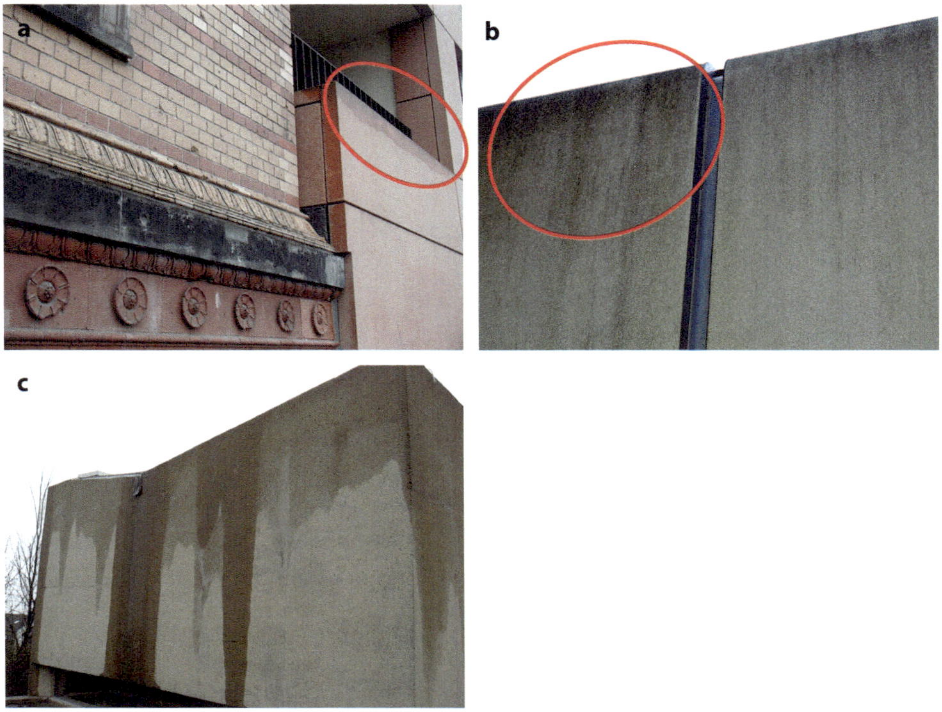

Abb. 4.18 **a** Rechtes Gebäude (Neubau) – Fehlende Planung der Wasserableitung; Linkes Gebäude (Altbau) – Gezielte Wasserableitung über Schrägen und Tropfkanten **b** Fehlende Planung der Wasserableitung **c** Fehlende Planung der Wasserableitung

4.3.3 Optische Beanstandungen

Optische Fehler können in vielfältigen Erscheinungsformen auftreten (Beispiel in Abb. 4.19), z. B. in Form von:

- Farb- und Strukturabweichungen,
- Verschmutzungen,
- Maß- und Passungenauigkeiten,
- Unebenheiten,
- Fehlstellen, wie z. B. Abplatzungen und Ausbrüche, bis hin zu
- Rissbildungen, Kratzern, Schrammen usw.

Aurnhammer [61] entwarf auf Grundlage der Nutzwertanalyse die *„Zielbaummethode"*, die von *Kamphausen* weiterentwickelt wurde. Die Grundlage der Zielbaummethode bildet ein subjektiver Wertbegriff. Unter „Wert" oder „Nutzwert" ist dabei eine Beziehung zwischen einem zu wertenden Subjekt und einem zu bewertenden Objekt unter Einsatz eines bestimmten (definierten) Bewertungsmaßstabes zu verstehen. Nutzwerte lassen sich in aller Regel untergliedern in „Gebrauchs-/Funktionswerte“ und „Geltungswerte“.

Oswald und Abel [60] weisen darauf hin, dass die Zielbaummethode *„gute Ansätze bietet, Minderwerte nachvollziehbar festzulegen“.* Sie entwickelten eine Matrix zur Bewertung optischer Fehler.

Nachfolgend wird eine Weiterentwicklung der Zielbaummethode für den Sichtbeton beschrieben.

Die Zielbaummethode ist bei z. B. optischer Beeinträchtigung gut geeignet, hat jedoch Grenzen, wenn sowohl die Gestaltungsfunktion und die Gebrauchsfunktion eingeschränkt sind. Hinzu kommt, dass es allzu schematischer Anwendung verschiedene Personen durchaus zu unterschiedlichen Ergebnissen kommen können.

Die Matrix wurde in Tab. 4.4 auf der Grundlage der vorhandenen Literatur [60] erstellt:

Hinweis
Grundsätzlich sind alle Leistungen zwingend zu erbringen, welche die „vereinbarte Beschaffenheit“ (sog. Beschaffenheitsvereinbarung) gewährleisten, z. B. wenn sie in den „Zusätzlichen Technischen Vertragsbedingungen“ zum Sichtbeton vereinbart wurden. Werden unerfüllbare Forderungen gestellt oder solche, die nur mit unverhältnismäßig hohem Aufwand zu erfüllen sind, bleibt nur der Weg, rechtzeitig Bedenken anzumelden. Erst danach ist es sinnvoll, eine Matrix (Tab. 4.4) zur Orientierung zu nutzen.

Im DBV/VDZ-Merkblatt „Sichtbeton“ [30] wird unter Pkt. 7.4.3 darauf hingewiesen:

„Zur Beurteilung und zur Bewertung von Sichtbetonflächen, die dem SOLL nicht entsprechen, haben sich in der Praxis z. B. bewährt: Zielbaummethode nach Aurnhammer“

Das „Wie“ wird offen gelassen, Hinweise zur Anwendung in der Praxis werden nicht weiter erläutert. Im nachfolgenden Kapitel wird ein Bewertungsschema für Sichtbeton-„Mängel“ im Hinblick auf die Geltungsfunktion dargestellt.

Tab. 4.4 Matrix zur groben Einschätzung von Sichtbeton-Mängel (H: hinnehmbar; NH: nicht hinnehmbar)

Sichtbetonklasse	Optische Beanstandungen			
	auffällig	gut sichtbar	sichtbar	kaum sichtbar
SB1	H	H	H	H
SB2	NH	NH	H	H
SB3	NH	NH	NH	H
SB4	NH	NH	NH	H

Abb. 4.19 Fehlerhafte Oberflächenqualitäten in geplanten Ausstellungsräumen

4.3.4 Gewichtung der Sichtbeton-Beanstandungen

Die hier dargestellte Gewichtung der Sichtbeton-Klassen (Tab. 4.5 und Abb. 4.20) entspricht der in [52] entwickelten Methode. Die Gewichtung erfolgt je nach Art des Bauteils gesondert (siehe z. B. Fassadenfunktion, Abschn. 5.1) und je nach Wertigkeit des Objekts.

Ein Beispiel ist dem nachfolgenden Abschn. 4.3.5 zu entnehmen.

Aus der Ermittlung eines Mangels (Minderung) ergibt sich nicht automatisch, dass für diesen Mangel automatisch die ausführende Baufirma allein verantwortlich gemacht werden kann. Es muss allumfassend geprüft werden, ob und in welchem Ausmaß Planungs-, Bauüberwachungs- und/oder Ausführungsfehler vorliegen. Dies wiederum bedeutet, dass eine zusätzliche Gewichtung erfolgen muss, in der der Anteil des „Verschuldens" auf die Verantwortlichen ermittelt wird.

Tab. 4.5 Gewichtung der Gebrauchs- und Geltungsfunktion

Sichtbetonklasse	Gebrauchs-funktion in %	Geltungs funktion in %	Minderungsfaktor	Erhöhungsfaktor
SB1	60	40	0,57	1,00
SB2	50	50	0,71	1,25
SB3	40	60	0,86	1,50
SB4	30	70	1,00	1,75

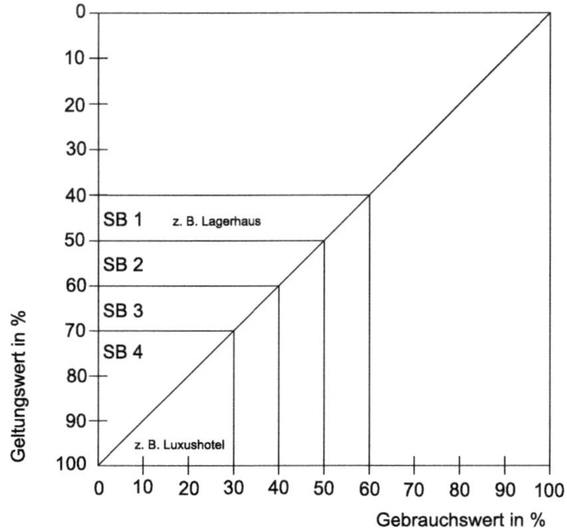

Abb. 4.20 Gewichtung Sichtbeton

Besondere Aufmerksamkeit gilt bei der Bewertung der Sichtfläche die Gewichtung von:

- Textur/Schalenstoß
- Porigkeit
- Farbtongleichmäßigkeit
- Ebenheit
- Arbeits- und Schalhautfugen

Eine Möglichkeit der Gewichtung ist der Tab. 4.6 zu entnehmen, die jedoch nicht für jedes Objekt und jedes Bauteil übertragbar und anwendbar ist, da es sich um eine Musterbewertung handelt.

Wie hoch die einzelnen Anforderungen zu wichten sind, ist u. a. abhängig von den folgenden Kriterien.

- Betrachtungsabstand
- Lichtverhältnissen
- Bauteilen, z. B. Fertigteilen, Ortbeton usw.
- Nutzung

Die „Porigkeit" (Zeile 6) kann bei einem entsprechend großen Abstand zur Fassade, z. B. vorgegeben durch einen Vorgarten bzw. eine Rasenfläche, eine geringere Rolle (Gewichtung) einnehmen, als bei einer Hotel-Eingangshalle, in der der Betrachter direkt davorsteht.

Tab. 4.6 Sichtbetonklassen-Gewichtung (für Ortbeton)

Zeile	Sichtbeton-Fassade	Gewichtung Sichtbetonklassen			
		SB 1	SB 2	SB3	SB4
	Gebrauchsfunktion %	**60**	**50**	**40**	**30**
1	Standsicherheit				
2	Wetterschutz				
3	Wärmedämmung				
4	Schallschutz				
	Geltungsfunktion %	**40**	**50**	**60**	**70**
5	Textur/ Schalelementstoß	T1	T2	T2	T3
		6	8	10	12
6	Porigkeit	P1	P2	P3	P4
		3	4	5	6
7	Farbtongleichmäßigkeit	FT1	FT2	FT2	FT3
		22	26	30	34
8	Ebenheit	E1	E1	E2	E3
		3	4	5	6
9	Arbeits- und Schalhautfugen	AF1	AF2	AF3	AF4
		6	8	10	12
	Summe %	**100**	**100**	**100**	**100**

Die Beurteilung der Porigkeit ist u. a. durch die Aufnahme von digitalen Bildern und deren anschließende Verarbeitung mit speziellen Bildbearbeitungsprogrammen möglich. Weitere Hinweise zur Porigkeit sind in Abschn. 3.1.1.3 zu finden.

Die „Ebenheit" der Sichtbetonfläche bei Betonfertigteilen kann aufgrund der Fugeneinteilung eine geringere Rolle (Gewichtung) spielen, als bei einer Ortbetonfläche, da große Flächen immer wieder durch kleine Flächen (Fertigteile) unterteilt werden. Eventuelle Unebenheiten werden dadurch kaschiert. Weitere Hinweise zur Ebenheit sind in Abschn. 3.1.1.4 zu finden.

In Abb. 4.21a, b kann eine beispielhafte Bewertung der Sichtbetonklasse 4 betrachtet werden.

Die vorgestellte Gewichtungssystematik findet bereits Anwendung in der Praxis. Dies zeigt sich darin, dass der **DBV** (Deutscher Beton- und Bautechnik-Verein E.V., Berlin), vertreten durch Herrn Dr. Goldamer in seiner Veröffentlichung *„Beurteilung und Abnahme von Sichtbeton – Vertragliche Aspekte, Regelwerke und ästhetischer Eindruck"* Heftreihe 29, 2014 u. a. auf Prof. Oswald´s Veröffentlichung [60] verweist. Prof. Oswald nimmt hier wiederum Bezug auf o. g. Abb. 4.20 des Autors.

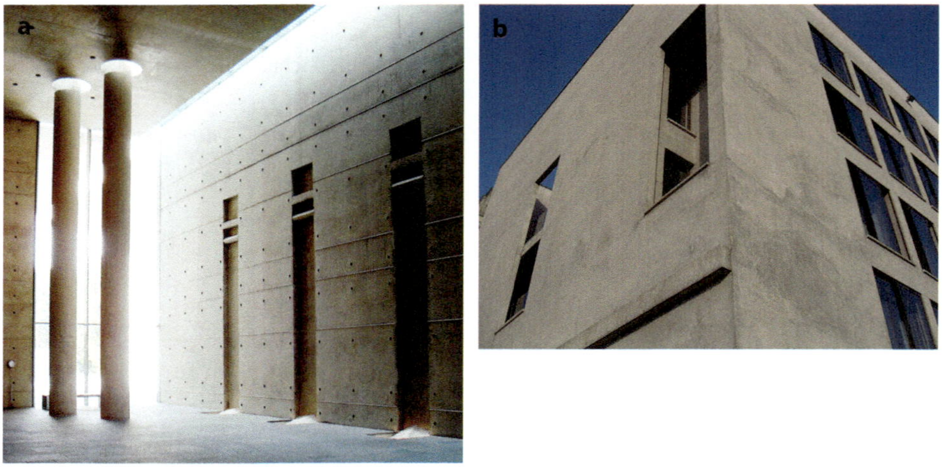

Abb. 4.21 **a** Sichtbetonklasse SB4 erfüllt **b** Sichtbetonklasse SB4 nicht erfüllt

4.3.5 Minderung – Skalierung

Im Jahr 2002 wurde Möglichkeit für die Bewertung einer Sichtbetonleistung auf Grundlage einer „Gewichtung" vorgestellt und im Buch *„Sichtbeton Planung"* [52] veröffentlicht. Um eine derartige Bewertung vornehmen zu können, ist eine Auseinandersetzung mit dem Wert bzw. der Funktion der Sichtbetonleistung unumgänglich. Dieser bzw. diese wird in zwei Werte eingeteilt:

Unter **Geltungswert** (Geltungsfunktion) versteht man die rein optische Bedeutung (ästhetischer Wert) der erbrachten Leistung (z. B. Farbton).

Unter **Gebrauchswert** (Gebrauchsfunktion) versteht man die rein technische Funktion (technischer Nutzwert) der erbrachten Leistung, z. B. Wetterschutz, Korrosionsschutz, Dichtigkeit usw.

Beide Werte, also Geltungswert und Gebrauchswert, ergeben zusammen den Gesamtwert einer fehlerfreien Leistung (=100 %). Je nach Ausgangsvoraussetzung kann die Minderung nach verschiedenen Verfahren ermittelt werden:

• ohne Vereinbarung einer Sichtbetonklasse:	Minderung auf Grundlage der Gewichtung
• bei Vereinbarung einer Sichtbetonklasse:	Minderung auf Grundlage der Sichtbetonklassen

Minderung auf Grundlage der Gewichtung

Liegt keine Vereinbarung über eine Sichtbetonklasse vor, ist die Fassade im Sinne der Zielbaummethode (nach Geltungs- bzw. Gebrauchswert) zu wichten. Geltungswert und Gebrauchswert werden abhängig vom Gebäudetyp (siehe Abschn. 4.3.4, z. B. Luxushotel/Lagerhaus) eingestuft. Für die Ermittlung eines Minderwertes, z. B. nach der *„Zielbaummethode"*, sind folgende Festlegungen wichtig:

- **Absolute Gewichtung**
  Wert und Beurteilungskriterien einzelner Funktionen, Bauteile und Räume zueinander, z. B. bei der Außenwand nach Standsicherheit, Feuchte-, Wärme- und Schallschutz sowie dem optischen Eindruck, **mit einer Gewichtungszahl**
- **Bezug auf einen Größenmaßstab**
  z. B. nach Stück, m^2, m^3, Prozent
- Die Bestimmung eines Minderungsfaktors anhand der Minderungsskala

Hier tauchen die Begriffe **Gewichtungszahl** und **Minderungsfaktor** auf, die nachfolgend erläutert werden.

Mit der Gewichtungszahl *G* erfolgt eine Gewichtung der Teilwerte des Gesamt-Bewertungsobjektes in Bezug auf die Funktion, Gestaltung, Optik und Wirtschaftlichkeit sowie den Verkaufswert nach deren Bedeutung im Einzelfall. Die Summe der Gewichtungszahlen muss 100 % ergeben.

$$\boxed{G_1 + G_2 + G_3 = 100\,\%}$$

Mit dem Minderungsfaktor *Mi Fa* kann aufgrund einer skalierten, abgestuften Beurteilung des „IST"-Zustandes im Vergleich zum „SOLL"-Zustand die Minderung des optischen Wertes der Fassade vorgenommen werden.

Aus der Multiplikation der Gewichtungszahl *G* mit dem Minderungsfaktor *Mi Fa* wird die **Minderung *M*** in % nach folgender Formel ermittelt:

$$\boxed{M = G \times Mi\ Fa}$$

Minderung auf Grundlage: Sichtbetonklassen

Wurden die Sichtbeton-Leistungen mit Sichtbetonklassen definiert und vertraglich vereinbart,

kann eine Bewertung wie im Abschn. 4.3.6 dargestellt, aussehen. Die eventuellen Abweichungen erfolgen auf Grundlage einer Skalierung (siehe Tab. 4.7).

Eine Skala (lat.=Treppe, Leiter) ist eine Reihe zusammengehöriger, sich abstufender Werte (Merkmale oder Erscheinungen), sozusagen eine „Stufenleiter", auf der man Unterschiede veranschaulichen kann. Ein Beispiel hierzu können Sie im nun folgenden Kapitel lesen.

Tab. 4.7 Skalierung der Minderungsfaktoren für die Zielbaummethode

0	Soll-Zustand = „mangelfrei“	0,00	keine Mängel
1	fast nicht, beeinträchtigt	0,10	fast keine Mängel
2	etwas, beeinträchtigt	0,20	nur leichte Mängel
3	noch befriedigend	0,30	mäßige Mängel
4	nicht ganz, befriedigend	0,40	deutliche Mängel
5	unbefriedigend	0,50	starke Mängel
6	mangelhaft	0,60	sehr starke Mängel
7	sehr mangelhaft	0,70	schwere Mängel
8	unzulänglich	0,80	sehr schwere Mängel
9	ungenügend	0,90	massive Mängel
10	unverwertbar	1,00	

4.3.5.1 Berechnung der Minderung

Gebrauchswert (Gebrauchsfunktion) (siehe Abb. 4.22)
Geltungswert (Geltungsfunktion) (siehe Abb. 4.23)

Zeile	Sichtbeton-Fassade	Gewichtung Sichtbetonklassen			
		SB 1	SB 2	SB3	SB4
	Gebrauchsfunktion{ XE	**60**	**50**	**40**	**30**
1	Standsicherheit				
2	Wetterschutz				
3	Wärmedämmung				
4	Schallschutz				
	Geltungsfunktion %	**40**	**50**	**60**	**70**
5	Textur{ XE "Textur" }/	T1	T2	T2	T3
		6	8	10	12
6	Porigkeit	P1	P2	P3	P4
		3	4	5	6
7	Farbtongleichmäßigkeit	FT1	FT2	FT2	FT3
		22	26	30	34
8	Ebenheit	E1	E1	E2	E3
		3	4	5	6
9	Arbeits- und Schalhautfugen	AF1	AF2	AF3	AF4
		6	8	10	12
	Summe %	**100**	**100**	**100**	**100**

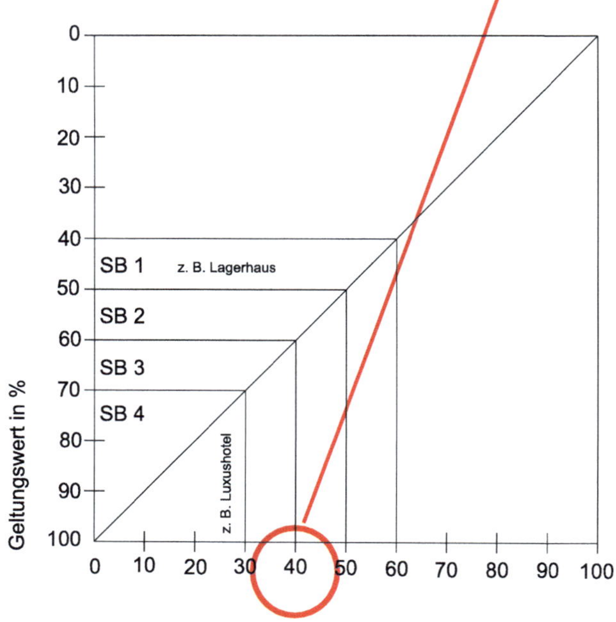

Abb. 4.22 Gebrauchswert

Zeile	Sichtbeton-Fassade	Gewichtung Sichtbetonklassen			
		SB 1	SB 2	SB3	SB4
	Gebrauchsfunktion %	**60**	**50**	**40**	**30**
1	Standsicherheit				
2	Wetterschutz				
3	Wärmedämmung				
4	Schallschutz				
	Geltungsfunktion %	**40**	**50**	**60**	**70**
5	Textur/ Schalelementstoß{	T1	T2	T2	T3
		6	8	10	12
6	Porigkeit	P1	P2	P3	P4
		3	4	5	6
7	Farbtongleichmäßigkeit	FT1	FT2	FT2	FT3
		22	26	30	34
8	Ebenheit	E1	E1	E2	E3
		3	4	5	6
9	Arbeits- und Schalhautfugen	AF1	AF2	AF3	AF4
		6	8	10	12
	Summe %	**100**	**100**	**100**	**100**

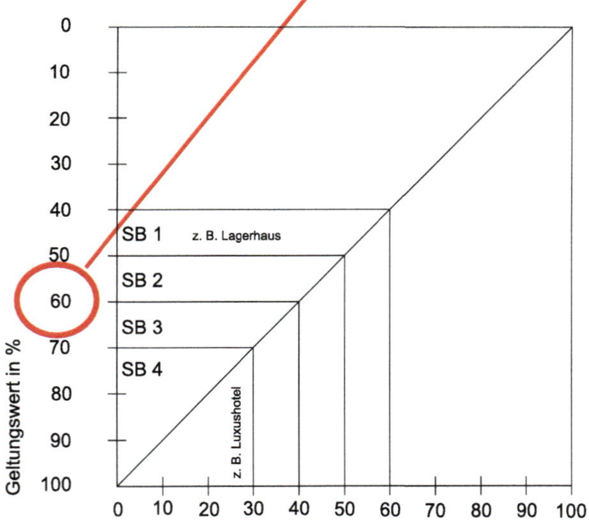

Abb. 4.23 Geltungswert

Beispiel: Minderung

Zeile	Sichtbeton-Fassade	Gewichtung Sichtbetonklassen				
		SB 1	SB 2	SB3	Abweichung	Minderung
	Gebrauchsfunktion %	**60**	**50**	**40**		
1	Standsicherheit					
2	Wetterschutz					
3	Wärmedämmung					
4	Schallschutz					
	Geltungsfunktion %	**40**	**50**	**60**		
5	Textur/ Schalelementstoß	T1	T2	T2		
		6	8	10	0,10	1,0
6	Porigkeit	P1	P2	P3		
		3	4	5	0,10	0,5
7	Farbtongleichmäßigkeit	FT1	FT2	FT2		
		22	26	30	0,60	18,0
8	Ebenheit	E1	E1	E2		
		3	4	5	0,20	1,00
9	Arbeits- und Schalhautfugen	AF1	AF2	AF3		
		6	8	10	0,40	4,0
	Summe %	**100**	**100**	**100**		**24,5**

Gewichtungszahl

Minderungsfaktor *Mi*

Minderung

Tabelle 4.7: Skalierung der Minderungsfaktoren für die Zielbaummethode

0	**Soll-Zustand = „mangelfrei“**	**0,00**	**keine Mängel**
1	**fast nicht, beeinträchtigt**	**0,10**	**fast keine Mängel**
2	**etwas, beeinträchtigt**	**0,20**	**nur leichte Mängel**
3	**noch befriedigend**	**0,30**	**mäßige Mängel**
4	**nicht ganz, befriedigend**	**0,40**	**deutliche Mängel**
5	**unbefriedigend**	**0,50**	**starke Mängel**
6	**mangelhaft**	**0,60**	**sehr starke Mängel**
7	**sehr mangelhaft**	**0,70**	**schwere Mängel**
8	**unzulänglich**	**0,80**	**sehr schwere Mängel**
9	**ungenügend**	**0,90**	**massive Mängel**
10	**unverwertbar**	**1,00**	

Aus o. g. Beispiel ergibt sich eine Minderung in Höhe von 24,5 %.

4.3.6 Merkantiler Minderwert

▶ *„Ein merkantiler Minderwert liegt vor, wenn nach erfolgter Mängelbeseitigung eine verringerte Verwertbarkeit gegeben ist. Maßgebend ist die Beurteilung, ob die Verkehrskreise, also eventuelle Kaufinteressenten, im Vergleich zur vertragsgemäßen Ausführung geringeres Vertrauen in die Qualität des Gebäudes haben." (Quelle: BGH, Urt. v. 09.01.2003 – VII ZR 181/0)*

Wie ist diese Aussage mit dem Sichtbeton in Verbindung zu setzen? Grundlage jeder technischen Bewertung ist die Beschaffenheitsvereinbarung (juristisch zu klären). Sichtbeton wurde in der alten DIN 18217:1981-12 „Betonflächen und Schalungshaut" [2] wie folgt beschrieben und in [52] ausführlich kommentiert:

> *„Betonflächen mit Anforderungen an das Aussehen sind sichtbar bleibende Betonflächen."*

Sichtbeton sind demnach sichtbar bleibende Betonflächen, d. h. ohne Reparaturstellen, Putz, Anstrich oder ähnliche Behandlungen/Folgegewerke. Wird jedoch das DBV-Merkblatt "Sichtbeton" vereinbart, sind je nach Sichtbetonklasse Behandlungen/Bearbeitungen zulässig. Ausgenommen hiervon sind jedoch Ausbesserungen, Spachtelarbeiten usw., d. h. Betonkosmetik ist nach Absprache mit dem Auftraggeber zulässig, jedoch **nur in Teilflächen.**

Bewertung „retuschierter" Sichtbetonflächen

Seitdem betonkosmetische Maßnahmen im Bereich des Sichtbetons zunehmen, häufen sich die Streitigkeiten um folgende Frage:

„Liegt nach der Betonkosmetik ein „Mehr- oder Minderwert" der Sichtbetonflächen vor?"

In einem Gutachten schrieb ein Sachverständiger:

„Nach der betonkosmetischen Behandlung werden die Anforderungen an die Sichtbetonklasse SB3 deutlich übererfüllt. Tatsächlich sind nunmehr die Anforderungen an die wesentlich höherwertige Sichtbetonklasse SB4 erfüllt. Nach der Überarbeitung ist aus technischer und aus optischer Sicht ein Mehrwert und kein Minderwert eingetreten."

Die Beantwortung dieser Frage führt immer wieder zu Streitigkeiten und erfolgt dabei nach Interessenlage. Für eine sachliche Bewertung bedarf es der Beschaffenheitsvereinbarung (siehe Kap. 9:).

> **Hinweis:** Wer vertraglich viel verspricht, hat in der Bauausführung für vieles zu haften.

Dabei ist es wichtig zu beachten, dass sich die Qualitätsstufen SB3 oder SB4, auch bei sehr hoher Ausführungssorgfalt, praktisch nie ohne eine *gewisse, teilweise* Nachbearbeitung erreichen lassen.

Bewegen sich in diesem Falle die Nachbesserungen im Rahmen von bis zu ca. 10 % der sichtbaren Betonfläche, so stellt dies eine bautypische und tolerierbare Nachbearbeitung dar. Sind die 10 % „kosmetischen Überarbeitungen" fachgerecht und ohne optische Unregelmäßigkeiten ausgeführt worden, liegt weder ein Mehr- noch ein Minderwert vor.

Belaufen sich die Überarbeitungen jedoch auf eine sichtbare Gesamtfläche von über 10 %, so kann trotz optischer Mangelfreiheit ein **Minderwert** bezogen auf die Sichtbetonfläche angesetzt werden, da die vereinbarte Beschaffenheit eines unbehandelten Sichtbetons nicht erfüllt werden kann (siehe Abb. 4.24). Dies liegt darin begründet, dass nach der alten DIN 18217 (Betonflächen und Schalungshaut) Betonflächen mit Anforderungen an das Aussehen, also Sichtbeton, als ***„sichtbar bleibende Betonflächen"*** beschrieben werden. An dieser Beschreibung hat sich bis heute nichts geändert.

Nach einer großflächigen „kosmetischen Überarbeitung" wird der Beton überdeckt und sowohl die bauphysikalischen Eigenschaften der Oberfläche als auch die tatsächliche Optik eines massiven, unbehandelten Bauteils gehen verloren. Grundsätzlich sind alle Leistungen gemäß der vertraglichen Vereinbarung zwingend zu erbringen, die die „vereinbarte Beschaffenheit" gem. Beschaffenheitsvereinbarung gewährleisten. Im Falle eines vereinbarten Sichtbetons, beispielsweise der Klasse SB3, ist eben eine „sichtbar bleibende Betonoberfläche" (gem. alter DIN 18217) und keine Betonkonstruktion geschuldet.

Nach aktuell gültigem Recht stellt jede Abweichung von der vertraglich vereinbarten Beschaffenheit, unabhängig von der Auswirkung auf die Gebrauchstauglichkeit, einen Mangel dar.

„Der Auftragnehmer hat dem Auftraggeber seine Leistung zum Zeitpunkt der Abnahme frei von Sachmängeln zu verschaffen. Die Leistung ist zur Zeit der Abnahme frei von Sachmängeln, wenn sie die vereinbarte Beschaffenheit hat und den anerkannten Regeln der Technik entspricht.

Ist die Beschaffenheit nicht vereinbart, so ist die Leistung zur Zeit der Abnahme frei von Sachmängeln,

1. *wenn sie sich für die nach dem Vertrag vorausgesetzte, sonst*
2. *für die gewöhnliche Verwendung eignet und eine Beschaffenheit aufweist, die bei Werken der gleichen Art üblich ist und die der Auftraggeber nach der Art der Leistung erwarten kann." (§ 13 Abs. 1 VOB/B)*

Sichtbeton, der umfangreich mittels einer Betonkosmetik überarbeitet wurde, entspricht nicht der Sichtbetonleistung, die der Bauherr zu erwarten hat. Begründen lässt sich dies durch die damit verbundenen Kosten. Die „Sichtbetonflächen" sind teurer als ein normaler, undefinierter Beton. Sichtbetonklasse 1 ist teurer als ein „normaler“ Beton, demnach ist Sichtbetonklasse SB2 noch teurer usw. (siehe Abschn. 3.1, Tab. 3.1).

Werden also an den Sichtbetonflächen umfangreiche Schleif- bzw. Spachtelarbeiten ausgeführt (> 10 %), so ist die Beschaffenheitsvereinbarung eines Sichtbetons nicht vollständig erfüllt.

Die Herstellung eines **Mehrwerts** bei einer Sichtbetonfläche lässt sich durch eine Nachbearbeitung praktisch nicht herstellen.

Nach Begriffsdefinition lässt sich ein Mehrwert als *„Zuwachs an Wert, der durch ein Unternehmen erarbeitet wird“* (aus: Duden 2021) beschreiben. Dieser Zuwachs eines Sichtbetons kann aus den bereits genannten Gründen durch eine großflächige Überarbeitung nicht erreicht werden, da die materiellen Eigenschaften eines monolithischen Betonbauteils nur annähernd und nicht vollständig wiederhergestellt werden können.

Wie lässt sich ein Minderwert einer retuschierten Sichtbetonfläche annährend berechnen?

Grundlegend für diese annähernde Berechnung eines Minderwertes sind folgende Einflussgrößen:

- Vereinbarte Sichtbetonqualität („Sichtbetonklassen“)
- Geltungswert der Sichtfläche [siehe Abschn. 4.3.4]
- Lage des Bauteils (außen/innen),
- Qualität der durchgeführten Betonkosmetik
- Anteil der kosmetisch bearbeiteten Betonfläche an der sichtbaren Gesamtbetonfläche

Unter den Sachkundigen besteht Einigkeit, dass hochwertiger Sichtbeton (z. B. SB4) nur mittels Betonkosmetik – <u>in Teilflächen</u> – (kleinflächig) zu erreichen ist. In der Sichtbeton-Literatur wird zu der Thematik keine Definition für *„kleinflächig“* angegeben. Aus diesem Grund kann es hilfreich sein, in andere Gewerken nach Definitionen zu suchen.

Im Trockenbau wird zwischen einer Teil-, und einer Vollflächenspachtelung unterschieden. Bei der Qualitätsstufe Q1 wird eine Teilfläche verspachtelt (kleinflächig). Bei der Qualitätsstufe Q4 wird dabei im Unterschied zur Verspachtelung Q3 die gesamte Oberfläche mit einer durchgehenden Spachtelschicht überzogen.

Die DIN 55945:2016-08 *„Beschichtungsstoffe und Beschichtungen“* [25] definiert im Abs. 3.11 den Begriff **Ausbesserung** folgendermaßen:

„Wiederherstellen der Funktionen einer Beschichtung durch Aufbringen geeigneter Beschichtungsstoffe an kleinflächigen Fehlstellen“

Auf Basis dieser Erkenntnisse werden „Teilflächen“ bzw. Kleinflächen mit 10% bewertet. Demnach ergibt sich die nachfolgende Tab. 4.8:

Tab. 4.8 Minderungsfaktoren für flächenanteilige Betonkosmetik

Betonkosmetik Fläche [Anteil an Gesamtfläche]		Minderungsfaktor auf den Sichtbeton-„Zuschlag" [%]
bis ca. 10 % zulässig	Zulässig	0
20 %	unzulässig	20 %
30 %		30 %
40 %		40 %
50 %		50 %
60 %		60 %
70 %		70 %
80 %		80 %
90 %		90 %
100 %		100 %

Abb. 4.24 Betonkosmetik farblich unzureichend abgestimmt

4.3.6.1 Beispiel 1: Betonkosmetik zu 80 % der Sichtbetonflächen

An einem Haus mit dem Schwerpunkt „Sichtbeton" wurden ca. 80 % der Sichtbetonflächen betonkosmetisch behandelt, d. h. von einer kleinflächigen, punktuellen Ausbesserung kann nicht die Rede sein. In der Leistungsbeschreibung gab es eine einzelne Position, welche die Beton-Rohbauarbeiten und die zusätzliche Leistung zur Herstellung von Sichtbeton-Qualität kombinierte.

Nachfolgend das Schreiben des Bauherrn:

„Als stark mit der Kunst verbundene Menschen, war es unser Wunsch in einem affinen Raum z. B. wie in einem Museum zu leben, „puristisch". Purismus (lat. purus = rein. unverfälscht. ehrlich) bedeutet in der Ästhetik ein Schwergewicht auf dem klaren, genauen, regelmäßigen. Puristen streben eine einfache funktionelle Bauweise an.

Auf rationaler Grundlage sollten einfache, geometrische Formen mit Präzision verwendet werden. Rein dekorative Elemente lehnen Sie ab. Ähnlichkeiten mit dem Purismus hat der Minimalismus. Die Gebäudeformen sind stark reduziert und weisen oft kubistische Formen auf.

Angestrebt werden Formreinheit und Geometrismus. Als Baustoffe werden Glas (Licht), Beton, Stahl und Naturstein verwendet.

Die Stilrichtung des Minimalismus, die sich in den 1960er Jahren in Malerei, Architektur und Design durchsetzt, steht für eine extreme ästhetische Reduktion der gestalterischen Mittel. Für diese Aufgabe sowie für alle Besonderheiten/Details in und um unser Haus, suchten wir Unternehmen aller Gewerke und wurden fündig. Es war nicht einfach, aber es gibt in jedem Gewerk Unternehmen, die mehr als nur einen Auftrag abarbeiten möchten. Sie waren hoch motiviert und stolz, mit ihrer Arbeit Teil dieses Bauwerks zu werden.

In unseren Verträgen mit den Nachunternehmern schreiben wir nicht nur als Bedingung „Ausführung in hoher architektonischer Qualität", sondern erläutern in vielen Einzelgesprächen auch die Besonderheit der Ausführungsqualität.

Dem Rohbauer fiel eine besonders große Aufgabe an dem Gebäude zu, waren doch sämtliche Innen- und Außenwände in Sichtbeton SB3 Qualität auszuführen.

Die Sichtbetonflächen original. rein. unverfälscht und ehrlich, wie vertraglich vereinbart herzustellen, ist dem Unternehmen bis zum Schluss nicht gelungen.

Hier half auch nicht, dass gegen Kostenaufwand vereinbart wurde, für jeden Schalungsvorgang eine neue Schalungsfläche zu verwenden. Auf den Fotos des Gutachtens, auf das sich beide Parteien geeinigt hatten, erkennt man den katastrophalen Zustand der Betonwandoberflächen.

Der Unternehmer lies durch seine Mitarbeiter unregelmäßige Oberflächen, durch z. B. verrutschte Schalungen, abstemmen und sämtliche Betonwandoberflächen verspachteln. Anschließend beauftragte er eine Betonkosmetikerin, die eine optische Sichtbetonwand herstellen sollte. Hier wurden dann typische Sichtbetonwandmerkmale mit Tinte, Farbe und Stiften nachgearbeitet.

Aus dem vereinbarten puristischen Original wurde ein Blender, eine Kopie, eine Übermalung.

Das Werk ist zerstört.

Kein Original, nicht rein, nicht unverfälscht, nicht ehrlich. Vergleichbar mit einem gefälschten Bild eines Künstlers. Der Zustand ist nicht reparabel. Das Werk ist zerstört.

Wer möchte schon eine Kopie, wenn er doch den Preis eines Originals bezahlt hat.“

Im Zuge der großflächigen optischen Beeinträchtigungen wurde entschieden, dass die Vergütung für die ausgeführten Sichtbetonleistungen, die nicht den Vorstellungen des Bauherrn entsprachen, gemindert werden sollten. Ausgangspunkt für die Berechnung einer derartigen Minderung war die Ausschreibung. Hieraus ergab sich das weitere Problem, dass die zusätzlichen Sichtbetonleistungen in die Herstellungsposition der betroffenen Bauteile integriert waren. Aus diesem Grund war es schwer, eine für alle Beteiligten zufrieden stellende Minderung zu berechnen, da die einzelnen Leistungen zunächst getrennt voneinander aufgeschlüsselt werden mussten (anhand der Urkalkulation).

Um nun die Berechnung einer solchen Minderung bereits im Vorfeld besser umsetzbar und für alle Beteiligten vorteilhafter und besser zu gestalten, empfiehlt es sich, bereits im Leistungsverzeichnis den Zuschlag zur Herstellung von Sichtbeton als Einzelposition **(= Sichtbeton-Zuschlag)** eindeutig und erschöpfend auszuschreiben, sodass eine eindeutige Zuordnung erfolgen kann.

Der Sichtbeton-Zuschlag kann beispielhaft wie folgt errechnet werden:

	Eine Sichtbeton-Wandfläche in SB3 kostet	$= K_{SB3}$ [€/m²]
–	Eine Sichtbeton-Wandfläche in SB1 kostet	$= K_{SB1}$ [€/m²]
=	Sichtbeton-Zuschlag in Höhe von	$= K_{SBZ}$ [€/m²]

Wenn 80 % der Sichtbetonflächen betonkosmetisch behandelt wurden (u. a. Spachtelarbeiten), liegt kein vereinbarter Sichtbeton mehr vor (Beschaffenheitsvereinbarung), auch wenn ggf. eine optische Verbesserung vorliegt. Daraus ergibt sich eine Minderung auf den Sichtbeton-Zuschlag von 80 % (siehe Tab. 4.8).

Daraus folgt:

80 % Sichtbetonkosmetik ≙ 80 % Minderung auf K_{SBZ} [€]

Weitere Beispiele werden im Kap. 7 Betonkosmetik beschrieben.

4.3.7 Verantwortlichkeit

4.3.7.1 Verantwortlichkeit: Planung und Bauüberwachung

In einem Rechtsstreit kommt häufig folgende Beweisfrage vor (zur Verantwortlichkeit der Mängel):

„Liegen Planungs-, Bauüberwachungs- und/oder Ausführungsfehler vor?“

Wenn ein Baufehler festgestellt worden ist, liegt die technische Verantwortlichkeit oftmals bei allen am Bau Beteiligten. In Abhängigkeit zur Ursächlichkeit des aufgetretenen Fehlers ist hier eine Quotelung des Verantwortlichkeitsanteils vorzunehmen (siehe Abschn. 4.3.7.3). Bezüglich vorliegender Planungs- und Bauüberwachungsfehler sind folgende Hinweise zu berücksichtigen:

BGH VII ZR 20/93

„Der die Bauaufsicht (Objektüberwachung) führende Architekt hat dafür zu sorgen, dass der Bau plangerecht und frei von Mängeln errichtet wird.

Der Architekt ist dabei nicht verpflichtet, sich ständig auf der Baustelle aufzuhalten. Er muss allerdings die ***Sichtbeton-Arbeiten*** *in angemessener und zumutbarer Weise überwachen und sich durch häufige Kontrollen vergewissern, dass seine Anweisungen sachgerecht erledigt werden.*

Bei wichtigen oder bei kritischen Baumaßnahmen (hier: Sichtbetonarbeiten), die erfahrungsgemäß ein höheres Mängelrisiko aufweisen, ist der Architekt zu erhöhter Aufmerksamkeit und zu einer intensiveren Wahrnehmung der Bauaufsicht verpflichtet.

[Dies trifft insbesondere für Sichtbeton zu!]

Besondere Aufmerksamkeit hat der Architekt auch solchen Baumaßnahmen zu widmen, bei denen sich im Verlauf der Bauausführung Anhaltspunkte für Mängel ergeben."

Beispiel

Für die Ausführung von 40 Betonstützen bedurfte es mehrerer Wochen. Hätte es Anhaltspunkte für evtl. Sichtbeton-Mängel gegeben, hätte der verantwortliche Architekten-Bauleiter sofort in Form von Mängelrügen bis hin zum Baustopp einschreiten müssen. Es zeugt von Unkenntnis des Sichtbeton-Planers bzw. der Erwartungshaltung „Sichtbeton", eventuelle Beanstandungen nicht sofort, sondern erst bei der Bauabnahme zu rügen.

Planer beim Sichtbeton sind in der Regel der Architekt und der Tragwerksplaner im Hinblick auf die Schalpläne. Es muss leider immer wieder festgestellt werden, dass eine Koordinierung vom planenden Architekten unzureichend ausgeführt wird.

Die HOAI §34 Objektplanung enthält:

▶ **Wichtig**

„Erarbeiten der Ausführungsplanung mit ***allen*** *für die Ausführung notwendigen Einzelangaben (zeichnerisch und textlich) auf der Grundlage der Entwurfs- und Genehmigungsplanung bis zur ausführungsreifen Lösung, als Grundlage für die weiteren Leistungsphasen, Ausführungs-, Detail- und Konstruktionszeichnungen nach Art und Größe des Objektes.*

Bereitstellen der Arbeitsergebnisse als Grundlage für die anderen an der Planung fachlich Beteiligten ***sowie Koordination und Integration von deren Leistungen.****"*

Die HOAI §51 Tragwerksplanung enthält:

> **Wichtig**
> *„Anfertigen der Schalpläne in Ergänzung der fertiggestellten Ausführungspläne des Objektplaners.*
> *Zeichnerische Darstellung der Konstruktionen mit Einbau- und Verlegeanweisungen, z. B. Bewehrungspläne, mit Leitdetails".*

Eine Vielzahl von Ausführungsfehlern ist auf eine fehlerhafte und von den Verantwortlichen nicht gewissenhaft genug durchgeführte Planung zurückzuführen. Auch wenn in einschlägigen DIN-Normen zudem auf ein ausführliches Qualitätsmanagement hingewiesen wird, wird diesem Überwachungsinstrument in der gesamten Bauphase häufig unzureichend Aufmerksamkeit geschenkt. Die DIN EN 13670:2011-03 [17] weist im Kap. 4 auf das Ausführungsmanagement und Qualitätsmanagement hin. Auch die DIN EN 1992-1-1:2011-01 [4] weist auf die Qualitätssicherung hin.

Die Praxis zeigt immer wieder, dass eine unzureichende Sichtbetonplanung vorliegt und sich der planende Architekt auf die Werkplanung der ausführenden Firma verlässt.

Hinweis: Ausführungsplanung, siehe Abschn. 2.6

4.3.7.2 Verantwortlichkeit: Checkliste

„Weiße Wanne" aus WU-Beton in Sichtbeton
Für eine Planung, z. B. einer „Weißen Wanne", reicht es nicht aus, nur im Leistungsverzeichnis bzw. Baubeschreibung anzugeben:

„Weiße Wanne" aus WU-Beton zzgl. Rissbreitenbeschränkungsnachweis
Dies sind nur zwei von einer Vielzahl erforderlicher Angaben. Eine „Weiße Wanne" besteht eben nicht nur aus „WU-Beton". Weist das LV und/oder die Baubeschreibung ausschließlich derartige Formulierungen auf, sind Probleme vorprogrammiert.

Sichtbeton
Ebenso verhält es sich mit der Sichtbeton-Planung. Nachfolgend ist eine Checkliste aufgeführt, die eine Hilfestellung geben soll.

Checklisten haben den Nachteil, dass sie nicht vollständig sein müssen und eigenes Denken vernachlässigt wird. Erst wenn Fehler auftreten, wird dann „nachgedacht". Meist erst im Zuge einer teuren Mängelbeseitigung.

Empfehlung: Nicht NACHdenken, sondern VORdenken!

Das Anforderungsprofil, z. B. in Form einer Checkliste, ist gemeinsam mit dem Bauherrn im Sinne der DIN 18205 „Bedarfsplanung im Bauwesen" festzulegen. Die folgende **„Muster"-Checkliste** (Tab. 4.9) dient hier als Leitfaden zur Berücksichtigung wesentlicher Spezifikationen zur möglichst präzisen Beschreibung der Betonarbeiten.

Tab. 4.9 „Muster"-Checkliste

Pos.	Sichtbeton und/oder „Weiße Wanne"	relevant	fehlt	vorh.	falsch geplant
Planung: Architekt/Planer					
	Ausführungsplanung gem. DIN 1356-1, u. a. Sichtbeton -Planung?				
	„Weiße Wanne" - Planung?				
	Schalungs-Musterplan (Angaben zu u. a. Flächengliederung, Plattenstöße, Schalung)				
	Beschreibung Betonoberfläche (z. B. glatt, rau, bearbeitet, nicht geschalte „Einfüllseite" usw.)				
	Schalungspläne (Statiker) geprüft?				
	Referenzobjekt („Unikate"), Protokolle				
	Referenz der Ausführung (Firmennachweis)				
	DBV-Merkblatt „Sichtbeton" im Ganzen vereinbart: ohne zusätzliche Anforderungen, z. B. Sichtbetonklasse SB 3				
	Hinweis zum DBV-Merkblatt „Sichtbeton" nicht vorhanden, dann eigene „Sichtbetonklassen"-Definitionen („Beschaffenheitsvereinbarung") erforderlich!				
	Ebenheit: gem. DBV-Merkblatt „Sichtbeton" oder erhöhte Toleranzen DIN 18202 (empfehlenswert) - Achtung: Anpassung Fertigteil/Ortbeton				
	Abnahmekriterien vereinbaren, z. B. Betrachtungsabstand, Leuchtkörper, Gesamteindruck, Einzeleindruck, Porigkeit: Prüffläche, Anzahl, Lage usw.				
	Betonkosmetik bereits im LV, d. h. evtl. Ausbesserungen, Mängelbeseitigung planen. Erprobungsfläche erforderlich				
	Schiedsgutachter (ö. b. u. v. SV für Sichtbeton + WU-Beton) – Vereinbarung bereits im LV				
Details gem. HOAI/DIN 1356-1, u. a.					
	Fugen: Schalelementfugen, Arbeitsfugen, Dehnungsfugen usw.: Lage, Breite, Ausbildung, Schließung, Abdichtung				

(Fortsetzung)

Tab. 4.9 (Fortsetzung)

Pos.	Sichtbeton und/oder „Weiße Wanne"	relevant	fehlt	vorh.	falsch geplant
	Ankerlöcher: Lage, Ausbildung, Verschluss, z. B. Konen				
	Kantenausbildung: scharf/gebrochen (Dreikantleiste), Schutz (während der Baumaßnahme)				
	Abstandhalter: Form, Abstände Keine Abstandhalter: „Abhängung" der Bewehrung (Decken, Fertigteile)				
	„Weiße Wanne" aus WU-Beton: Anforderungsprofil gemeinsam mit Bauherrn, „Nutzungsklasse", z. B. Raumnutzung für feuchte-empfindliche Materialien (Papier, Computer usw.)				
	Berücksichtigung energetischer und gebäudetechnischer Belange wie: • Wärmeschutznachweis • Tauwasserberechnung, Heizung, • Lüftungskonzept DIN 1946-6				
	Untergeschoss: Wartezeit für Folgegewerke > 3 >> 12 Mo.				
	Beton-Rezeptur				
	Kellerlichtschächte: Entwässerungsanschluss				
	Bodengutachten: HGW, GW				
	Vorgabe der „zulässigen" Rissbreite				
Details gem. DIN 1356-1, wie o. g. Punkt, u. A.					
	Arbeitsfugen, Kranaufstellung				
	Tiefgarage: Gefälle, Verdunstungsrinne, Entwässerung,				
	Schutz vor Chloriden				
Einbeziehung von Fachberatern					
	Betonrezeptur				
	Schalung				
	Bauphysik				
	Betonfertigteilwerk				
	Sichtbeton-Sachverständiger				
Tragwerksplanung/Statik					
	Rissbreitenbeschränkung gem. DIN 1045				
	Betondeckung: Bauteildicke, Expositionsklassen				
	Abstandhalter: Form, Abstände Keine Abstandhalter: „Abhängung" der Bewehrung (Decken, Fertigteile)				
	DAfStb: WU-Richtlinie (Weiße Wanne) berücksichtigt				

(Fortsetzung)

Tab. 4.9 (Fortsetzung)

Pos.	Sichtbeton und/oder „Weiße Wanne"	relevant	fehlt	vorh.	falsch geplant
	DBV-Merkblätter berücksichtigt, u. a. Hochwertige Nutzung von Untergeschossen, Parkhäusern und Tiefgaragen				
	Bauleitung (unabhängig von Planung)				
	Ausführungsplanung geprüft				
	kein Baubeginn ohne vollständige, fehlerfreie, d. h. geprüfte Unterlagen				
	Qualitätsanweisungen zur Ausführung und während der Bauzeit, Hinweise u. a. „Keine Notizen (Meterrisse) auf Sichtbeton" usw.				
	Facharbeiter-Nachweis, d. h. verantwortlicheAN namentlich für Fugenabdichtung, Ankerlöcher, Trennmittel usw.				
	Organisation vor dem Arbeitsbeginn: reibungslose Betonlieferfahrzeuge, (keine „Fehlzeiten"), Reserve-Rüttler, Begehbarkeit (Laufbohlen) usw.				
	Jahreszeit, Witterungsberücksichtigung, z. B. Winter: Frost (Schutzmaßnahmen) Sommer: Hitze (Schwindverhalten) Regen: Rostrückstände/Schalung				
	Kontrolle vor dem Betonieren, u. a. Bewehrung: Abstandhalter Lieferscheine, Betonkonsistenz, Trennmittelauftrag, Schalung: „Reinigungsöffnung" für Blätter, Drähte, usw. Schalungsstöße: Fugendichtheit, Dichtbänder Einfüllöffnungen: Rüttelgassen Fugenbleche: Verbindung, Lagesicherung Injektionsschläuche: Lagesicherung usw.				
	Erprobungsfläche „Training": Lage z. B. bereits im KG, damit ab EG „fehlerfrei" Musterfläche, Musterbauteil: Protokoll (aller Beteiligten)				
	Kontrolle beim Betonieren, u. a. Anschlussmischung, Fallhöhe (Fallrohre) Verdichtung: Rüttelvorgang (Eintauchtiefe), kein Kontakt zur Bewehrung				
	Ausschalung: Zeitpunkt				
	Nachbehandlung, z. B. Folienabhängung, „Schutzfilm"				
	Oberflächenbehandlung: Lasur, Hydrophobierung				
	Bau-Abnahme: siehe Abschn. 4.4				
	Mängelbeseitigung: Betonkosmetik: Erprobungsfläche				

4.3.7.3 Verantwortlichkeit: Quotelung

Häufig liegt die Verantwortung von evtl. Schäden (Beispiel Abb. 4.25a, b und c) nicht bei einer einzelnen Person, sondern bei mehreren Beteiligten.

Durch eine Quotelung kann der Sachverständige eine prozentuale Kostenbeteiligung errechnen. Eine Checkliste (siehe Abschn. 4.3.7.2) ist dabei hilfreich (siehe auch Tab. 4.10 und 4.11).

Die erwähnte Quotelung der Mangelursachen kann gemäß Tab. 4.12 erfolgen. Hier sind einzusetzen:

In Spalte 2:	G	= Gewichtung der Ursachen [0,0 – 1,0] aus Tab. 4.11
In Spalte 3, 6, 9, 12:	U	= Ursachenanteil [%]
In Spalte 4, 7, 10, 13:	S	= Techn. Beurteilung von Verstößen [1–4] gegen die Sorgfaltspflicht gemäß Tab. 4.10
In Spalte 5, 8, 11, 14:	V	= Einzel-Verantwortungsbeitrag = G x U x S
In Spalte 15:	Σ U	= Gesamtheit der Ursachenanteile
In Zeile 5:	Σ V	= Gesamtheit der Verantwortungsbeiträge

$$\boxed{V = G \times U \times S}$$

Das Ergebnis der Berechnung in Tab. 4.12 ist der Grad der Mitverantwortlichkeit der Beteiligten, ausgedrückt in Prozent:

AG/ techn. Berater	= 46 %
Architekt/ Planer	= 15 %
Architekt-Bauleiter	= 21 %
AN/ Handwerker	= 18 %
	= 100 %

Tab. 4.10 Einstufung von Verstößen gegen Anforderungen an die im Einzelfall erforderliche Sorgfalt

1	2	3
Baufachliche Bewertung (Sachverständiger) Sorgfaltspflichtverstoß ist ...	Bewertungsfaktor **S**	Mögliche rechtliche Beurteilung (Jurist)
nicht feststellbar	1	schuldlos
„geringfügig“	2	ganz leichte/leichteste Fahrlässigkeit
„normal“/ “gewöhnlich“	3	einfache (normale, gewöhnliche) Fahrlässigkeit
„außergewöhnlich groß“	4	grobe Fahrlässigkeit

Tab. 4.11 Einstufung (Skalierung) von Ursachengewichten

1	2	3	4
Einstufung/Bereich	Gewichtungszahlen **G**	Einstufung **G**	Beschreibung Ursachengewichtung
„primärer, entscheidender Ursachen" (Hauptursachen)	0,6 – 1,0	0.9 – 1,0	sehr hoch
		0,7 – 0,8	hoch
		0,6	wesentlich
„sekundärer" Ursachen (Nebenursachen)	0,0 – 0,5	0,5	(schon) bedeutsam
		0,3 – 0,4	geringer
		0,0 – 0,2	sehr gering bis vernachlässigbar

Tab. 4.12 Quotelung der Mangelursachen

	Einzelverstöße/ einzelne Mängelursachen	Gewichtung der Ursachen/ Verstöße	Mangelverursacher (Baubeteiligte)													
			techn. Berater			Planer			Bauüberwachung			Handwerker			
			AG			AN			AN			AN			
Spalte	1	2	3	4	5	6	7	8	9	10	11	12	13	14	15
Zeile		G	U	S	V	U	S	V	U	S	V	U	S	V	Σ U
1	unterlassener Ausführungshinweis vom AG	0,5	100	3	150	-	-	-	-	-	-	-	-	-	100
2	unzureichende Festlegung	0,4	40	3	48	60	3	72	-	-	-	-	-	-	100
3	fehlendes Anmelden v. techn. Bedenken	0,8	35	4	112	-	-	-	35	4	112	30	4	96	100
4	nicht veranlasste Beseitigung eines erkennbaren Mangels	0,6	25	3	45	25	3	45	25	3	45	25	3	45	100
5		Σ V			355			117			157			141	770
		%	46,1			15,1			20,3			18,3			
		% gerundet		46			15			21			18		100

Abb. 4.25 **a** Sichtbeton in einer Sporthalle **b** Sichtbeton-Stützen **c** Sichtbeton-Fehlstellen

4.4 Bauabnahme

Erscheinungsbild

In der Praxis eines Bausachverständigen kommt es immer wieder vor, dass Bauherren/Erwerber einer Immobilie (Eigentumswohnung oder Haus „vom Prospekt") einen Kaufvertrag auf der Grundlage einer Baubeschreibung unterschreiben, die i. d. R. drei bis sechs Seiten umfasst. Diese sind oftmals mit vielen „Leerzeilen" oder Fotos „aufgebauscht". In den meisten Fällen ist die Baubeschreibung sehr oberflächlich formuliert, d. h. es handelt sich um keine „eindeutige und erschöpfende" Leistungsbeschreibung. Dafür zahlt der Bauherr je nach Größe eine nicht unerhebliche Summe Geld, für z. B. ein Einfamilienhaus oder eine größere Eigentumswohnung mitunter ca. 800.000 €.

Um die dadurch entstehende Problematik bildlich zu veranschaulichen, lässt sich das Beispiel eines Autokaufs zum Vergleich heranziehen. Ein Auto kostet „nur" 30.000 €, wird aber durch eine Broschüre von ca. 60 Seiten mit Darstellungen aller Extras etc. angeboten und verkauft.

Im Zuge der Ausführung oder kurz vor der Bauabnahme kommen dem Bauherrn/Erwerber dann (evtl.) doch Bedenken und er nimmt die Hilfe eines Sachverständigen (z. B. über die Baukammer Berlin) in Anspruch. Wie soll der Sachverständige aufgrund der „dünnen" Baubeschreibung (= „Beschaffenheitsvereinbarung" = SOLL-Beschreibung) vor Ort einen SOLL-IST-(Ausführung)-Vergleich durchführen? Oftmals endet eine derartige Bauabnahme nach dem Motto:

„Enttäuschung ist das Ergebnis falscher Erwartungen."

Der Bauherr ist enttäuscht, für sein vieles Geld keine hochwertige Qualität erhalten zu haben.

Bei der Bauabnahme werden vom Sachverständigen mehr oder weniger Mängel festgestellt (der Sachverständige *„sucht nicht – er findet"*). Es kommt leider nicht selten vor, dass die Mängelbeseitigungskosten (vom Sachverständigen ermittelt) größer sind, als die letzte „offene" Zahlungsrate, d. h. der Verkäufer ist bereits überzahlt. Laut notariellem Kaufvertrag wurde häufig vereinbart, dass die *„Haus- bzw. Wohnungsübergabe erst erfolgt, wenn die letzte Zahlungsrate vollständig überwiesen wird."* Hieraus ergibt sich für den Erwerber folgendes Problem: Trotz mangelhafter Bauleistungen und trotz Überzahlung des Verkäufers erfolgt, bis die letzte Rate bezahlt ist, keine Objektübergabe. Einige Erwerber reden von „Erpressermethoden der Bauträger". Dieses Problem spitzt sich für den Erwerber noch weiter zu, wenn nun obendrein die alte Wohnung bereits gekündigt wurde und die Übergabe der neuen Wohnung jedoch nicht sofort erfolgt.

Die Argumentation des Verkäufers ist immer die gleiche: *Vertrag ist Vertrag*, d. h. erst vollständige Zahlung (trotz Mängel), dann Schlüsselübergabe. Viele Notare übernehmen die o. g. Formulierung nicht, da sie einseitig im Interesse des Verkäufers ist. Bei Makler- und Bauträgerverträgen *(MABV)* ist eine solche Klausel unzulässig.

Es wird dem Bauherrn/Erwerber daher dringend empfohlen, sich mit folgenden Begriffen auseinanderzusetzen:

- Technische Vorbegehung
- Bauabnahme
- bezugsfertig
- Übergabe, z. B. der Wohnung

Bauabnahme heißt noch lange <u>nicht</u>, dass der Erwerber die Wohnung/das Objekt übernehmen kann!

Gutachterliche Stellungnahme

Der Bauherr kann nicht mehr erwarten, als vertraglich vereinbart wurde.

Oftmals kennen die Bauherren die „hinzunehmenden Unregelmäßigkeiten“, verursacht u. a. durch:

- zulässige Maßtoleranzen
- unterschiedliche Qualitäten, z. B. Spachtelarbeiten Q1 bis Q4, bzw. Sichtbetonarbeiten SB1 bis SB4

nicht.

Die Bauabnahme ist eine der wichtigsten Aufgaben eines Bauherrn, um seine Interessen einer „mangelfrei“ vereinbarten Beschaffenheit zu dokumentieren. Die Gründe hierfür liegen in den folgenden Punkten begründet:

1. Bei Mängeln, die bei der Abnahme trotz positiver Kenntnis des Bauherrn nicht vorbehalten wurden, verliert der Bauherr seinen Anspruch auf Nachbesserung oder Minderung der Vergütung (§ 640 Abs. 2 BGB).
2. Die Haftung („Gefahr“) geht auf den Bauherrn über (z. B. Schäden durch höhere Gewalt).
3. Die Frist der Gewährleistung beginnt zu laufen.
4. Die Beweislast kehrt sich um („Umkehr der Beweislast“), d. h. nach der Bauabnahme muss der Bauherr beweisen, dass die Bauleistungen mangelhaft und zu beseitigen sind.

BAUABNAHME

Bei der Abnahme kommt es nicht auf die Mängelfreiheit der Bauleistung an, sondern allein darauf, ob diese in der Hauptsache vertragsgemäß erbracht worden ist.

Baufirma/ Bauträger:

Bauherr/ Erwerber:

Bis zur Abnahme

muss die Baufirma beweisen, dass ein Mangel nicht vorliegt.

Ziellinie

(≙ Bauabnahme)

„Ziel": Abnahme gem. VOB/B § 12

Ausführung § 4 Nr. 3, § 8 Nr. 3

Mängelansprüche § 13

Nach der Abnahme
muss der Bauherr/Erwerber nachweisen, dass ein Mangel vorliegt (Gewährleistungsmangel).

SOLL-IST-Vergleich der „vereinbarten Beschaffenheit"

a)	rechtliche Abnahme:	durch AG, Bauherr
b)	Abnahmeempfehlungen:	durch Architekten-Bauleiter, Sachverständigen

DIN 1961:2016-09, VOB/B „Allgemeine Vertragsbedingungen für die Ausführung von Bauleistungen" [10]

> **§13 Mängelansprüche**
> *„(1) Der Auftragnehmer hat dem Auftraggeber seine Leistung zum Zeitpunkt der Abnahme frei von Sachmängeln zu verschaffen. Die Leistung ist zur Zeit der Abnahme frei von Sachmängeln, wenn sie die* ***vereinbarte Beschaffenheit*** *hat und den anerkannten Regeln der Technik entspricht."*

Ist die Beschaffenheit nicht eindeutig beschrieben, so ist die Leistung zur Zeit der Abnahme frei von Sachmängeln, wenn sie sich für die nach dem Vertrag vorausgesetzte, sonst für die gewöhnliche Verwendung eignet und eine Beschaffenheit aufweist, die bei Werken der gleichen Art **üblich ist** und die der Auftraggeber nach der Art der Leistung **erwarten kann**.

Der Erwerber/Bauherr muss nicht erwarten, dass seine Wände Streifen oder sichtbare Ausbesserungsstellen aufweisen oder die Wand und/oder Decke „wellig" sind. Diese Beanstandungen/Mängel sind keine üblich zu erwartenden Leistungen und müssen im Rahmen der Gewährleistung beseitigt werden.

Hinweis
Der Architekt hat normalerweise nur die sog. „originäre" Vollmacht, d. h. er darf nur Rechte wahrnehmen, aber keine Verpflichtungen für den AG eingehen (z. B. kostenpflichtige Leistungen).

Dies bedeutet für die Abnahme, dass der Architekt grundsätzlich nur eine technische Bauabnahme „Empfehlung" abgeben darf. Beim praktisch häufigsten Fall, bei dem Bauherr und Architekt gleichzeitig bei der Abnahme anwesend sind, erfolgt die rechtliche Abnahme durch den Bauherrn, der Architekt begleitet lediglich die Abnahme in technischer Hinsicht. Dies führt jedoch dazu, dass der Architekt für Mängel, die er bei ordnungsgemäßer Prüfung hätte erkennen können, gegenüber dem Bauherrn haftet (sog. gesamtschuldnerische Haftung).

Dieser Hinweis soll keine Rechtsberatung darstellen. Die aus dem Ablauf resultierenden Hypothesen sollen eine Veranschaulichung der Problematik „Abnahme" darstellen.

Eine Abnahmeverweigerung seitens des Bauherrn/ Erwerbers kann nur erfolgen, wenn „wesentliche Mängel" oder eine Vielzahl von Mängeln vorliegen (§ 640 BGB), z. B.

- Funktionsfähigkeitseinschränkung
- Umfang der Mängelbeseitigungsmaßnahmen/Kosten
- Zumutbarkeit (Maß der Beeinträchtigung)

Zur Durchsetzung seiner Mängelbeseitigungsansprüche werden oftmals „Privatgutachten" eingeholt.

Achtung
Nicht jedes Privatgutachten ist im Gerichtsverfahren auch erstattungsfähig. Die Kosten für ein solches Privatgutachten werden nur erstattet, wenn es in direktem Bezug zu einem bevorstehenden Prozess steht. Dies ist bei einer Beauftragung des Gutachters zur Begleitung bei der Abnahme regelmäßig nicht der Fall.

Häufig verweigert der Unternehmer auch die Unterschrift unter das Abnahmeprotokoll mit der Begründung, dass er die vom Sachverständigen/Bauherrn gerügten Mängel nicht anerkenne. Viele Bauherrn verzichten dann auf die Aufnahme der streitigen Mängel in das Protokoll, nur um die Unterschrift zu erhalten. Diesen Fehler sollten Bauherrn nicht machen, da die Abnahme auch ohne Unterschrift des Unternehmers wirksam ist (BGH vom 16.12.2015 – VII ZR 184/13).

Vorbeugung
Wenn der Bauherr (i. d. R.) ein „Laie" ist, wird dringend empfohlen, einen Sachverständigen zu Hilfe zu nehmen und dies, bevor (!) der Kaufvertrag unterzeichnet ist.

Die Aufgaben des Sachverständigen könnten z. B. wie folgt aussehen:

- Prüfung der Baubeschreibung mit ggf. entsprechenden Ergänzungen
- Anforderung von Ausführungsplänen/Details (im Notarvertrag berücksichtigen)
- „baubegleitende Qualitätskontrolle" (stichprobenartig, keine Bauleitung)
- Erstellen eines Bau-Abnahmeprotokolls

Eine Sachverständigenliste führt u. a. die Baukammer Berlin oder die Industrie- und Handelskammer zu Berlin (IHK).

Zum Abschluss dieses Kapitels sei noch darauf hingewiesen, dass die o. g. Hinweise zwar theoretisch richtig sind, die Praxis jedoch in den meisten Fällen anders aussieht: Wenn im Vorfeld zu viele „Wünsche" des Erwerbers in den Kaufvertrag aufgenommen werden sollen, verkaufen viele Bauträger ihr Objekt erst gar nicht an den Erwerber. In der Praxis behelfen sich zunehmend Bauherrn damit, dass sie zunächst den vollen Kaufpreis an den Notar zahlen, um eine Übergabe des Objekts zu erreichen. Unmittelbar nach Zahlung wird dann der Notar angewiesen, eine Auszahlung an den Verkäufer zu unterlassen, da das Objekt Mängel aufweist.

4.5 Checklisten

4.5.1 Sichtbeton – Konzept

Checkliste – Kontrolle der **Ausführungsplanung** vor Ausführung
Erarbeiten der Ausführungsplanung mit allen für die Ausführung notwendigen Einzelangaben (zeichnerisch und textlich) auf der Grundlage der Entwurfs- und Genehmigungsplanung bis zur ausführungsreifen Lösung als Grundlage für die weiteren Leistungsphasen.
Bereitstellen der Arbeitsergebnisse als Grundlage für die anderen an der Planung fachlich Beteiligten **sowie Koordination und Integration von deren Leistungen.** Fortschreiben der Ausführungsplanung …
BauO § 13 Schutz gegen schädliche Einflüsse *„Bauliche Anlagen müssen so angeordnet, beschaffen und gebrauchstauglich sein, dass durch Wasser, Feuchtigkeit, pflanzliche und tierische Schädlinge sowie andere chemische, physikalische oder biologische Einflüsse Gefahren oder unzumutbare Belästigungen nicht entstehen.“*

	JA	NEIN
1.) Kontrolle der Tragwerksplanung/ Statik		
Rissbreitenbeschränkung, (Nachweis Abstand „c", doppelte Bewehrung)	☐	☐
LV zentrischer Zwang in Längsrichtung	☐	☐
Prüfbericht (Prüf.-Ing.)	☐	☐
Betontechnologie	☐	☐
Bewehrung / Arbeitsfuge / Betonieröffnungen / Rüttelgassen	☐	☐
2.) Kontrolle der Objekt-Ausführungsplanung/ Detail		
Raumnutzung/ Dampfsperre	☐	☐
Arbeitsfuge Sohle/ Wand	☐	☐
Arbeitsfuge Sohle/ Sohle	☐	☐
Arbeitsfuge Wand/ Wand	☐	☐
Sollbruchstellen	☐	☐
Bodeneinlauf	☐	☐
Lichtschacht (Entwässerung?)	☐	☐
Kellerlichtschächte im Bereich der „Weißen Wanne"	☐	☐
Außentreppe/ Schwelle (Entwässerung?)	☐	☐
Schalungsanker (Abdichtung, Quellbänder)	☐	☐

3.) Kontrolle der Ausschreibung, u. a.:

Sichtbetonklasse: Beschreibung	☐	☐
Toleranzen-Vereinbarung	☐	☐
Schalungssystem, Fertigungstoleranzen	☐	☐
Trägerschalung, ggf. Befestigung der Platten von Rückseite	☐	☐
Abdichtung der Schalhautstöße	☐	☐
Schalungseinlagen	☐	☐
Erprobungsfläche	☐	☐
Besondere Regelungen für gekrümmte Schalungen und Sonderausführungen	☐	☐
Einbauteile	☐	☐

Bauteil wurde gemäß o. g. Liste kontrolliert und zum Betonieren freigegeben:		
Datum:	Name:	Unterschrift:

Die o. g. Liste ist nicht vollständig, d. h. sie muss für jedes Bauwerk entsprechend angepasst werden.

Checkliste – **Kontrolle vor dem Betonieren**
(Schalung / Bewehrung / Abstandhalter / Aussparungen)

Sichtbeton? SB-Klasse?

	JA	NEIN
Architekten Ausführungsplanung, Details vorhanden? Wenn NEIN: Bedenkenanmeldung		
Schalhaut Sachbearbeiter, verantwortlich:		
Schalhaut: Klasse? glatt, texturiert		
Toleranzen: Ebenheit, z. B. DIN 18202:2019-07, Tab. 3		
Schalungsbefestigung: Nagel- / Schraublöcher		
Schalung: Sauberkeit?		
Schalungsstöße: Abdichtung?		
Schalungsanker: Sachbearbeiter, verantwortlich: Herr/Frau		
Schalungsanker mit Dichtung versehen?		
Für Rohrdurchführungen nur Fertigelemente mit Dichtungsmanschetten verwendet?		
Bewehrung: Sachbearbeiter, verantwortlich: Herr/Frau		
Abstandhalter (Betondeckung)		
Art und Ausbildung der Unterstützungskonstruktion für die obere Bewehrung		
Betonieröffnungen: Abstand und Querschnitt für Einfüllschlauch/Rohr		

Einfüllöffnungen und Rüttelgassen vorhanden?		
Arbeitsfuge vor Einbau gesäubert und ausgeblasen, ggf. Oberfläche behandelt?		
Witterung? Schutzmaßnahmen		
Einbauteile in Bewehrungspläne dargestellt? Zu enge Bewehrung?		

Bauteil wurde gemäß o. g. Liste kontrolliert und zum Betonieren freigegeben:

Datum: Name: Unterschrift:

4.5.2 „Weiße Wanne" – Konzept

Checkliste – **Kontrolle vor dem Betonieren**
(Schalung / Bewehrung / Abstandhalter / Aussparungen)

Weiße Wanne?		
Nutzungsklasse?		
Feuchteempfindliche Bereiche?		

	JA	NEIN
Arbeitsfugen: Fugenbänder: Fugenbandbreite, Fugenbandverbindung und Lagesicherung eingehalten?		
Fugenbleche: Dicke und Breite der Fugenbleche, Verbindung und Lagesicherung eingehalten? Bei Überlappung der Bleche 5 cm Abstand auf mindestens 50 cm Überlappungslänge eingehalten?		
Injektionsschläuche: Lagesicherung durch Befestigung auf der Betonoberfläche etwa alle 15 cm, Überlappung, Fixierung im Austrittsbereich eingehalten?		
Sollbruchstellen: Lagesicherung, Fixierung auf Fugenblech, Verguss des Fußpunktes mit Zementsuspension?		
Bemerkungen:		
Liegt eine Ausführungsplanung der „Weißen Wanne" vor?		
An Außenwänden (Innenseite): keine Leitungsführung, Einbauten, Vorsatzschalen usw.		
Estrich auf WU-Betonsohle: so spät wie möglich (Überprüfung der Arbeitsfuge auf Dichtigkeit)		

Bauteil wurde gemäß o. g. Liste kontrolliert und zum Betonieren freigegeben:

Datum: Name: Unterschrift:

Checkliste – **Kontrolle unmittelbar vor dem Betonieren**

„Der die Bauaufsicht (Objektüberwachung) führende Architekt hat dafür zu sorgen, dass der Bau plangerecht und frei von Mängeln errichtet wird. Der Architekt muss die Arbeiten in angemessener und zumutbarer Weise überwachen und sich durch häufige Kontrollen vergewissern, dass seine Anweisungen sachgerecht erledigt werden.

Bei wichtigen oder bei kritischen Baumaßnahmen, die erfahrungsgemäß ein **höheres Mängelrisiko** aufweisen (wie z. B. „Weiße Wanne" im Grundwasser), ist der Architekt zu erhöhter Aufmerksamkeit und zu einer **intensiveren** Wahrnehmung der Bauaufsicht verpflichtet.

Besondere Aufmerksamkeit hat der Architekt auch solchen Baumaßnahmen zu widmen, bei denen sich im Verlauf der Bauausführung **Anhaltspunkte für Mängel** ergeben."

	JA	NEIN
Vorkehrungen für die Begehbarkeit beim Betonieren getroffen? Laufbohlen?		
Zur Vermeidung von Kiesnestern und Auswaschungen bei dichtliegender Bewehrung ggf. spezielle Anschlussmischung mit kleinerem Gesteinskorn und höherem Zementgehalt vorgesehen?		
Freie Fallhöhe durch Fallrohre auf ≤ 1,0 m begrenzt?		
6.1.1.1.1.1.1.1 Bei Abweichungen → Korrektur!		
Betonkonsistenz vorhanden bzw. gewünschte Konsistenz geliefert?		
a) wenn Konsistenz zu steif → Zugabe von FM!		
b) wenn Konsistenz zu weich → Fahrzeug zurückschicken		

Frischbetontemperatur = ... °C

Lieferscheinkontrolle erfolgt?

Beginn des Entladens nach Auslieferung = ... min

90 min überschritten?

Dann:

a) nur zulässig mit VZ! Verzögerungszeit = ... h

b) ohne VZ! → Fahrzeug zurückschicken!

Bauteil wurde gemäß o. g. Liste kontrolliert und zum Betonieren freigegeben:

Datum: Name: Unterschrift:

Checkliste - **Kontrolle während und nach dem Betonieren**.
(Betoneinbau / Nachbehandlung)

	JA	NEIN
Schüttlagenhöhe $\leq$ 50 cm?		
Beton sorgfältig verdichtet und dabei Schüttlagen „vernäht"?		
Beton vorsichtig unter die schräg nach oben gestellten Fugenbänder/Fugenbleche getrieben (seitlicher Vortrieb)?		
Beton zum richtigen Zeitpunkt nachverdichtet?		

6.1.1.1.1.1.1.1 Bei Abweichungen → Korrektur beim Betonieren!

Nachbehandlung		

- In Schalung belassen? Zeit = ... Tage
- Wasserzuführende Nachbehandlung gem. Richtlinie des DAfStb durchgeführt? Zeit = ... Tage
- Bodenplatte unter Wasser gesetzt? Zeit = ... Tage
- Bodenplatte mit feuchter Jute und Folie abgedeckt? Zeit = ... Tage
- ggf. wärmedämmende Matten aufgelegt? Zeit = ... Tage
- Wände mit feuchter Jute und Folie nachbehandelt? Zeit = ... Tage

Bemerkungen:

Bauteil wurde gemäß o. g. Liste kontrolliert und zum Betonieren freigegeben:		
Datum:	Name:	Unterschrift:

5 Fassaden

J. Schulz, *Sichtbeton*, https://doi.org/10.1007/978-3-8348-2250-5_5

Die Fassade (franz. Face = Angesicht) ist das „Gesicht des Gebäudes".

5.1 Fassadenfunktion

Die Fassade hat mehrere Funktionen zu erfüllen, die in zwei Hauptgruppen unterteilt werden können:

- technische Funktion (Bauphysik, Statik usw.)
- optische Funktion

Wie eine „Gewichtung" der beiden Funktionen zueinander erfolgen kann, wird im Abschn. 4.3.4 behandelt.

Bei der Sichtbeton-Bewertung ist vorrangig der **Gesamteindruck** der Fassade (siehe Abschn. 4.2.2) maßgebend. Die Einzelkriterien und deren Einstufung werden ausführlich im Buch *„Sichtbeton Mängel"* [53] behandelt.

Im folgenden Schaubild (Abb. 5.1) sind die beiden eben genannten Fassadenfunktionen dargestellt.

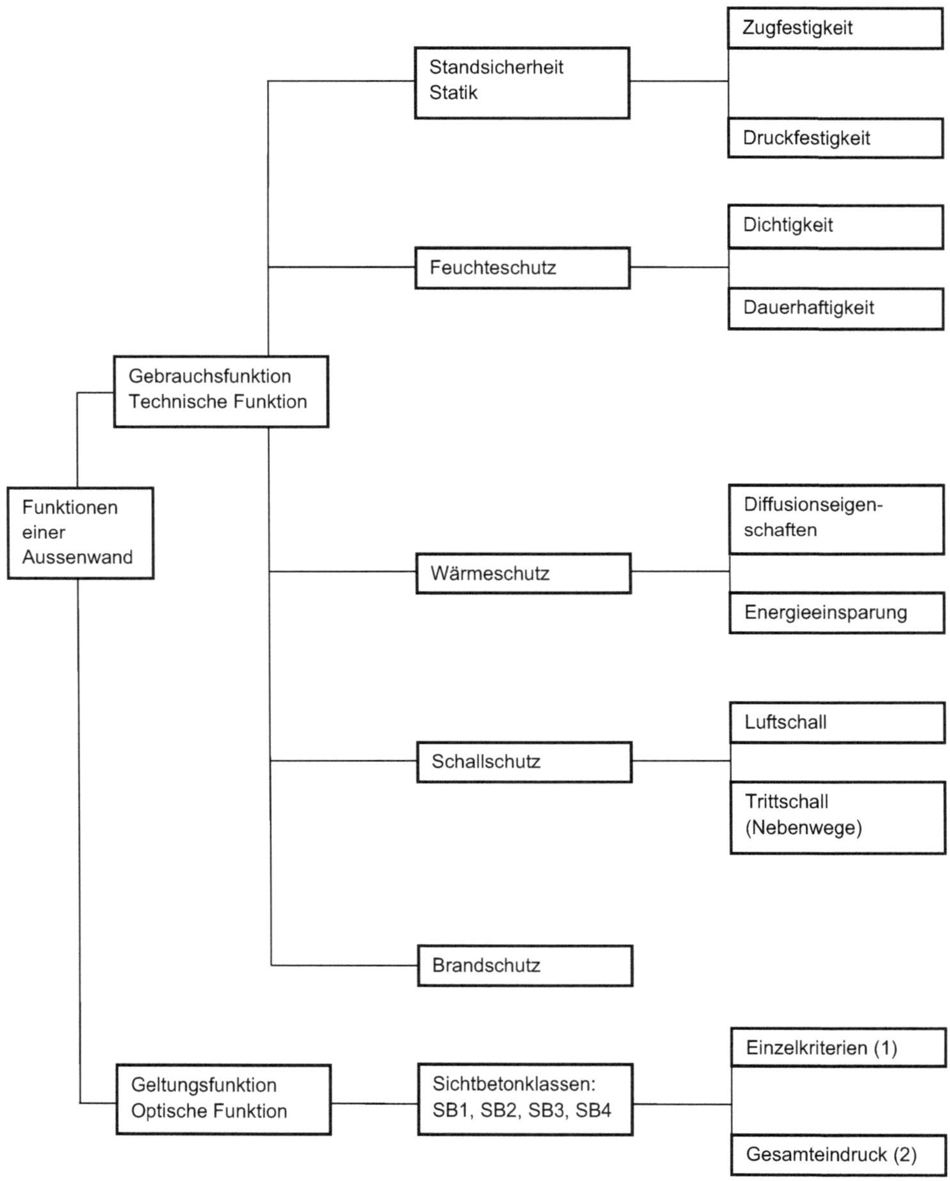

Abb. 5.1 Funktion der Fassade

5.2 Fassaden-Verschmutzung

Dieses Kapitel soll sich der Frage widmen, wann ungleichmäßige Schmutzablagerungen an einer Fassade einen Mangel darstellen.

Die Beantwortung dieser Frage ist unmittelbar mit der Frage verbunden, wo der Unterschied zwischen einer akzeptierten „Patina" und der negativ zu bewertenden Fassaden-Verschmutzung liegt (siehe auch Abschn. 5.3). Im Folgenden soll dargelegt werden, ob der Architekt verpflichtet ist, den Bauherrn auf zu erwartende Verschmutzungen der Fassade in der Nutzungsphase hinzuweisen und ob die Abweichung einer makellosen Fassade im Entwurf zu späterer Verschmutzung einen Planungsfehler darstellt. All diese oder ähnliche Fragestellungen treten immer wieder bei Sichtbeton-Bewertungen auf.

Wenn man weiß, dass fehlende konstruktive Maßnahmen (z. B. Gefälle) zu Abweichungen und Mängel führen, dann muss man als Planer entsprechend reagieren (siehe Abschn. 2.6). Ihm muss auch klar sein, dass Verschmutzungen nicht mit einer Patina gleichgesetzt werden dürfen. Wurden konstruktive Elemente („Strukturierungen") in der Fassadenfläche geplant, sollen diese die Verschmutzungen nicht kaschieren, sondern diese durch konstruktive Ausbildungen, z. B. durch Gefälle, vermeiden.

Häufig gibt es darüber hinaus einen ständigen Streit zwischen dem Entwurfs- und dem konstruktiven Planer darüber, welche Anforderungen bei der Planung von An- und Abschlüssen Vorrang haben. Hierbei gehen die bautechnischen Anforderungen immer vor den gestalterischen Aspekten!

Die Natur lehrt uns allein durch das Hinsehen, was falsch oder was richtig ist! Deshalb stand sinnvollerweise im alten (2004) DBV/VDZ-Merkblatt „Sichtbeton" u. a.:

- *„Bei bewitterten Ansichtsflächen muss eine kontrollierte Ableitung des Regenwassers geplant werden, um Schmutzfahnen auf der Betonfläche zu verhindern."*

In der neuen Ausgabe wurde dieser erforderliche Hinweis leider nicht mehr übernommen. Dafür ist im DBV-Sachstandsbericht „Sichtbetonkosmetik" [38] zu lesen:

- *„Problematisch hinsichtlich der Dauerhaftigkeit von Sichtbetonkosmetik sind horizontale direkt beregnete Flächen im Außenbereich, wie z. B. Wandkronen."*

Es lässt sich also festhalten, dass eine unkontrollierte Verschmutzung der Fassade auf Dauer durch richtige Ausbildung der baulichen Details verhindert werden kann. Trotzdem sei dieser Feststellung hinzugefügt, dass unabhängig davon, ob es irgendwo steht, jedem Sachkundigen klar sein dürfte, dass sich auf horizontalen Vorsprüngen Schmutz und Wasser ansammeln und entsprechende Verunreinigungen bis zu Feuchteschäden verursachen können (Abb. 5.2). Darauf soll im nachfolgenden Kapitel näher eingegangen werden.

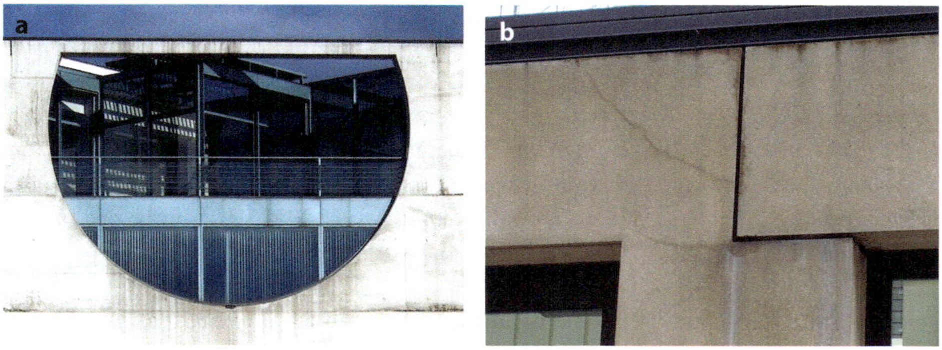

Abb. 5.2 **a** trichterförmige Schmutzansammlung **b** fehlerhafte Wasserableitung

5.3 Fensterbänke und andere Abdeckungen – über die Notwendigkeit von „Tropfkanten"

Ob mit oder ohne Überstand von Blechabdeckungen, mit sog. **„Tropfkanten"**, an äußeren Fensterbänken usw. kommt es sehr häufig zur Feuchtebelastung bzw. zu ungleichmäßigen Verschmutzungen von Sichtbeton-Fassadenflächen. Ein Überstand als Tropfkante verhindert nicht, dass das Wasser an der Fassade herabläuft (siehe Abb. 5.3).

Abb. 5.3 Blechabdeckungen

Der Überstand der „Tropfkante" wird in verschiedenen DIN-Normen bzw. Fachregeln beschrieben, u. a. in

1. DIN 18339:2019-09 „Klempnerarbeiten", Abs. 3.5.3: **„mindestens 20 mm",**
2. DIN EN 13914-1:2016-09 „Planung, Zubereitung und Ausführung von Innen und Außenputzen", Abs. 6.16.5: **„mindestens 40 mm"** und in der
3. Fachregel für Metallarbeiten im Dachdeckerhandwerk, 2011-03 **„mindestens 20, 30, 40 mm"**

Bei allen oben genannten Richtlinien und Empfehlungen ist die Windstärke zu berücksichtigen.

Nahezu jeder Regentropfen erfährt eine Ablenkung durch den Wind und prallt so zwangsläufig, unabhängig von 20 mm oder 40 mm (DIN 18339/DIN EN 13914-1) Überdeckung, gegen die Fassadenfläche. Eine Abdeckung mit Tropfkante (siehe Abb. 5.4) verringert nur die Aufpralltiefe des abtropfenden Regenwassers bzw. des Schlagregens (vgl. Abb. 5.5).

In Abb. 5.6 wird ein sehr überschlägiges Berechnungsverfahren zur Aufpralltiefe von abtropfendem Wasser an einer Blechabdeckung aufgezeigt. Luftverwirbelungen, Tropfengröße, Beschleunigung, Strömungswiderstand usw. werden hierbei nicht berücksichtigt. Hierbei wird sich nur auf die Windgeschwindigkeit (horizontale Bewegung) und die Fallgeschwindigkeit (vertikale Bewegung) als einzige Kenngrößen bezogen. Hieraus errechnet sich ein geschätzter Einfallwinkel (α) des fallenden Wassertropfens. Dieser Winkel entspricht annähernd dem Einfallwinkel des Schlagregens in Abhängigkeit zur vorhandenen Windgeschwindigkeit.

Das aus den Berechnungen resultierende Diagramm (siehe Abb. 5.6 unterer Teil) zeigt die Aufpralltiefe in Abhängigkeit von Windgeschwindigkeit und Tropfkantenüberstand. Es bestätigt die These, dass abtropfendes Wasser die Fassadenfläche schon bei leichtem Wind erreicht. Eine Veränderung des Abdeckungsüberstandes verändert hierbei nur die Aufpralltiefe um wenige Zentimeter.

Überstände mit Tropfkanten bewirken einen ungleichmäßigen Selbstreinigungseffekt der Fassade durch abfließendes Regenwasser. So entstehen Farbungleichmäßigkeiten im Bereich unter dem „Tropfkanten-Überstand" (Fensterblech), da sich hier durch die fehlende Selbstreinigung bei Regenschauern besser Schmutz auf anderen Bereichen der Sichtbeton-Fassade ansammeln kann. Als bessere Alternative bietet sich hier ein steiles **Gefälle der Fensterbrüstung** von ca. 40 bis 60 Grad an, so dass das Wasser nicht ruhen, sondern abfließen kann.

Abb. 5.4 Tropfkanten – bessere Anhaftkanten!

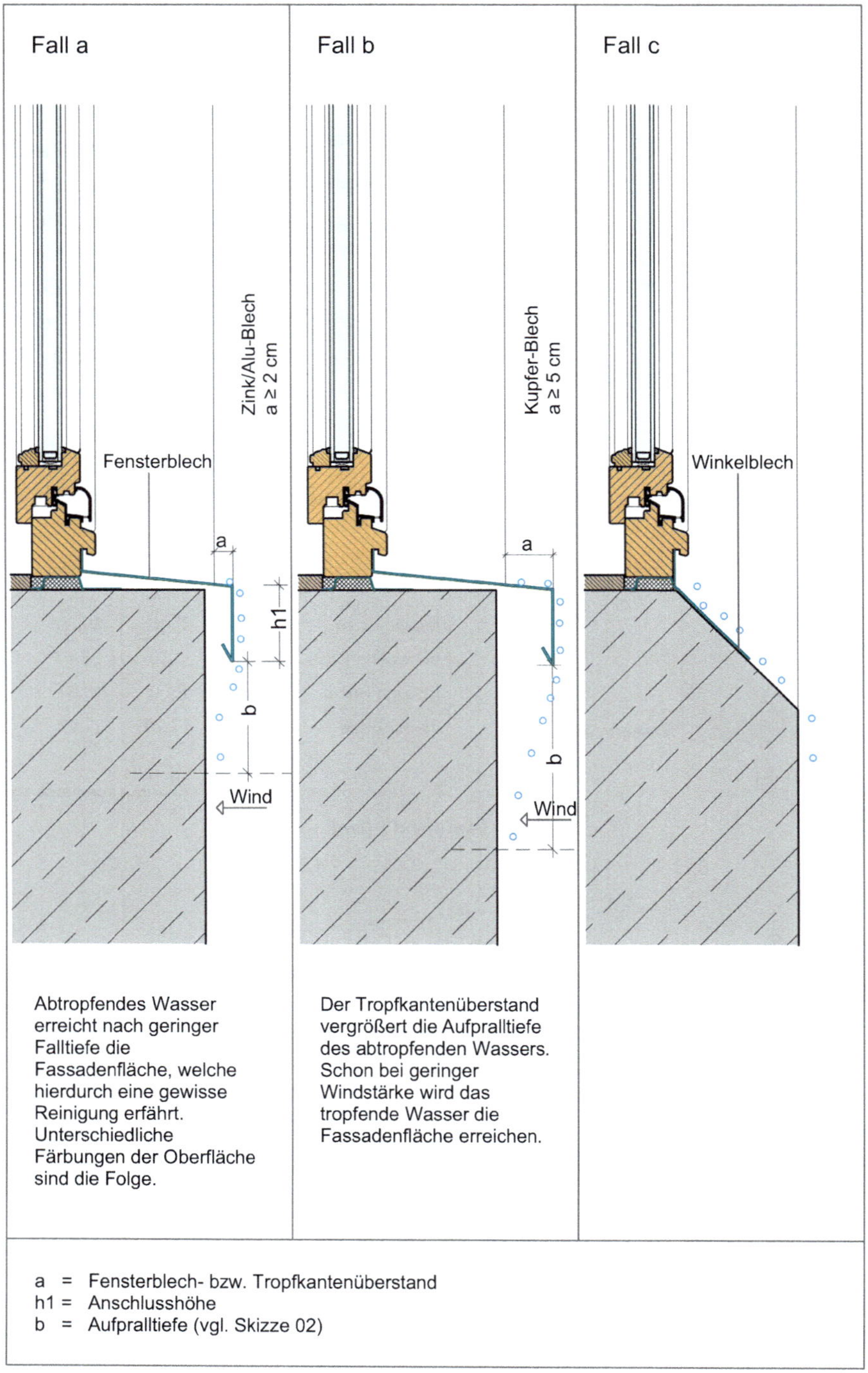

Prinzipskizze: Überstand von Fensterblechen

Abb. 5.5 Prinzipskizze – Überstand von Fensterblechen (a = Fensterblech- bzw. Tropfkantenüberstand; h1 = Anschlusshöhe; b = Aufpralltiefe (vgl. Abb. 5.6))

Überstand von Blechabdeckungen

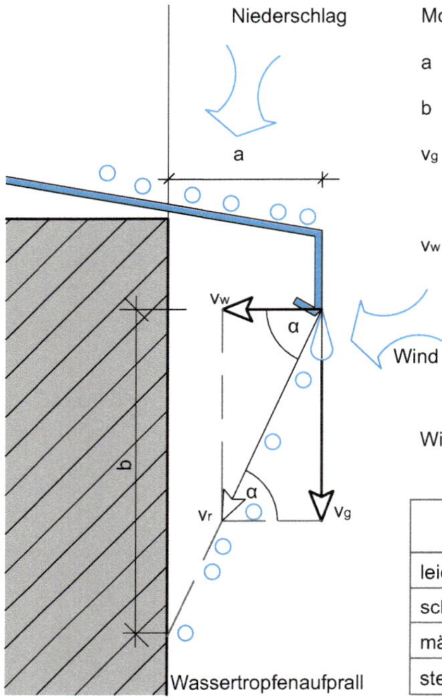

Modellannahmen:

a = Überstand

b = Aufpralltiefe

v_g = Fallgeschwindigkeit (Annäherung ohne Berücksichtigung der Besch eunigung) ~ 9 m/s

v_w = Windgeschwindigkeit (Annährung ohne Berücksichtigung von Verwirbelungen, usw.)

Windstärke nach Beaufort (=btf 0 bis 12)

	Stärke Beaufort	Geschw. [m/s]	Winkel α
leichte Brise	btf 2	3,40	69,30°
schwache Brise	btf 3	5,50	58,57°
mäßige Brise	btf 4	8,00	48,37°
steifer Brise	btf 7	17,20	27,62°

Übersicht

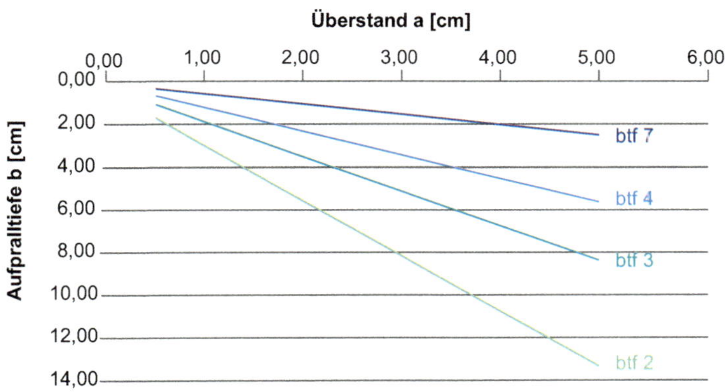

Abb. 5.6 Prinzipskizze – Überstand von Blechabdeckungen

> **Hinweis**
> Wasser darf nicht ruhen, Wasser muss fließen. Daher ist immer ein Gefälle erforderlich.

Im „Sichtbeton-Atlas" [54] werden diverse Detail-Vorschläge dargestellt.

Patina oder Verschmutzung?
Gleichmäßig geplante Verwitterungen werden oftmals als Patina (ital.: „dünne Schicht“) bezeichnet. Kommt es jedoch zu einem sehr unregelmäßigen Fassadenbild aufgrund andersfarbiger Bereiche, speziell unter den Fensterblechen, können optische Mängel festgestellt werden, welche in ihrer Ungleichmäßigkeit nicht geplant waren. Verdunkelt bzw. verfärbt sich die Fassade jedoch gleichmäßig im Ganzen, so ist dies ein geplanter Prozess, welcher durch die zu erwartenden altersbedingten Verwitterungen bedingt ist.

Scheinbar perfekte Gebäudeansichten oder Computeranimationen der Entwurfsplanung eines entwurfsverliebten Architekten münden oft nach kurzer Zeit in Enttäuschung des Bauherrn, da eine ausreichend konstruktive Planung fehlt und sich die Sichtbeton-Fassadenflächen schnell ungleichmäßig und unkontrolliert verfärben.

Unkontrollierte Fassadenverschmutzungen sind bereits in der Entwurfsphase durch baukonstruktive Mittel zu verhindern. Beispielweise bietet sich eine Planung mit steilem Gefälle an.

Abdeckungen mit Tropfkantenüberständen verhindern keine Fassadenverschmutzung. So heißt es in den Fachregeln für Metallarbeiten im Dachdeckerhandwerk 2011-03, Absatz 8.1 (2):

▶ *„Verunreinigungen durch abtropfendes Wasser sind nicht gänzlich zu vermeiden.“*

Wird auf „Tropfkanten“ verzichtet, ist dies mit dem Bauherrn in einem Beratungsgespräch zu klären und schriftlich zu vereinbaren.

Wie bereits in Abschn. 5.2 erwähnt, müssen Architekten daher ein Bewusstsein dafür entwickeln, dass fehlende konstruktive Maßnahmen zu Abweichungen und Schäden führen. Eine adäquate Detailplanung ist die einzige Lösung dieses Problems. Mit strukturierten Fassadenflächen sollen so Verschmutzungen nicht kaschiert, sondern durch konstruktive Ausformungen (z. B. Gefälle) grundsätzlich vermieden werden.

Richtige Baukonstruktion (vom lat. construere: zusammenschichten) muss vom Planer wieder erlernt werden und höhere Priorität als der perfekte Entwurf haben. Dabei soll darüber hinaus der Leitsatz gelten: „Denken geht vor Rechnen“. Das heißt auch, dass es viel wichtiger ist, zu wissen, „warum“ etwas passiert und nicht unbedingt „wie viel“ etwas passiert.

Bei der Planung von An- und Abschlüssen haben bautechnische Anforderungen Vorrang vor gestalterischen Aspekten.

6 Risse im Sichtbeton

Ein Beispiel für Risse im Sichtbeton, das in der Presse ein großes Echo fand, ist das *Berliner Holocaust-Mahnmal* des New Yorker Architekten Peter Eisenman (Abb. 6.1). In mehr als 2000 der insgesamt 2711 Betonstelen bildeten sich Riss.

In der Zeitschrift CICERO (01/2008) war u. a. zu lesen:

> *„Es ist offensichtlich ein Restrisiko in Kauf genommen worden."*

In einem anderen Zeitungsartikel zum Thema Betonstelen kam Architekt Eisenman mit sehr realistischer Einstellung zu Wort (Die Welt, veröffentlicht am 05.05.2010):

Abb. 6.1 Risse in den Betonstelen des Holocaust-Mahnmals in Berlin

J. Schulz, *Sichtbeton*, https://doi.org/10.1007/978-3-8348-2250-5_6

„Was ist so schlimm an den Rissen? Als wir mit den Planungen anfingen, wussten wir das. Die Stiftung wusste es, der Bundestag wusste es, die Experten, die den Beton entwickelt haben. (...) Letztlich sind der Architekt und der Bauherr verantwortlich."

6.1 Rissbreitenbegrenzung

Die Stahlbetonbauweise gilt als „gerissene" Bauweise, d. h. die Tragfähigkeit des Stahls im Beton wird erst dann aktiviert, wenn der Beton gewisse Dehnungen erfahren hat. Risse können trotz fachgerechter Planung und Ausführung nicht absolut verhindert werden. Man kann lediglich die Rissbreite begrenzen.

Beim Sichtbeton können Risse die Optik („Geltungsfunktion"), aber auch die Gebrauchstauglichkeit (u. a. Dauerhaftigkeit) beeinträchtigen (Beispiel Abb. 6.2). Risse sind von einem sachkundigen Planer [42], z. B. einem ö. b. u. v. Sachverständigen für Beton zu beschreiben und zu bewerten.

Abb. 6.2 Wasserführende Risse an auskragender Sichtbeton-Decke

Die Anforderungen an die Dauerhaftigkeit des Sichtbetons sind u. a. erfüllt, wenn die relevanten DIN-Anforderungen, insbesondere nach DIN EN 1992-1-1 gemäß nachfolgenden Tabellen eingehalten sind.

DIN EN 1992-1-1:2011-01 [4]

„7.3 Begrenzung der Rissbreiten

7.3.1 Allgemeines

*(1) P Die Rissbreite ist so zu begrenzen, dass die ordnungsgemäße Nutzung des Tragwerks, sein **Erscheinungsbild** und die Dauerhaftigkeit nicht beeinträchtigt werden.“*

Das heißt, nicht nur bei Stahlbeton- und Spannbetontragwerken, sondern auch speziell beim **Sichtbeton** („Erscheinungsbild“ des Betons) ist der Nachweis zur Begrenzung der Rissbreite erforderlich.

DIN EN 1992-1-1/NA:2013-04 [4]

NDP zu 7.3.1 (5), es gilt Tab. 7.1 DE, w_{max} – maximale Rissbreite

Tabelle 6.1: Tabelle 7.1 DE – Rechenwerte für w_{max} (in mm)

Expositionsklasse	Stahlbeton und Vorspannung ohne Verbund	Vorspannung mit nachträglichem Verbund	Vorspannung mit sofortigem Verbund	
	mit Einwirkungskombination			
	quasi ständig	häufig	häufig	selten
X0, XC1	0,4 [a]	0,2	0,2	–
XC2 – XC4	0,3	0,2 [b, c]	0,2 [b]	
XS1 – XS3, XD1, XD2, XD3 [d]			Dekompression	0,2

a Bei den Expositionsklasen X0 und XC1 hat die Rissbreite keinen Einfluss auf die Dauerhaftigkeit und dieser Grenzwert wird i.Allg. zur Wahrung eines akzeptablen Erscheinungsbildes gesetzt. Fehlen entsprechende Anforderungen an das Erscheinungsbild, darf dieser Grenzwert erhöht werden.

b Zusätzlich ist der Nachweis der Dekompression unter der quasi ständigen Einwirkungskombination zu führen.

c Wenn der Korrosionsschutz anderweitig sichergestellt wird (Hinweis hierzu in den Zulassungen der Spannverfahren), darf der Dekompressionsnachweis entfallen.

d Beachte 7.3.1 (7).

NCI zu 7.3.1 (5)

Für die Einhaltung des Grenzzustands der Dekompression ist nachzuweisen, dass der Betonquerschnitt um das Spannglied im Bereich von 100 mm oder von 1/10 der Querschnittshöhe unter Druckspannung steht. Der größere Bereich ist maßgebend. Die Spannungen im Zustand II sind nachzuweisen. Die ANMERKUNGEN zu Tab. 7.1 N entfallen.

NCI zu 7.3.1 (8)

Auch an Stellen, an denen nach dem verwendeten Stabwerkmodell rechnerisch keine Bewehrung erforderlich ist, können Zugkräfte entstehen, die durch eine geeignete konstruktive Bewehrung, z. B. für wandartige Träger nach 9.7, abgedeckt werden müssen.

NCI zu 7.3.1

(NA.10) Werden Betonstahlmatten mit einem Querschnitt $a_s = 6\ cm^2/m$ nach 8.7.5.1 in zwei Ebenen gestoßen, ist im Stoßbereich der Nachweis der Rissbreitenbegrenzung mit einer um 25 % erhöhten Stahlspannung zu führen. Die DIN weist jedoch auch darauf hin, dass „für Bauteile mit besonderen Anforderungen" strengere Begrenzungen der Rissbreite erforderlich sein können. Dies trifft sinngemäß nicht nur für eine „Weiße Wanne" aus WU-Beton, sondern auch insbesondere für Sichtbeton zu.

Empfehlung
Strengere Begrenzungen der Rissbreite können sich z. B. aus besonderen Anforderungen an das Erscheinungsbild eines Sichtbeton-Bauteils ergeben. Dies muss jedoch gesondert vereinbart werden!

6.2 Rissbeschreibung

Im Rahmen einer Rissbeschreibung reicht es nicht aus, eine pauschale Mängelbehauptung aufzustellen, z. B. *„Die Fassade weist Risse auf."* Es müssen unter Zuhilfenahme geeigneter Hilfsmittel (z. B. Rissbreitenmesser, siehe Abb. 6.3a) genau beschrieben werden (Tab. 6.1):

- die Lage („Verortung") des Risses/der Risse
- der Rissverlauf (Skizze)
- die Rissbreite, evtl. Risstiefe usw.

Tab. 6.1 Rissdefinition

Rissdefinition	Beschreibung
„feiner Haarriss"	„gerade" noch sichtbarer Riss
„Haarriss"	haarfeiner Riss, der sich schon deutlich abzeichnet; 0,10 mm
„feiner Riss"	zwischen „Haarriss" und „mittlerem Riss"
„mittlerer Riss"	deutlich sichtbar und Breite bis ca. 0,50 mm (normalerweise wird die Rissbreite noch nicht angegeben)
„großer Riss"	Breite: ……. mm Tiefe: …….. mm

Abb. 6.3 **a** Messung der Rissbreite mit Rissbreitenmesser (Hier: 0,35 mm) **b** Kerbriss

Tab 6.2 SOLL-Wert, zulässige Rissbreite (ggf. technischer Mangel)

Baustoff	Rissweite [mm]	Bemerkung
Beton „Weiße Wanne"	0,20	Trennrissbreite in Abhängigkeit zur Druckwasserhöhe
	0,15	
	0,10	
Beton	0,40	Rissbreite gem. DIN 1992-1-1:2004+AC 2010 (D) in Abhängigkeit der Umgebungsklasse/Expositionsklasse
	0,30	
	0,20	
Putz	0,20	DIN V 18550: „Putz und Putzsysteme" *„Eine generelle Höchstrissbreite kann nicht angegeben werden, da diese je nach verwendetem Putz, Putzsystem und Putzgrund im jeweiligen Einzelfall separat zu bewerten ist."*
Putz	0,20	DIN 18550-2: „Putze aus Mörteln mit mineralischen Bindemittel" *„Haarrisse in begrenztem Umfang sind nicht zu bemängeln, da sie den technischen Wert des Putzes nicht beeinträchtigen."* „Haarrisse" < 0,20 mm, siehe o. g. Tabelle

Bezügliches des Rissverlaufs kann u. a. in folgende Risstypen unterschieden werden:

- Haarrisse
- Netzrisse
- Trennrisse
- Kerbrisse (siehe Abb. 6.3b)
- „Abrisse" (zwischen zwei Bauteilen)

Rissbreiten-Vergleich
Zwecks Auswertung der Rissbreiten ist ein SOLL-IST-Vergleich mit der Beschaffenheitsvereinbarung erforderlich. Je nach Baustoff sind unterschiedliche Rissbreiten „zulässig" (siehe nachfolgende Tabelle 6.2). Bei den angegebenen Werten handelt es sich hier um typische Rissbreiten, welche durch planerische Vorgaben konkret definiert werden müssen.

6.3 Rissverläufe

Rissverläufe und ihre Beschreibung werden in Abb. 6.4 dargestellt.

6.4 Rissursachen

Das Thema „Rissursachen" ist sehr umfangreich. Da eine ausführliche Behandlung des Themas den Rahmen dieses Buches sprengen würde, wird es hier nur „angerissen" und es werden nachfolgend einige typische Rissbildungen innerhalb von Betonbauteilen gezeigt. Hinsichtlich tiefergehender Informationen zu den Rissursachen verschiedener Risstypen wird auf weiterführende Literatur mit dem Schwerpunktthema „Risse" verwiesen.

Hier empfiehlt sich u. a. folgende Veröffentlichung:

Meichsner, Heinz; Rohr-Suchalla, Katrin: Risse in Beton und Mauerwerk: Ursachen, Sanierung, Rechtsfragen. Stuttgart: Fraunhofer-IRB-Verlag, 2011.

6.4.1 Risse am Ortbeton

6.4.1.1 Kerbrisse
Die Ursache für Kerbrisse sind Lastumlenkungen an den Ecken der Öffnungen (Fenster, Türen usw.). In der Ecke entsteht dadurch eine „Kerbwirkung", d. h. senkrecht zur Richtung der Hauptzugspannung entsteht eine Rissbildung (siehe Abb. 6.5a–c).

6.4.1.2 Biegerisse
Ursachen von Biegerissen sind Zugspannungen infolge der Durchbiegung eines Bauteils unter Last. Die Risse selbst verlaufen senkrecht zum Zugrand. Dabei nimmt ihre Öffnungsbreite („Rissbreite") vom Rand nach „oben" hin ab (siehe Abb. 6.6a–b).

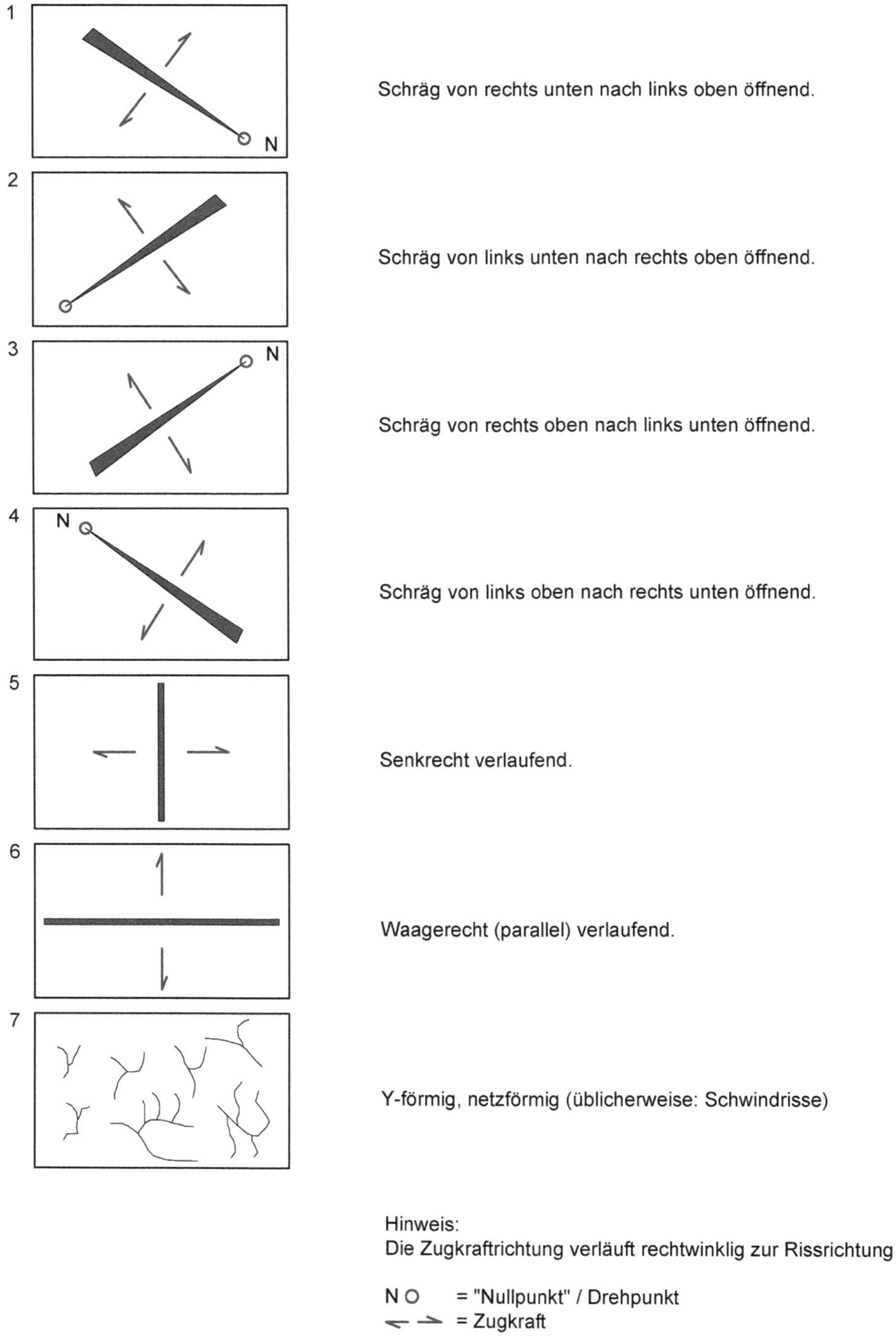

Abb. 6.4 Rissverlauf Hinweis: Die Zugkraftrichtung verläuft rechtwinkelig zur Rissrichtung NO = Nullpunkt/Drehpunkt Z = Zugkraft

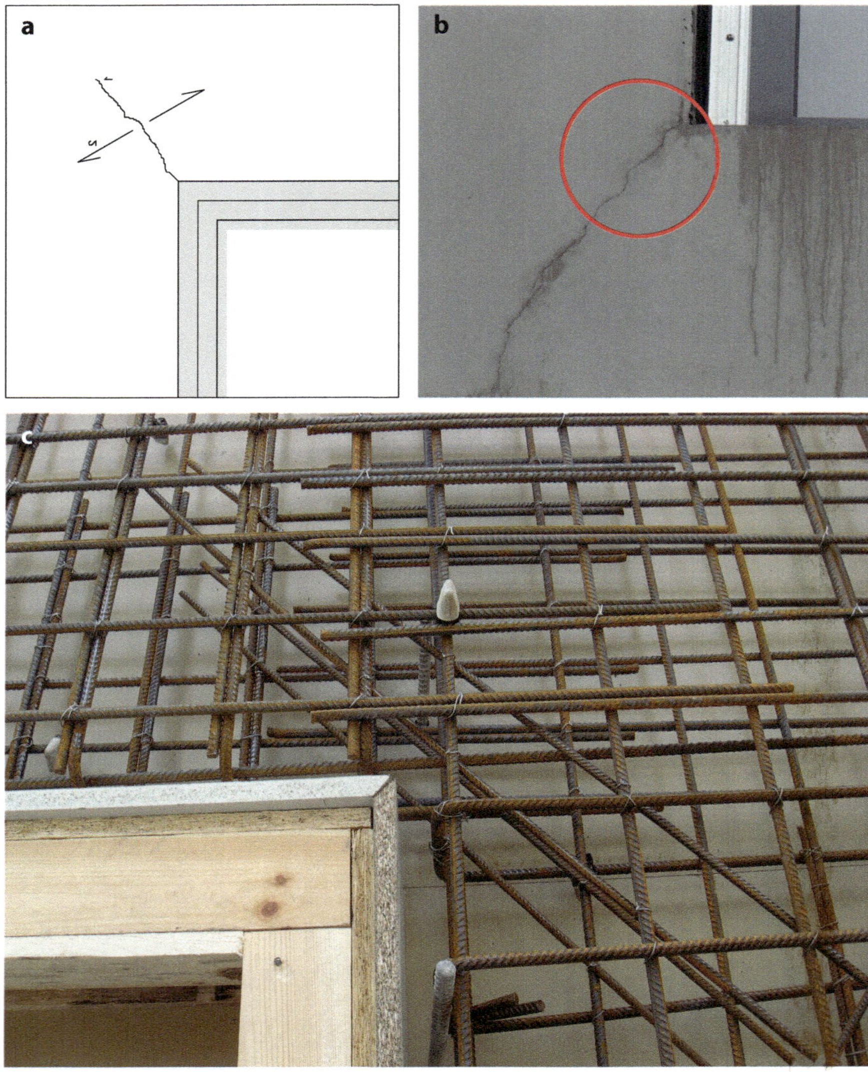

Abb. 6.5 **a** Kerbriss 1 = Riss 2 = Zugspannung **b** Kerbriss an der Fassadenoberfläche **c** Erforderliche Zug-Bewehrung zur Vermeidung von Kerbrissen

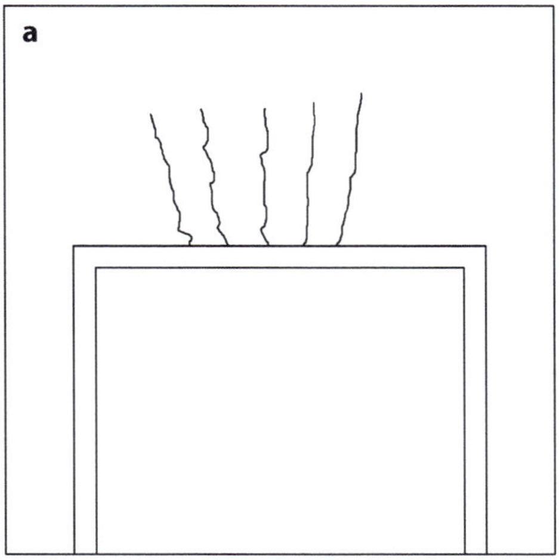

Abb. 6.6 a Biegeriss b Biegeriss

Weitere Beispiele können im Kap. 8 nachgelesen werden.

6.4.2 Risse in Betonfertigteilen

1. Beispiel

Erscheinungsbild

Bei dem Objekt wurden sämtliche Fassaden als Sichtbeton-Fertigteile hergestellt. Zwei Jahre nach Fertigstellung wiesen annähernd alle Platten Rissbildungen auf (Abb. 6.7 und 6.8a–c).

Als Schadensursache für die Risse in den Wetterschalen der Platte, die mehrheitlich erst nach der Montage auf der Baustelle aufgetreten sind, muss nach Recherchen des ausführenden Bauunternehmens an den Protokollen der Produktion eine übermäßige Schwindneigung des in der Rezeptur verwandten Zementes unterstellt werden.

Das besagte Unternehmen schlug vor, zunächst die Risse mit einer Rissbreite über 0,5 mm mit einem zementgebundenen Feinspachtel fach- und sachgerecht zu schließen und die sanierten Bereiche oberflächlich glatt zu schleifen. Der optische Eindruck „sanierter Riss" soll durch eine Betonlasur ausgeglichen werden. Eine derartige Betonlasur in einer Farbgebung, die dem ursprünglichen Beton möglichst nahe kommt, lässt die Struktur und das optische Materialempfinden „Sichtbeton" noch gut erkennen. Die Fläche würde noch als „Sichtbeton" erkannt werden. Da ein einheitliches Bild der Fassade erzielt werden sollte, musste zusammen mit den Auftraggebern die Bereiche, die als einheitliche Sichtflächen mit der Lasur versehen werden sollten, festlegt werden. Den

Parteien war dabei bewusst, dass mit dieser Sanierungsstrategie auch Bereiche mit Lasur behandelt werden mussten, die keinen Mangel in Form von Rissen aufwiesen.

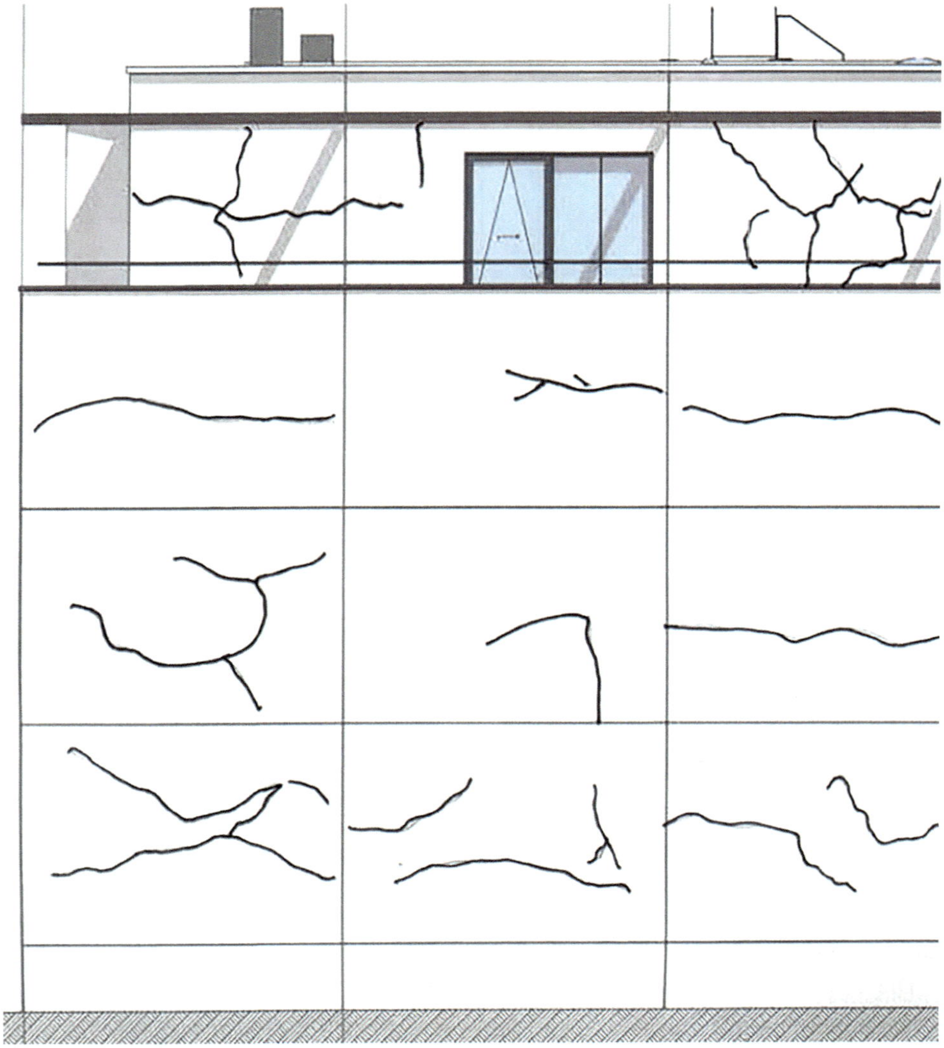

Abb. 6.7 Giebelseite – Rissdokumentation

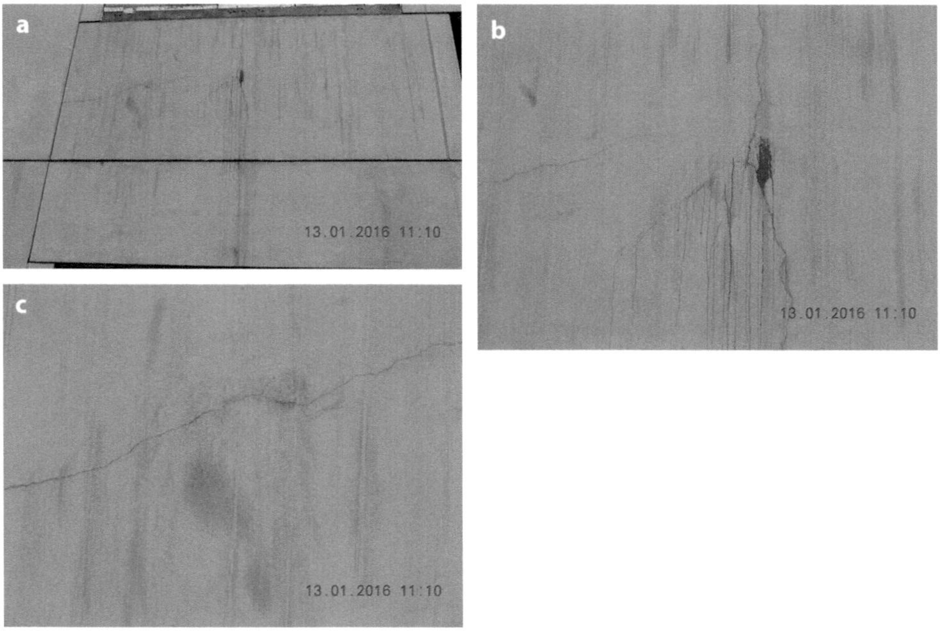

Abb. 6.8 **a** Fassade: Betonfertigteil **b** Deutlich erkennbare Risse **c** Deutlich erkennbare Risse

2. Beispiel

Erscheinungsbild

Bei dem Objekt wurden sämtliche Fassaden als Sichtbeton-Fertigteile hergestellt. Zwei Jahre nach Fertigstellung wiesen fast alle Platten Rissbildungen auf. Die Rissbreite betrug „nur“ <0,10–0,15 mm, jedoch waren sie deutlich erkennbar. (Abb. 6.9a–c).

Gutachterliche Einstufung

Die Gründe für die deutliche Wahrnehmung der „Haarrisse“ waren zum einen in der Oberfläche aus kostenintensivem weißen Marmorsplitt und zum anderen in der von einem in der näheren Umgebung liegenden Tagebau ausgehenden Luftverschmutzung begründet. Es lag nahe, dass hier keine ausreichende Aufklärung/Beratung im Vorfeld des Projektes gegenüber dem Bauherrn stattgefunden hatte.

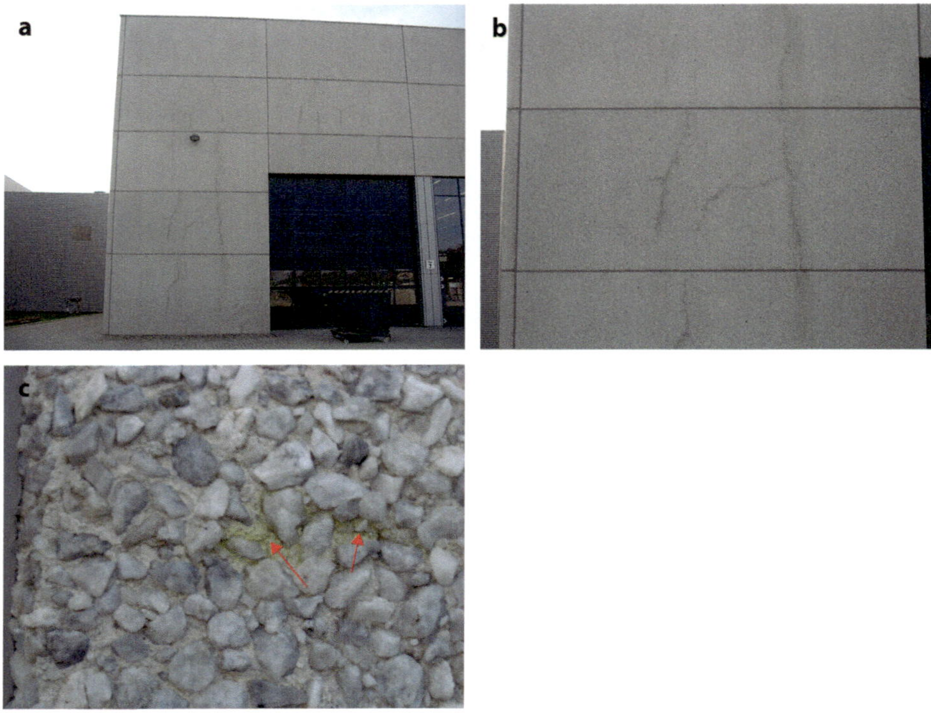

Abb. 6.9 **a** Übersicht – Fassade: Betonfertigteil **b** deutlich erkennbare Risse **c** Detailaufnahme – Sichtbarer Marmorsplitt, Rissbildung

Betonkosmetik – „Betonretusche“

7

„Enttäuschung ist das Ergebnis falscher Erwartungen.“

Vor mehr als 20 Jahren, in der Zeit der ersten Vorlesungen des Autors im Jahre 2000, war „Betonkosmetik“ fast noch ein Fremdwort. In dieser Zeit wurden Ausführungsfehler von sichtbaren Betonflächen vom Betonbauer versucht, selbst auszubessern (Abb. 7.1a, b).

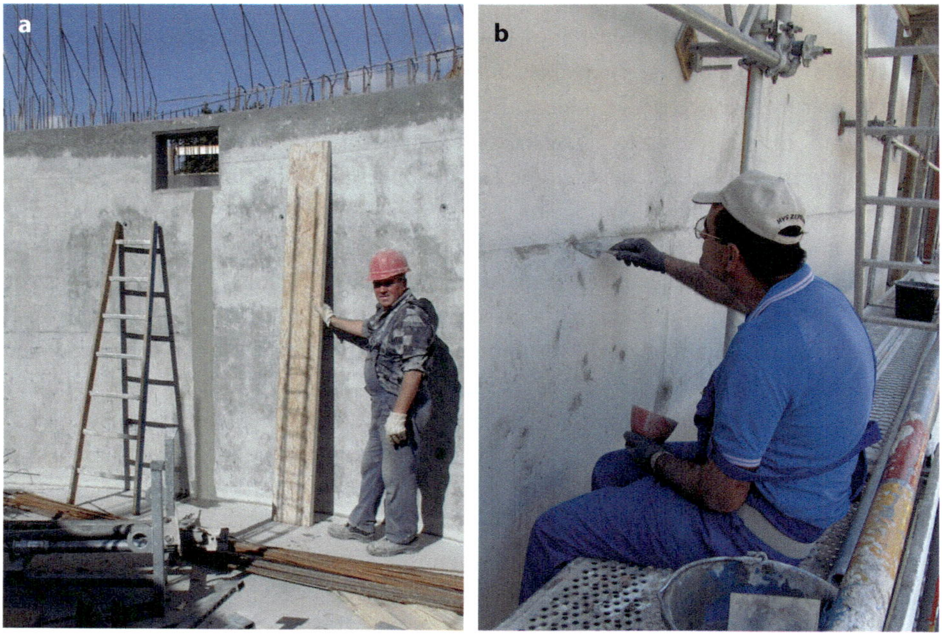

Abb. 7.1 **a** Betonkosmetik, die früher… **b** …durch Betonbauer durchgeführt wurde

J. Schulz, *Sichtbeton,* https://doi.org/10.1007/978-3-8348-2250-5_7

Inzwischen gibt es einen ganzen Berufszweig, der sich mit der Betonkosmetik beschäftigt. Dabei handelt es sich meist um Speziallisten aus Restauratoren und Malern. Firmen treten mittlerweile als professionelle Spezialunternehmen mit dem Schwerpunkt Betonkosmetik auf dem Markt auf.

Warum die große Nachfrage nach Betonkosmetik?

Die Anforderungen von Bauherren an den Sichtbeton werden immer höher, die Kenntnis der Ausführenden über Baukonstruktion und Baustoffkunde immer geringer. Somit können in vielen Fällen die Erwartungen des Bauherrn nicht erfüllt werden. Einige Architekten malen anscheinend lieber bunte Bilder und diskutieren stundenlang über Farben und Formen, anstatt den ausführenden Firmen Details zur Verfügung zu stellen. Sie verwechseln Bauwerke mit Bühnenbildern. Es ist Aufgabe des Architekten, alle Erkenntnisse zu beschreiben, sei es mit Worten (im Leistungsverzeichnis) oder anhand von Zeichnungen (Pläne).

Ausführungszeichnungen müssen alle für die Ausführung bestimmten Einzelangaben unter Berücksichtigung der Beiträge anderer an der Planung fachlich Beteiligter enthalten (d. h. auch Materialangaben, Sichtflächenanforderungen usw.). Diese dienen als Grundlage der Leistungsbeschreibung und Bauausführung des Sichtbetons. Aufgrund relativ kurzer Planungszeit wird häufig auf Ausführungsdetails verzichtet oder diese werden nur sehr schemenhaft ohne ausreichende qualitative Beschriftung der Bauelemente dargestellt. Detaillösungen werden so dem örtlichen Bauleiter überlassen, der damit oftmals überfordert ist.

Einer im Falle des Auftretens eines Baumangels häufig vorgetragene Reaktion, „die ausführende Firma hätte ja Bedenken anmelden müssen", kann die Frage entgegengebracht werden, wogegen die besagte Firma denn Bedenken hätte anmelden können, wenn keine Details bzw. Leistungsbeschreibung vorlagen. Wenn im Rahmen der Planungspflichten entscheidend wichtige Detailpunkte gar nicht dargestellt werden – wie im Fall einer sogenannten „Nullplanung" – ist bei Eintritt eines Schadens im direkten Zusammenhang mit dieser Detaillösung von einem Planungsfehler auszugehen. Fehler sowie lückenhafte Planungsunterlagen und Leistungsbeschreibungen sind an der Tagesordnung. Die fehlerhafte Planung wird Vertragsbestandteil für den Auftragnehmer. Zur Verhinderung eines daraus resultierenden Ausführungsfehlers sind Bedenkenanmeldungen mit ausführlicher Begründung und Nachträge des Auftragnehmers erforderlich. Architekten-Wettbewerbssieger – meistens sogenannte „Fassaden-Architekten" – nehmen keine Rücksicht auf die Gebäudekonstruktion. Sie ignorieren, dass bautechnische Anforderungen Vorrang vor gestalterischen und vegetationstechnischen Aspekten haben.

Jung-Projektsteuerer, die nur ihre Termine im Kopf haben, wissen oftmals wenig oder fast gar nichts über beispielsweise „Ausschalfristen" beim Beton oder zulässige Bautoleranzen usw.

Besondere Vorsicht ist auch im Umgang mit dem Bild geboten, das von Sichtbeton in den meisten Architekten-Zeitschriften gezeichnet wird. Dieser wird i. d. R. als gleichmäßige Fläche ohne Makel in Szene gesetzt und fotografiert, häufig gar mit einem Bildbearbeitungsprogramm nachträglich überarbeitet. Dass in den meisten Fällen vorher eine umfangreiche Betonkosmetik stattgefunden hat, wird dabei nicht erwähnt.

Wie sieht die Praxis aus?

Bei der Bauabnahme ist es häufig zu erleben, dass sich der Bauherr und/oder sein Architekt über die Diskrepanz zwischen erhoffter und erhaltener Sichtbetonoptik entsetzt zeigen. In der Folge werden seitenlange Mängellisten über die Ausführungsfehler erstellt. Selten werden in solchen Situationen Fragen nach den Detailplänen und den Beschreibungen der Sichtbetonqualität in der Leistungsbeschreibung gestellt. Auch sollte hier der Einfluss, den die vor Ort Verantwortlichen während der Herstellungsphase genommen haben, immer wieder infrage bzw. zumindest in den Fokus gestellt werden.

In der Praxis wird die ausführende Baufirma oftmals dazu aufgefordert, die Sichtbeton-Beanstandungen nachzubessern. Dazu kann es aber nur kommen, wenn die Leistungsbeschreibung nicht eindeutig und erschöpfend formuliert wurde oder wenn die ausführende Baufirma nicht rechtzeitig Bedenken (einschl. Begründung) schriftlich geäußert hat (siehe Kap. 9 „Sichtbeton: Mängel und Haftung aus rechtlicher Sicht"). Das für die Ausführung verantwortliche Bauunternehmen versucht dann (aus Kostengründen), die Beanstandungen, soweit diese berechtigt sind, mit ihren eigenen Handwerkern auszubessern. Derartige Ausbesserungen führen oftmals zu einer „Verschlimmbesserung". Aus diesem Grund ist darauf zu achten, dass hier ein Reparaturmörtel mit hoher Qualität zur Ausführung kommt. Die Industrie bietet heutzutage eine große Farbpalette von Spezialspachteln mit entsprechenden Verarbeitungstechniken an. Darüber hinaus empfiehlt es sich, vorab an einer „Erprobungsfläche" den Farbton und die Technik für die eigentliche Ausführung zu proben und dem AG zur Genehmigung vorzuzeigen.

Für die Mängelbeseitigung, z. B. in Form einer „Betonkosmetik" (siehe Abb. 7.2 und 7.3), sowie den Schutz und die Betoninstandsetzungsarbeiten ist ein gewisser Grad an „Know-how" erforderlich. Nicht jedes Unternehmen verfügt über die erforderlichen Fachkenntnisse. Da „Ausreißer", also gewisse zu tolerierende Oberflächenabweichungen, auch bei höchster Verarbeitungssorgfalt praktisch nicht immer zu vermeiden sind, ist es empfehlenswert, Mängelbeseitigungen bereits im Vorfeld zu planen.

Insbesondere bei umfangreichen Spachtel-, Lasurarbeiten an der Fassade kommen möglicherweise spätere Unterhaltungskosten hinzu, d. h. vom Sachverständigen ist eine Minderung (Wertminderung) zu berechnen (siehe Abschn. 4.3.6 Merkantiler Minderwert).

Natürlich sollte es nicht das Ziel sein, dass die ausführende Baufirma „schlechten" sichtbaren Beton ausführt, dabei eine umfangreiche Betonkosmetik einkalkuliert und als hochwertigen Sichtbeton präsentiert. Der Charakter einer materiell „echten" Betonoberfläche geht durch die großflächige Retusche immer mehr verloren. Dieser Charakter liegt vor allem in der großen Geltungsfunktion einer Sichtbetonoberfläche. Zur Erinnerung: Bei Betoninstandsetzungsarbeiten z. B. an der Fassade (u. a. Reprofilierung

Abb. 7.2 Sichtbeton VOR der Betonkosmetik

Abb. 7.3 Sichtbeton NACH der Betonkosmetik

mittels Reparaturmörtel) steht beim „normalen“ Beton (Beton, der nicht als Sichtbeton deklariert wurde) die **Gebrauchsfunktion** im Mittelpunkt. Im Gegensatz hierzu steht der Sichtbeton, dessen Zweck zum großen Teil in der **Geltungsfunktion** (Optik) liegt (siehe Tab. 7.1).

Durch die Anwendung von Ausbesserungen mit den gängigen Verfahren werden zwar zeitweise optisch gute Ergebnisse erzielt, welche bei einem üblichen Betrachtungsabstand nicht von einer „echten“ Betonoberfläche zu unterscheiden sind, jedoch kommt es an den ausgebesserten Stellen zu einer bauphysikalischen Änderung der Fassadenfläche. Diese Aussage soll durch das nachfolgende Beispiel nachvollziehbar gemacht werden.

Infolge von Niederschlägen wird der unbehandelte Sichtbeton an der Fassade mehr Wasser aufnehmen und sich dunkler abzeichnen als der neue Reparaturmörtel oder der Anstrich. Durch die unterschiedliche Wasserbelastung der Betonoberfläche kommt es längerfristig zu einer ungleichmäßigen Verfärbung durch Schmutzpartikel aus der Luft oder durch Mikroorganismen. Ein sich ungleichmäßig verfärbendes Fassadenbild ist die Folge (Abb. 7.4a, b). Ähnlich wie bei einer im Sachverständigenwesen durchzuführenden Wasserprobe („Benetzungsprobe“) lässt sich auch in einem solchen Fall das unterschiedliche Saugverhalten des Untergrundes (Beton bzw. Reparaturmörtel) erkennen. An den Ausbesserungsstellen perlt das Wasser i. d. R. besser ab, während der unbehandelte Beton sich „dunkler“ abzeichnet, d. h. mehr Wasser in die Konstruktion eindringt.

Bei einem anspruchsvollen Sichtbeton mit hoher Geltungswirkung ist dieser farbliche Unterschied innerhalb einer Sichtfläche unerwünscht. Zur Egalisierung des unterschiedlichen Saugverhaltens (d. h. unterschiedliche Farbgebung) ist eine Hydrophobierung mit einer leichten Farblasur erforderlich. Diese zusätzlich erforderlichen Leistungen gehen über einen normalen Instandsetzungsaufwand hinaus. Darüber hinaus bieten solche Hydrophobierungen bzw. Farblasuren keinen dauerhaften Schutz im Vergleich zur Haltbarkeit einer unbehandelten Betonoberfläche. Eine Erneuerung innerhalb von ca. 10–15 Jahren ist notwendig, um die Qualität der Sichtfläche weiter zu erhalten. Praktisch heißt dies, dass die Sichtbetonfläche ca. 3- bis 4-mal innerhalb von 50 Jahren erneuert werden muss. Bei einer unbehandelten Betonfläche würden solche Instandsetzungsmaßnahmen nicht anfallen.

War in der Planung/Ausschreibung ein Anstrich/Lasur vorgesehen, können die anfallenden Sanierungskosten mit dem Nachgewerk (Maler) verrechnet werden. Es stellt sich die Frage, ob es sich bei einer vollständig überarbeiteten Sichtbetonfläche überhaupt noch um Sichtbeton im eigentlichen Sinne mit den materialtypischen Eigenschaften eines Betons handeln kann.

Tab. 7.1 Spachtelarbeiten

	Kriterium	Bemerkungen
1	„ausgewaschene Schalungsfugen"	Ausgewaschene Schalungsfugen und dadurch bedingte Versandungen und Nesteransätze sind, sofern sie im Widerspruch zur Ausschreibung bzw. zur DIN 18202 stehen, materialgerecht zu schließen.
2	Betongratbildungen	Betongratbildungen sind möglichst unmittelbar nach dem Ausschalen mechanisch zu beseitigen, d. h. abzuschlagen oder abzuschleifen (Achtung: Vereinbarung).
3	„wellige" Betonflächen (Ursache, z. B. Durchbiegung von Schalungsplatten)	Wellige Betonflächen können auf die „Solldimension" nur mit Schleifen und/oder Spachteln egalisiert werden. Anfallende Spachtelarbeiten sind vom Verursacher (Planung oder Ausführung) kostenmäßig zu übernehmen.
4	Abweichung	Der Gesamteindruck ist maßgebend. Abweichungen sind materialgerecht „betonkosmetisch" zu spachteln. Der Gebrauchs- bzw. der Geltungswert sind ggf. als „Minderung" zu ermitteln. (Achtung: Bei Spachtelarbeiten kompletter Flächen geht der Sichtbeton-Charakter verloren!)

Abb. 7.4 **a** Sichtbeton **b** nicht fachgerecht ausgeführte Sichtbetonkosmetik

In der Schweiz ist in der Praxis zu beobachten, dass es selten Streitigkeiten über Sichtbeton gibt. Im Vergleich zur deutschen Baupraxis klärt hier der planende Architekt den Bauherrn umfangreicher über die zu erwartende Sichtbetonqualität auf, d. h. es gibt keine Enttäuschung, da vorher eine umfangreiche, auch für den Laien verständliche Beratung stattfand. Eine *„Enttäuschung [, die] das Ergebnis falscher Erwartungen [ist]"* (siehe oben: Leitsatz zu diesem Kapitel), wird somit minimiert. Auch die Schweizer Versicherungen „streiten" sich weniger, da diese vorher nach einer einvernehmlichen Lösung suchen, anstatt jahrelange Prozesse zu führen.

Es bleibt anzumerken, dass Sichtbeton in der zwar faktisch nicht mehr gültigen aber inhaltlich immer noch aktuellen DIN 18217:1981-12 als *„Betonflächen mit Anforderungen an das Aussehen"* definiert wurde [2], d. h. es handelt sich hierbei um „sichtbar bleibende Betonflächen". Bei hohen Sichtbetonanforderungen (wie z. B. Sichtbetonklasse SB4 gem. DBV-Merkblatt Sichtbeton) ist fast immer eine Betonkosmetik erforderlich. Dies muss der Bauherr oder sein Architekt berücksichtigen.

Es muss jedoch der Grundgedanke (Beschaffenheitsvereinbarung) bestehen bleiben, dass Sichtbeton „sichtbarer Beton" bleibt und keine gespachtelte Fläche.

Der Leistungsumfang einer Betonkosmetik darf jedoch nicht die gesamte Sichtbetonfläche betragen, andernfalls geht der Sichtbetoncharakter verloren mit der Folge einer nicht unerheblichen Preisminderung (siehe Abschn. 4.3.6 Merkantiler Minderwert). Die erforderliche Betonkosmetik sollte nur den Fachfirmen überlassen bleiben. Es muss ein Verständnis dafür geschaffen werden, dass sich die anfangs höheren Betonkosmetikkosten später bezahlt machen und dass die Kosten für immer wieder punktuell durchgeführte Ausbesserungsarbeiten durch interne, nicht auf Betonkosmetik spezialisierte Arbeitskräfte in den meisten Fällen höher sind als ein Spezialunternehmen.

Zusammenfassung

Sichtbetonklasse SB4 ist ohne Betonkosmetik kaum erfüllbar.

In technischer Hinsicht ist eine Mängelbeseitigung in Form einer material- und fachgerechten Ausbesserung technisch möglich (Betonkosmetik).

Die Mängelbeseitigung (Nacherfüllung) ist nur zulässig, wenn mit der Nacherfüllung tatsächlich der Mangel beseitigt, also die störende Wirkung beseitigt werden kann. Dies ist bei Mängeln des Sichtbetons faktisch nie der Fall, da selbst bei bester Betonkosmetik nie der ursprünglich geschuldete Werkerfolg „Sichtbeton" wiederhergestellt werden kann.

Selbst bei optimaler Betonkosmetik wird es sich im Ergebnis immer um nachgebesserte Betonkosmetik und nicht um einen vereinbarten, mangelfreien Sichtbeton handeln.

Hinweis an Planer/Bauherren:

Achtung vor Sichtbetonfotos innerhalb von Zeitschriften. Oftmals werden diese Fotos als „Muster" verwendet, ohne Kenntnis, ob eine Betonkosmetik erfolgte. Folge:

„Enttäuschung ist das Ergebnis falscher Erwartungen."

7.1 DBV-Sachstandsbericht Sichtbetonkosmetik

2017 wurde vom **DBV** (Deutscher Beton- und Bautechnik-Verein e. V.) der Sachstandsbericht „Sichtbetonkosmetik" veröffentlicht. In Bezugnahme auf Kap. 7 werden nachfolgend zentrale Auszüge (kursiv dargestellt) aus diesem Sachstandsbericht vorgestellt. Das vollständige Merkblatt kann beim Deutschen Beton- und Bautechnik-Verein erworben werden.

Übersicht

1. *„Begriffsbestimmung*
2. *Normenwerk und vertragliche Aspekte*
3. *Techniken einer Sichtbetonkosmetik*
4. *Grenzen der Sichtbetonkosmetik*
5. *Hinweise für Bauherren, Planer und Ausführende*
6. *Organisation und Qualitätssicherung*

1 Begriffsbestimmung

Eine Sichtbetonkosmetik wird im Sinne dieses Sachstandberichts wie folgt definiert:

- *gezielte und abgestimmte Maßnahmen auf Basis eines individuellen Gestaltungskonzeptes, entweder zur Nachbesserung von optischen Auffälligkeiten oder zur bewussten ästhetischen Gestaltung von Sichtbetonflächen,*
- *unter Berücksichtigung von künstlerisch-restauratorischen Aspekten, somit im Grenzgebiet zwischen Handwerk und Kunst,*
- *vom darauf spezialisierten Fachbetrieb mit Sachkenntnis handwerklich fachgerecht umgesetzt,*
- *dauerhaft,*
- *nach Fertigstellung als solche für den üblichen Betrachter nicht oder kaum erkennbar,*
- *keine Schutz- oder Instandsetzungsmaßnahme im Sinne der DAfStb-Richtlinie Schutz und Instandsetzung bzw. Instandhaltung von Betonbauteilen.*

(…)

2.1 Geltendes Normenwerk

(…) Das VDZ/DBV-Merkblatt Sichtbeton [30] enthält in der 2015 erschienenen Fassung den Hinweis, dass bei Sichtbetonflächen die Beseitigung von Abweichungen grundsätzlich zulässig ist. Dieser Hinweis ist verbunden mit der Empfehlung, „Abweichungen des Ist-Zustandes einer Sichtbetonfläche von der vertraglich vereinbarten Sollqualität durch betonkosmetische Maßnahmen zu

beseitigen", [wobei eine] „möglichst große Übereinstimmung des Gesamteindrucks mit dem vertraglich vereinbarten Aussehen [...] angestrebt [...]" werden sollte.
(...)

3.4 Gestaltung und Farbe
Bestehende Farbabweichungen von Betonflächen, nachträglich aufgebrachte Spachtelungen oder Reprofilierungen können so mit Farbe gestaltet werden, dass sie sich nicht oder kaum vom umgebenden Beton abheben und damit nicht oder kaum noch erkennbar sind. Eine gelungene Retusche zeichnet sich dadurch aus, dass sie auch bei genauem Hinsehen gegenüber der umgebenden, farblich nicht gestalteten Betonoberfläche nicht oder kaum zu erkennen ist.
(...)

3.4.2 Flächiges Lasieren
Beim ***Lasieren*** *werden transparente oder durch Pigmente teiltransparent eingestellte Lasuren* mit dem Ziel einer Vergleichmäßigung des Aussehens großflächig auf die Sichtbetonfläche aufgebracht.
(...)

4.2.2 Vertikale Außenflächen
(...) Betonkosmetische Maßnahmen im Außenbereich werden seit ca. 15 Jahren durchgeführt. Erfahrungen zeigen, dass derartige Maßnahmen zumindest über diesen Zeitraum dauerhaft sind, wenn geeignete Materialien fachgerecht aufgebracht wurden. Grundsätzlich ist die Dauerhaftigkeit einer kosmetischen Maßnahme aber umso höher, je besser die Sichtbetonfläche insgesamt vor Beanspruchungen aus Witterung geschützt ist, z. B. durch Bleche, Attika, Dachüberstand, bzw. je besser die Eigenschaften der verwendeten Materialien auf die Eigenschaften des Betonuntergrundes abgestimmt sind. (...).

4.2.3 Horizontale Außenflächen
Problematisch hinsichtlich der Dauerhaftigkeit von Sichtbetonkosmetik sind horizontale direkt beregnete Flächen im Außenbereich, wie z. B. Wandkronen.
(...)

5.1 Wert und Wertigkeit betonkosmetisch bearbeiteter Sichtbetonflächen
(...) Vor Durchführung der betonkosmetischen Maßnahme muss Einigkeit hinsichtlich der Wertigkeit der letztlich resultierenden sichtbetonkosmetisch bearbeiteten Flächen erzielt werden.

Daraus folgt, dass eine betonkosmetische Bearbeitung i. d. R. erst in Abstimmung mit dem Bauherren bzw. Architekten durchgeführt werden sollte."

7.2 Beispiele: Betonkosmetik – „Betonretusche"

Unsachgemäß durchgeführte Ausbesserungsarbeiten können zu groben Unregelmäßigkeiten an der Sichtbetonfassade führen. Die unterschiedlichen optischen Auswirkungen werden anhand der folgenden Beispiele dargestellt.

7.2.1 Abzeichnung von Ausbesserungsarbeiten

Trotz einer bei sonnigem Wetter auf dem ersten Blick erfolgreichen betonkosmetischen Überarbeitung kommt es oftmals nach Regenfällen zum „Aufschrei" des Bauherrn. Das veränderte Saugverhalten behandelter gegenüber unbehandelter Betonflächen kann zu extremen Abzeichnungen führen (Abb. 7.5).

Abb. 7.5 Bei Regen: deutlich sichtbare Betonkosmetik (Reprofilierungsmörtel)

7.2.2 Verlorengehen des Sichtbetoncharakters

Die Flächen im oberen Bereich der Sporthallenwände wurden als Sichtbeton geplant (Abb. 7.6a, b). Sie wurden komplett „bearbeitet“, sodass der Sichtbetoncharakter verloren ging.

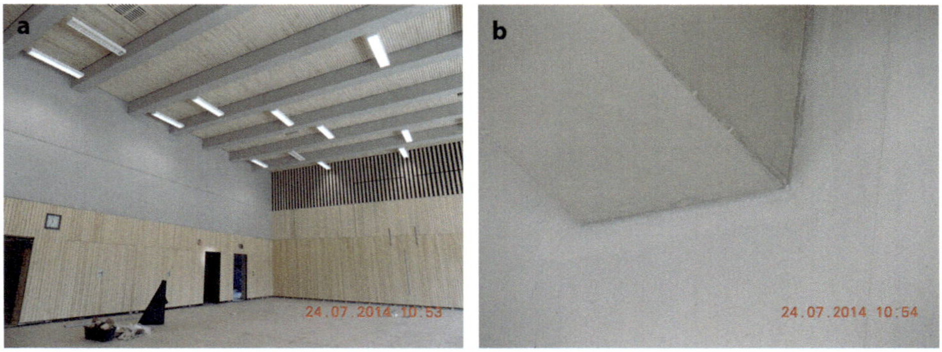

Abb. 7.6 **a** 100 % Betonkosmetik– Handelt es sich hierbei noch um Sichtbeton? **b** Detailaufnahme einer 100 % betonkosmetisch behandelten Wandoberfläche

7.2.3 Flächen komplett geschliffen und gespachtelt

Deutlich sichtbare Betonkosmetik. Punktuelle Überarbeitungen führten zu einer „Verschlimmbesserung“ der Sichtflächen (Abb. 7.7a–d).

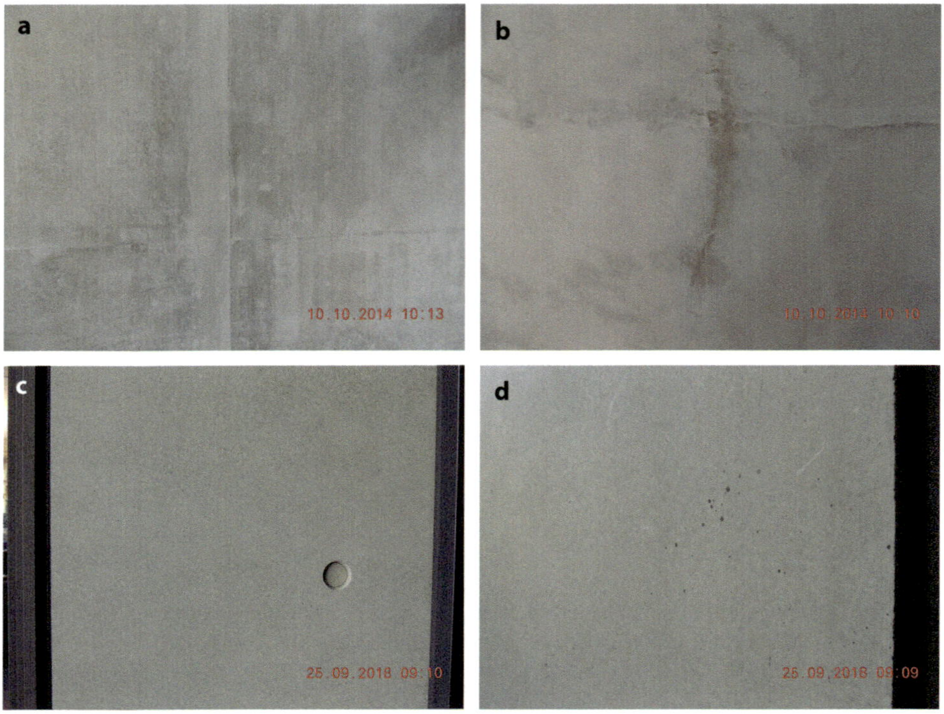

Abb. 7.7 **a** Ungleichmäßige Betonkosmetik **b** Ungleichmäßige Betonkosmetik **c** Sämtliche Sichtbetonfläche behandelt **d** mit künstlichen „Poren"

7.2.4 Treppen-Betonfertigteile

Sichtbetonflächen wurden komplett „bearbeitet", sodass der Sichtbetoncharakter verloren ging. (Abb. 7.8a, b).

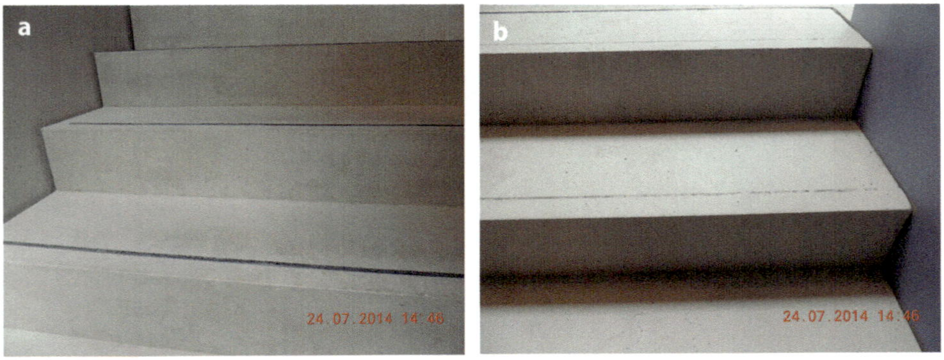

Abb. 7.8 **a** 100 % Betonkosmetik – Handelt es sich hierbei noch um Sichtbeton? **b** Detailaufnahme eines vollständig beschichteten Fertigteils

7.2.5 Decken: sichtbare Abstandhalter, Abzeichnung der Stahlbewehrung, Berlin

Mittels einer Betonkosmetik wurde versucht die Farbabweichungen auszugleichen (Abb. 7.9a, b).

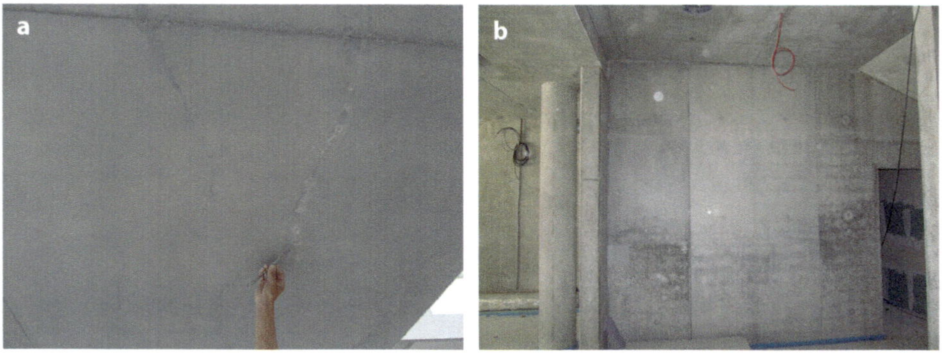

Abb. 7.9 **a** Betonkosmetik – sichtbare Abstandhalter **b** Betonkosmetik: Farblasur-Probefläche (in der Mitte des Bauteils)

7.2.6 Wände mit einer Farblasur, Dessau

Bei der in den nachfolgenden Bildern (Abb. 7.10a, b) dargestellten „Betonkosmetik" mit Farb-Lasur ist zu hinterfragen, ob das Ergebnis der Leistung noch als „Sichtbeton" zu betrachten ist.

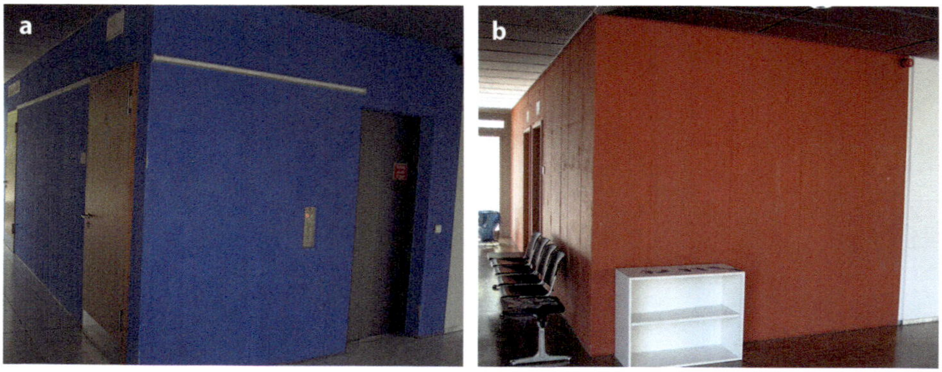

Abb. 7.10 **a** 100 % Betonkosmetik mit Farblasur **b** 100 % Betonkosmetik mit Farblasur

7.2.7 Außenwände: Risssanierung

Die Risse wurden mittels einer Betonkosmetik verschlossen (Abb. 7.11a–e).

Abb. 7.11 **a** Durchführung betonkosmetischer Maßnahmen **b** Farbabweichungen während der Durchführung betonkosmetischer Maßnahmen **c** deutlich sichtbare Ausbesserungsstellen **d** fehlender Sichtbetoncharakter **e** deutlich sichtbare Sichtbetonkosmetik (Reprofilierungsmörtel)

Beispiele

8

J. Schulz, *Sichtbeton*, https://doi.org/10.1007/978-3-8348-2250-5_8

Nachfolgend wird eine Auswahl von „typischen“ Streitfällen zum Thema „Sichtbeton“ dargestellt. (Abb. 8.1).

Sichtbeton ist ein sehr sensibles Thema, bei dem oftmals aufgrund unterschiedlicher Interpretation der Erwartungshaltung mit vielen Emotionen „gestritten“ wird. Vertrag (Auftrag) kommt von „vertragen“. Voraussetzung ist aber eine eindeutige Sichtbeton-Planung vor Auftragserteilung (siehe Abschn. 2.6 und 3.1.1.1.5).

Aus langjähriger Erfahrung des Autors als ö. b. u. v. Sachverständiger entstehen die Sichtbeton-Fehler nicht erst am Bau (siehe Abb. 8.1), sondern bereits in den Köpfen der

- Bauherren/Auftraggeber,
- Projektsteuerer,
- Architekten-Planer,
- Bauüberwacher und
- Hochschullehrer. [55]

Abb. 8.1 falsche Lagerung der Sichtbeton-Fertigteile

8.1 Ortbeton als Sichtbeton

8.1.1 Sichtbetonklasse SB2 erfüllt?

Erscheinungsbild
Bei einem Doppelhaus hatte die Bauherrin Decken und Stützen in Sichtbeton gewünscht. Der Architekt hatte dafür Sichtbetonklasse SB2 ausgeschrieben. Diese Leistung wurde beauftragt.

Nach Baufertigstellung beanstandete die Bauherrin u. a. (siehe Abb. 8.1 a–d):

- nicht fachgerechte Ausbesserungsstellen
- Holzreste
- Rostflecken
- ausgemagerte Schalungsfugen
- Schalungsversätze
- Wolkenbildungen
- Abplatzungen an der Oberfläche
- Abdrücke der Abstandhalter

Ein beauftragter Gutachter bescheinigte der Bauherrin, dass die Sichtbetonklasse SB2 nicht erreicht wurde und empfahl eine komplette Spachtelung einschließlich farbtechnischer Überarbeitung der Sichtbetonflächen. Die Bauherrin zahlte daraufhin nur einen Teil der Rechnung, woraufhin das Bauunternehmen auf Zahlung des Werklohns klagte.

Gutachterliche Einstufung

Sichtbetonklasse SB2:	siehe Abschn. 3.1.1.1.2
Herstellungstechnische Grenzen:	siehe Abschn. 3.1.1.2
Matrix zu Mängeln:	siehe Abschn. 4.3.3
Sichtbeton Gewichtung:	siehe Abschn. 4.3.4

Zusätzliche technische Vertragsbedingungen zum Thema Sichtbeton bzw. eine Sichtbetonplanung lagen nicht vor. Da ausschließlich das DBV/BDZ-Merkblatt „Sichtbeton" vereinbart worden war, wies der hinzugezogene ö. b. u. v. Sachverständige auf die „herstellungstechnischen Sichtbeton-Grenzen" hin.

Ein SOLL-IST-Vergleich, d. h. Vereinbarung/Ausführung, ist in der nachfolgenden Tab. 8.1 aufgestellt.

Zusammenfassung
Die Anforderungen aus der Sichtbetonklasse SB2 waren erfüllt. Es lagen keine wesentlichen Mängel vor. Die Bauherrin wusste (nach ihrer Aussage) nicht, dass es auch höhere Sichtbetonklassen gibt, die auch entsprechend vergütet werden müssen (ca. 25 % teurer).

Abb. 8.2 **a** Holzreste. **b** Schalungsfuge. **c** Gesamteindruck. **d** „Wolkenbildung"

Tab. 8.1 SOLL–IST–Vergleich „Sichtbeton“-Ausführung

	Beanstandungen	DBV-Merkblatt „Sichtbeton“ (2004)	Bemerkungen
1	Nicht fachgerechte Ausbesserungsstellen	Abs. 7.4.2.: *„Mängelbeseitigungen erfordern große Sorgfalt und bleiben in der Regel auch bei Ausführungen mit größtem handwerklichem Geschick als solche erkennbar. Aus diesem Grund ist im Einzelfall zu prüfen, ob der Aufwand gerechtfertigt ist.“*	Ja, die vorhandenen Ausbesserungen sind nicht im gleichen Farbton ausgeführt wie die vorh. Sichtbetonflächen.
2	Holzreste		vorhanden sind zwei „Holzreste“, ca. 10 × 10 mm, kaum sichtbar
3	„Rostflecken“	Abs. 5.2.2: *„Sollen Rostflecken an der Untersicht von horizontalen Flächen vermieden werden, so ist dies unter Berücksichtigung des Baustellenablaufes u. a. nur durch den Einsatz von verzinkter Bewehrung zu erreichen. Eine entsprechende Position ist in das Leistungsverzeichnis aufzunehmen.“* Abs. 6.2.4: *„Bei längeren Standzeiten besteht die Gefahr, dass Rostpartikel vom Bewehrungsstahl auf die Schalung fallen und nicht entfernt werden können.“* Abs. 5.1.2.: *„Vermeidung von Rostspuren an Untersichten von horizontalen Bauteilen nur eingeschränkt möglich“*	Die vorh. ca. zwei „Rostflecken“ sind stecknadelgroß und kaum wahrnehmbar.
4	„Ausblutungen an den Schalungsfugen“, hier: Schalhautstoß	Je nach Sichtbetonklasse sind Abweichungen zulässig. Texturen, Schalhautstoß Abs. 5.1.2: *„Eine Texturgleichheit im Bereich der Schalungsstöße ist technisch nicht zielsicher herstellbar“*	

(Fortsetzung)

Tab. 8.1 (Fortsetzung)

	Beanstandungen	DBV-Merkblatt „Sichtbeton" (2004)	Bemerkungen
5	„Schalungsversätze", hier: Versatz der Schalhautstöße	Je nach Sichtbetonklasse sind Versätze zulässig Schalenstöße	vorhandene Schalungsversätze $\leq$3 mm
6	Kalkausblühungen, Wolkenbildung	Je nach Sichtbetonklasse sind Farbabweichungen zulässig Farbtongleichmäßigkeit Abs. 5.1.2: • *„Gleichmäßiger Farbton nicht zielsicher herstellbar"* • *„Wolkenbildungen und Marmorierungen nur eingeschränkt vermeidbar"*	
7	Abplatzungen an der Oberfläche		Die vorh. ca. zwei Abplatzungen sind ca. 30 × 30 mm groß und auszubessern.
8	Abdrücke an der Oberfläche – Abstandhalter	Abs. 6.2.: *„Die Auflagerungspunkte und -flächen der Abstandshalter sind im Allgemeinen an der Betonfläche erkennbar."*	
9	„Risse"		„Risse" können nicht verhindert werden, sie gehören zum Bemessungsprinzip der Stahlbetonbauweise gem. DIN 1045.
10	„Schuhabdrücke"		Die Schuhabdrücke ergeben sich beim Begehen der mit „Trennmittel" versehenen Deckenschalung (Betonkosmetik erforderlich).

Vorbeugung
Der Architekt muss als Berater der Bauherren diese über die Möglichkeiten und Grenzen beim Einsatz bestimmter Baustoffe aufklären. So ist bei hohen optischen Anforderungen die Wahl einer höheren Sichtbetonklasse erforderlich. Der Hinweis auf das DBV/VDZ-Merkblatt „Sichtbeton" allein reicht nicht aus.

Werden hohe Anforderungen z. B. an Farbtongleichheit gestellt, so sind diese zu vereinbaren. Zudem ist immer eine ausführliche Ausführungsplanung gem. DIN 1356-1:1995-02 [9] (siehe auch Abschn. 3.1.1.5 Schalungsmusterplan) erforderlich.

Die hohen Anforderungen an Sichtbeton erfordern eine erhöhte Betreuung vor Ort durch die Architekten-Bauüberwachung, die auch als „besondere Leistung" entsprechend vergütet werden muss.

8.1.2 Sichtbetonklasse SB4 erfüllt?

Erscheinungsbild
Für den Neubau einer Botschaft wurde Sichtbeton für die Wände des EG-Empfangsbereichs sowie sämtliche Flurdecken entsprechend Sichtbetonklasse SB4 gemäß DBV/VDZ-Merkblatt Sichtbeton [30] vereinbart. Nachdem im September die EG-Wände in der Atrium-Halle fertiggestellt waren, waren Schüttlagen sowie unterschiedliche Farbnuancen als „Wolkenbildung" deutlich erkennbar. Darüber hinaus zeichneten sich an den Decken über dem Erdgeschoss deutlich die s-förmigen Abstandhalter ab. Außerdem waren starke unterschiedliche Farbtöne erkennbar (Abb. 8.3, 8.4 und 8.5). Unter der Annahme, dass sich der Farbton im „Trocknungsprozess" aufhellt, wurde auf einen Abbruch verzichtet. Die Decke im Eingangsbereich, strukturiert durch Sichtbetonunterzüge entsprechend Sichtbetonklasse SB4, wies ebenfalls Abdrücke der Abstandhalter und Rostflecke auf.

Im Mai des nächsten Jahres erfolgte eine erneute Sichtbeton-Bewertung. Inzwischen waren drei weitere Geschosse und das Dach betoniert. Die Trockenbauer und Estrichleger hatten ihre Arbeiten bereits abgeschlossen. Die beanstandete Wand wurde inzwischen zwar „betonkosmetisch" behandelt, trotzdem entsprachen die Flächen nicht der Sichtbetonklasse SB4.

Gutachterliche Einstufung

Sichtbetonklasse SB4:	siehe Abschn. 3.1.1.1.4
Herstellungstechnische Grenzen:	siehe Abschn. 3.1.1.2
Matrix zu den Mängeln:	siehe Abschn. 4.3.3
Sichtbeton Gewichtung:	siehe Abschn. 4.3.4

Zusätzliche technische Vertragsbedingungen zum Thema Sichtbeton bzw. eine Sichtbetonplanung lagen nicht vor. Da ausschließlich das DBV-Merkblatt „Sichtbeton" vereinbart worden war, wies die ausführende Baufirma auf die „herstellungstechnischen Sichtbeton-Grenzen" (siehe Abschn. 3.1.1.2) hin.

Abb. 8.3 sich abzeichnende Bewehrung

Abb. 8.4 Schüttlagen

Die zu betrachtenden Flächen sind in einem „gebrauchsüblichen Abstand" zu bewerten. Wenn der Gesamteindruck auf diese Art und Weise als stimmig bewertet wird, brauchen die Einzelkriterien (i. d. R.) nicht überprüft werden. Wenn ein Arbeitsgerüst die Sicht versperrt, muss die Fassade ggf. auch vom Gerüst aus besichtigt werden, d. h. aus „nächster Nähe" (kein üblicher Betrachtungsabstand). Wird darauf verzichtet und eine Besichtigung (der Fassade) findet erst nach dem Abrüsten statt, ist „Streit" vorprogrammiert, da erst dann „verdeckte" Mängel sichtbar werden (siehe Abschn. 4.2.2.1 Betrachtungsabstand).

Ergebnis

Es wurde festgestellt, dass die Anforderungen der Sichtbetonklasse SB4 hier nicht erfüllt wurden.

Abb. 8.5 Farbtonabweichung Sichtbetonklasse SB4?

Beseitigung

Mit allen Verantwortlichen wurde vereinbart, sämtliche Sichtbetonflächen, die den Anforderungen der Sichtbetonklasse SB4 entsprechen sollten, „betonkosmetisch" zu behandeln und anschließend mit einer Lasur zu versehen, damit der Farbton weitestgehend gleichmäßig aussieht.

Vorbeugung

Der Architekt muss als Berater der Bauherren diese über die Möglichkeiten und Grenzen beim Einsatz bestimmter Baustoffe aufklären. Bei deutlichen Abweichungen muss er sofort einschreiten und ggf. das Bauteil abbrechen lassen. Dies setzt jedoch Durchsetzungsvermögen voraus, da ggf. mit einem Bauverzug und einem Rechtsstreit zu rechnen ist.

> **Hinweis**
> Der Mangel ist nicht nur vom ausführenden Unternehmen zu verantworten, es liegen auch Planungs- und Bauüberwachungsfehler vor!

8.1.3 Minderung aufgrund Gewichtung

Erscheinungsbild
Die Ausschreibung für ein repräsentatives Gebäude enthielt keine Beschreibung der erwarteten Sichtbetonqualität (Planung, Ausführung). Im Leistungsverzeichnis befand sich nur der Hinweis:

„Sichtbeton nach Merkblatt Sichtbeton: Sichtbetonklasse SB3"

Beanstandet wurde vom Auftraggeber nach Fertigstellung u. a.

- starke Marmorierungen/Farbunterschiede
- großflächig „andersfarbige" Spachtelungen
- Ausführung der Arbeitsfugen

Gutachterliche Einstufung
Im Zuge einer Begutachtung wurde festgestellt, dass die Anforderungen der Sichtbetonklasse SB3 nicht erfüllt wurden. Nach dieser Feststellung wollten beide Parteien (Auftraggeber und Auftragnehmer) einen möglichen Minderungsbetrag in Erfahrung bringen.

Der Autor ermittelte daraufhin eine technische Minderung, da eine Aussage zu einer Wertminderung Juristen überlassen bleiben muss.

Wenn keine Sichtbetonklassen gemäß DBV/VDZ-Merkblatt „Sichtbeton" [30] vereinbart wurden, kann ein Bauteil im Nachhinein wie folgt einer Sichtbetonklasse zugeordnet werden:

- Spalte 4: SB4 – Vorzeigebereich, höchste Ansprüche
- Spalte 3: SB3 – Vorzeigebereich
- Spalte 2: SB2 – Normalbereich
- Spalte 1: SB1 – Nebenbereich

Die Berechnung einer technischen Minderung wird in Tab. 8.2 unter Zugrundelegung der Sichtbetonklasse SB3 dargestellt. Die Werte der Spalte 6 ergeben sich als Produkt der Spalten 3 und 5.

- Die Sichtbetonklassen (SB1 – SB4) sind dem DBV/VDZ-Merkblatt „Sichtbeton" [30] entnommen.
- Die Skalierung (Spalte 5) erfolgt gem. Abschn. 4.3.5
- Die Gewichtung (Zeile A/B) erfolgt gem. Abschn. 4.3.4
- Die Berechnung ergibt, dass eine technische **Minderung in Höhe von 24,5 %** vorliegt.

Tab. 8.2 Sichtbeton-Beurteilung unter Zugrundelegung der Sichtbetonklasse SB3 (Muster, d. h. nicht übertragbar)

Zeile/ Spalte	Sichtbeton-Fassade	Gewichtung Sichtbetonklassen				Abweichung siehe Skalierung	Berechnung der Minderung
		SB 1	SB 2	SB3	SB4	%	%
		1	2	3	4	5	6 = 3 * 5
A	**Gebrauchsfunktion %**	**60**	**50**	**40**	**30**		
1	Standsicherheit						
2	Wetterschutz						
3	Wärmedämmung						
4	Schallschutz						
B	**Geltungsfunktion %**	**40**	**50**	**60**	**70**		
5	Textur/ Schalelementstoß	T1	T2	T2	T3		
		6	8	10	12	0,10	1,0
6	Porigkeit	P1	P2	P3	P4		
		3	4	5	6	0,10	0,5
7	Farbtongleichmäßigkeit	FT1	FT2	FT2	FT3		
		22	26	30	34	0,60	18,0
8	Ebenheit	E1	E1	E2	E3		
		3	4	5	6	0,20	1,0
9	Arbeits- und Schalhautfugen	AF1	AF2	AF3	AF4		
		6	8	10	12	0,40	4,0
	Summe %	**100**	**100**	**100**	**100**		
	Summe technische Minderung						24,5

Es sei noch einmal darauf hingewiesen, dass das Verfahren der Erfahrung eines ö. b. u. v. Sichtbeton-Sachverständigen bedarf. Einfacher ist es, bei einer evtl. Sichtbetonminderung auf den sogenannten Sichtbetonzuschlag zu verzichten.

Wer den in diesem Fall vorliegenden Mangel zu verantworten hat (Planungs-, Bauleitungs- und/oder Ausführungsfehler) ist gesondert zu ermitteln (siehe Abschn. 4.3.6).

Weitere Beispiele enthält das Buch „Sichtbeton Mängel" [53].

Vorbeugung

Anspruchsvolle Sichtbetonobjekte bedürfen nicht nur einer sehr aufwendigen Sichtbeton-Planung, sondern fortgeschrittener Kenntnisse in der Baustoffkunde und Baukonstruktion. Bei repräsentativen Bauvorhaben ist es empfehlenswert, einen zusätzlichen ö. b. u. v. Sichtbeton-Sachverständigen als Berater oder Schiedsgutachter hinzuzuziehen.

8.1.4 Ripplings

8.1.4.1 Schulneubau

Erscheinungsbild
Ein Schulneubau wurde komplett in Sichtbeton SB3 innen und außen (Fassade) geplant. In sämtlichen Klassenzimmern traten an den Decken und Wänden „Ripplings" auf, die sowohl der Bauherr als auch der Architekt beanstandeten.

Gutachterliche Einstufung
Ripplings sind wellenförmige Vertiefungen an der Betonoberfläche, i. d. R. verursacht durch Quellerscheinungen aufgrund erhöhter Feuchtigkeit insbesondere an den Schalhautstößen. Leider kommt es auch vor, dass „minderwertige", d. h. ungeeignete Schalplatten verwendet werden, die Risse an der Oberfläche aufweisen und ebenfalls Ripplings verursachen, wie die nachfolgenden Bilder (Abb. 8.6, 8.7 und 8.8 a–f) zeigen.

Die **DIN 68792:2016-08** „Großflächen-Schalungsplatten aus Furniersperrholz für Beton und Stahlbeton" weist in Abs. 5.7 auf folgendes hin [23]:

„Schalungsplatten unterliegen physikalischen und chemischen Gesetzmäßigkeiten, die dazu führen können, dass durch äußere Einflüsse bedingte Veränderungen, wie z. B. Quellungen und Schwindungen, feine Risse auftreten."

Gemäß DBV/BDZ-Merkblatt Sichtbeton sind Ripplings **nicht** zulässig für:

- SB3 – siehe Abschn. 3.1.1.1.3
- SB4 – siehe Abschn. 3.1.1.1.4

Abb. 8.6 Aufgequollene Schalung

Abb. 8.7 Risse auf Oberfläche Schalplatten

Abb. 8.8 **a** Ripplings am Schalhautstoß. **b** Ripplings: Vertiefungen auf der Betonoberfläche. **c** Ripplings. **d** auf der gesamten Wandfläche. **e** Ripplings. **f** auf der gesamten Deckenfläche

Ein sachkundiger Architekten-Bauüberwacher hätte die Arbeiten spätestens nach dem ersten Raum stoppen müssen und nicht das gesamte Gebäude in der Art ausführen lassen. Da nützt auch der umfangreiche Schriftverkehr (Mängelrügen) wenig.

8.1.4.2 Einfamilienhaus

Erscheinungsbild

Die Innenwände eines Einfamilienhauses wurden in Sichtbeton SB2 geplant und ausgeführt (Abb. 8.9 und 8.10). Der Bauherr beanstandete die vorhandenen „Ripplings". Die Schalung bestand aus original-indonesischen Vorsatzschalen „FEPCO" (d = 4 mm) mit den Abmessungen 125/250 cm.

Da Ripplings für SB2 gemäß DBV/VDZ-Merkblatt Sichtbeton **zulässig** sind (siehe Abschn. 3.1.1.1.2: *„Aufquellen der Schalungshaut in Schraub- bzw. Nagelbereichen oder Welligkeiten an Kantenflächen („Ripplings")")* war nun die Streitfrage, ob diese Vertiefungen auch über die gesamte Fläche zulässig sind.

Abb. 8.9 Innenwände

Abb. 8.10 Ripplings: Vertiefungen

Gutachterliche Einstufung
Vertiefungen „Ripplings“ entstehen nicht nur an Verbindungsbereichen oder Kanten, sondern auch auf der gesamten Sichtbetonoberfläche, wenn die Schalung kleine, feine, kaum sichtbare Risse aufweisen.

Beim Betonieren dringt Feuchtigkeit in die Schalhautoberfläche ein und bewirkt ein feines Aufquellen, das zum o. g. Erscheinungsbild führt.

Aus einem Abstand von ca. 1,50 m und der frontalen Betrachtung waren die beanstandeten Vertiefungen kaum wahrnehmbar, d. h. erst beim Nähertreten und mit seitlicher Belichtung (Streiflicht) waren diese deutlich wahrnehmbar.

Unter Berücksichtigung der vereinbarten Sichtbetonklasse SB2 und der Tatsache, dass es keine weiteren, gesonderten Vereinbarungen hinsichtlich der Oberflächenqualitäten gab, sind die flächig, unter bestimmten Lichtverhältnissen auftretenden „Ripplings“ als nicht fehlerhaft einzustufen. Wären die Klassen SB3 oder SB4 vereinbart gewesen, hätte hier ein Fehler vorgelegen.

8.1.5 Schalung

8.1.5.1 Schalungsmatrizen

Erscheinungsbild
Die Wände eines Neubaus erhielten eine profilierte Sichtbeton-Oberfläche. Diese Sichtbetonflächen waren im Gegensatz zu den glatt geschalten Sichtbetonflächen außerordentlich gut gelungen (siehe Abb. 8.11). Nur bei genauem Hinsehen waren vereinzelt Fehlstellen im Stoßbereich der Schalungsmatrizen sichtbar (siehe Abb. 8.12).

Gutachterliche Einstufung
Die Betonoberfläche ist das Spiegelbild der Schalung, hier: Matrizen.

Die Hersteller der Matrizen weisen u. a. auf folgendes hin:

> *„Trotz sorgfältigster Verarbeitung sind durch material- und fertigungstechnische Eigenheiten Toleranzen in den Rückenstärken der Matrizen von einigen Millimetern nicht auszuschließen und dies sowohl innerhalb einer Matrize als auch von Matrize zu Matrize.*
>
> *Lose ausgelegte Matrizen unterliegen wie alle elastischen Materialien bei Temperaturschwankungen natürlichen Dehnungen und Verkürzungen. Durch Stauchen oder Recken aber auch durch Erwärmung oder Abkühlung sind diese geringfügigen Maßänderungen im Regelfall leicht wieder auszugleichen.“*

Abb. 8.11 Gelungene Sichtbetonoberfläche

Abb. 8.12 „Fehlstellen" im Stoßbereich

Der Autor stellte erst bei einer Unterschreitung des üblichen Betrachtungsabstandes „Fehlstellen" im Stoßbereich der Schalungsmatrizen fest, die den Gesamteindruck der Sichtbetonfläche nicht negativ beeinflussten.

8.1.5.2 Holz-Schalung

Beispiel Abb. 8.13 und 8.14.

Abb. 8.13 Schüttlagen

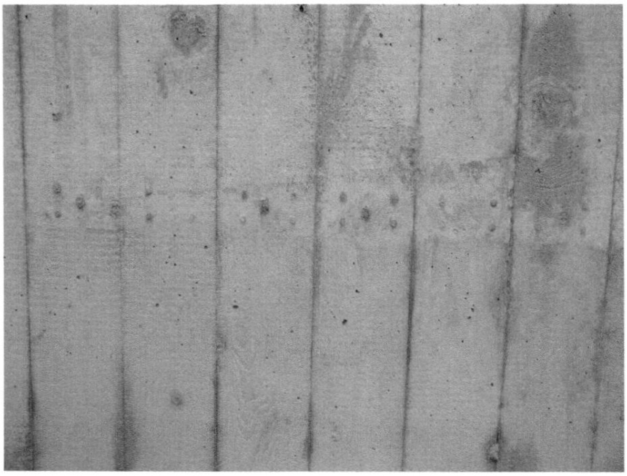

Abb. 8.14 Sichtbare Schalungsbefestigung

8.1.6 Dichtigkeit der Schalhautstöße

8.1.6.1 Betonkanten-Ausbildung

Erscheinungsbild

Ecken und Kanten von Sichtbetonwänden, -stützen usw. sollten den gleichen Farbton wie die Fläche selbst aufweisen. Dies ist bei diesem Projekt – wie leider häufig – nicht der Fall.

Gutachterliche Einstufung

Dreikantleisten aus Kunststoff werden bei glatter Schalung gern zur „Brechung“ von scharfkantigen Kanten (Abb. 8.15 und 8.16). Das war auch bei vorliegendem Projekt der Fall (Abb. 8.17a–f).

Im Rahmen der Herstellung wurden jedoch folgende Fehler begangen:

- Nagelung – anstatt Verschraubung
- Nagelabstand von der Kante zu groß, sodass bei Druck (Betoniervorgang) die Stosskante der Dreikantleiste aufgrund des „Kragarmes“ auseinander geht und Zementschlämme entweicht. Dies hat Kiesnester zur Folge.
- Ähnlich verhält es sich bei der Ankerdehnung, wenn sich die Schalhautfuge geringfügig öffnet.
- Die Betonkante ist nur mit Feinteilen gefüllt. Sie ist das Teil mit der geringsten Festigkeit. Während der Nutzung ist sie am stärksten anfällig durch Beschädigungen. Beim Ausschalen lässt sich auch bei größter Sorgfalt ein bereichsweises Abbrechen der Kante nicht verhindern.

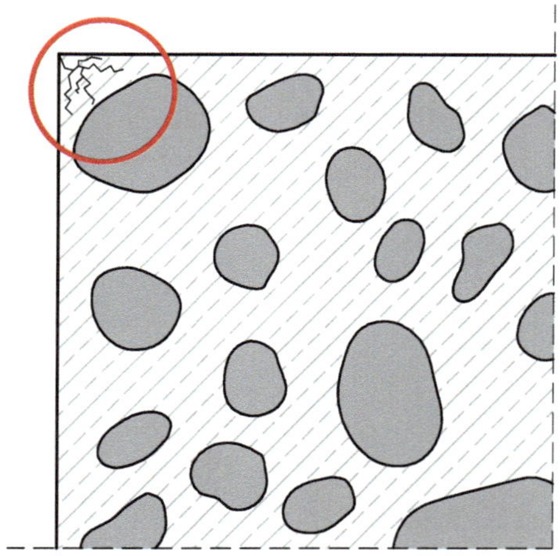

Abb. 8.15 Betonkante „instabil“ (Gesteinskörnung mit Bindemittel)

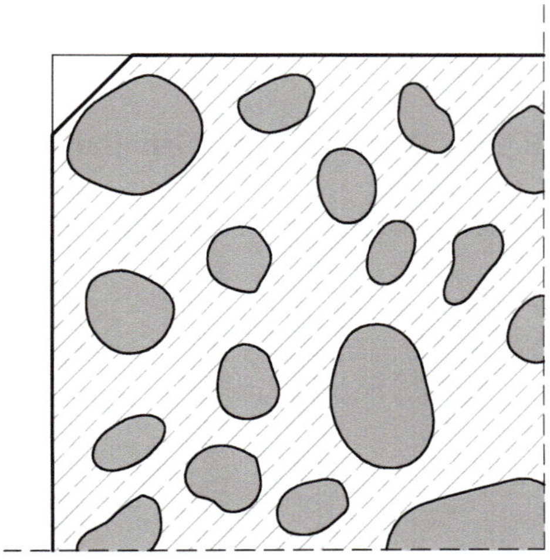

Abb. 8.16 Betonkante mit Dreikantleiste

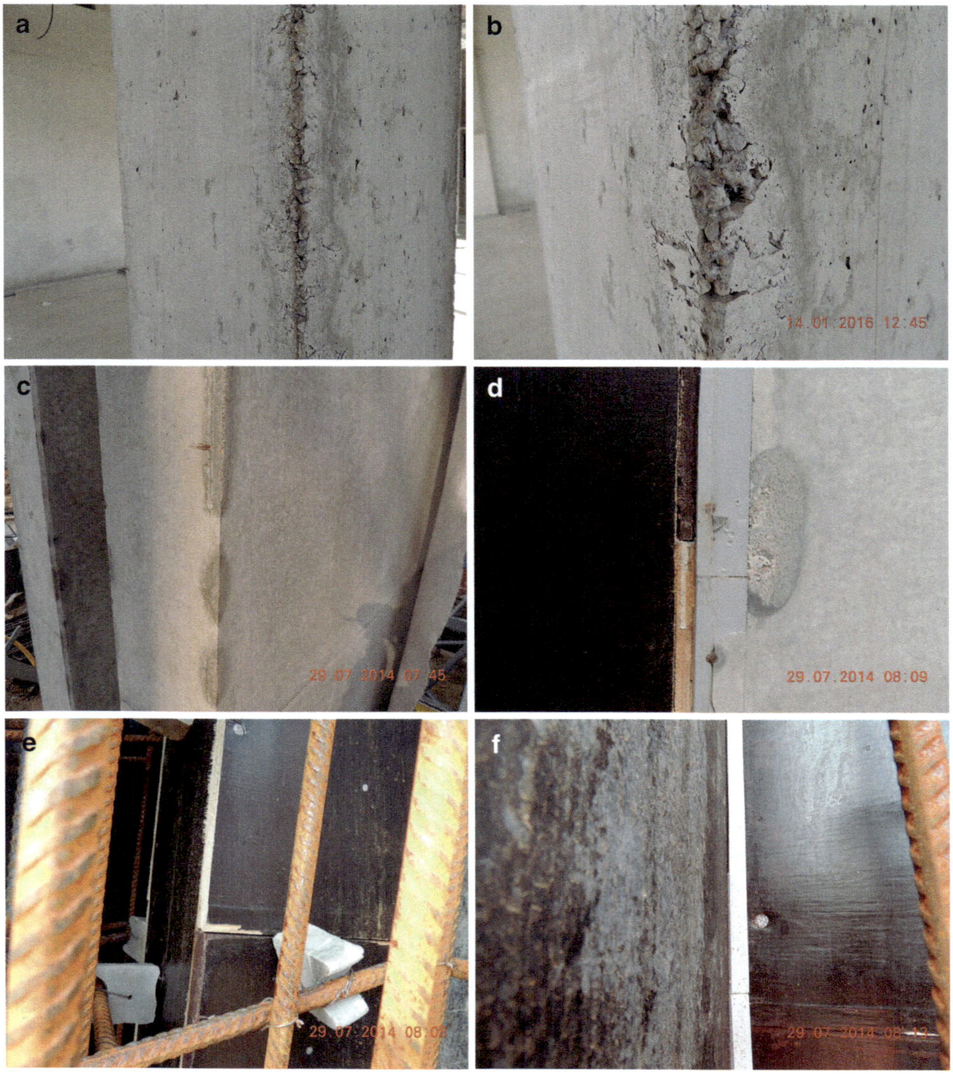

Abb. 8.17 **a** Innenstützen. **b** Kiesnester. **c** scharfkantige Ecken. **d** undichte Schalungsfuge. **e** scharfkantige Ecken. **f** undichte Schalungsfuge

8.1.7 Abdrücke auf Sichtflächen

8.1.7.1 Schuhabdrücke

Erscheinungsbild
Immer wieder wundern sich Bauherren oder Erwerber über Schuhabdrücke an den Decken (Abb. 8.18 und 8.19).

Abb. 8.18 Schuhabdrücke auf Schalung

Abb. 8.19 Schuhabdrücke an Decke

Gutachterliche Einstufung

Schuhabdrücke ergeben sich beim Begehen der mit Trennmittel versehenen Deckenschalung. Als Folge zeigen sich an der Deckenuntersicht nach dem Ausschalen die spiegelbildlichen Schuhabdrücke. Schuhabdrücke sind handwerkliche Fehler und vermeidbar (siehe Abb. 8.20). Es gibt sog. „Schuhüberzieher", mit denen die Schmutzabdrücke beim Betreten der Deckenschalung vermieden werden können.

Die Stahlbewehrung wird heutzutage i. d. R. von „günstigen" Nachunternehmern verlegt, die ihre Leistungen im Akkord erbringen. Daher nehmen sich diese Unternehmen oft nicht die Zeit, erhöhte Aufwendungen wie das Anlegen von Schuhüberziehern zu betreiben.

Auch eine Sichtbeton-Bauüberwachung stellt einen erhöhten Aufwand („Besondere Leistung") dar, zu deren Aufgabe u. a. die Kontrolle solcher Maßnahmen zählt.

Treten solche Schuhabdrücke auf, wird eine aufwendige „Betonkosmetik" (siehe Kap. 7) erforderlich, die wiederum auch einen besonderen Aufwand darstellt.

Abb. 8.20 Begehung der Schalung/Trennmittel

8.1.7.2 Abdrücke von Unterstützungen

Erscheinungsbild

Immer wieder wundern sich Bauherren oder Erwerber über Abdrücke an den Decken (Abb. 8.21 und 8.22).

Abb. 8.21 Abdrücke an der Sichtbetondecke

Abb. 8.22 Unterstützung der Decke

Gutachterliche Einstufung

Oftmals ist die Tragfähigkeit der Decken während der „Abbindezeit" noch nicht erreicht, sodass Unterstützungen z. B. in Form von Gewindestützen erforderlich werden. Trotz Trennlage zwischen Auflager und Decke, zeichnen sich die Abdrücke später unschön ab. Diese sind zum Erreichen einer gleichmäßigen optischen Qualität punktuell zu überarbeiten.

8.1.8 Treppen aus Ortbeton

8.1.8.1 Innentreppen

Auch Treppen in Sichtbetonoptik erfreuen sich heutzutage großer Beliebtheit und liegen „voll im Trend". In Ortbeton erstellt, ist die Deckenunterseite die eingeschalte Seite (im Gegensatz zur Einfüllseite, siehe Abschn. 8.2.6) und somit hochwertiger (Abb. 8.23). Auf den Schallschutz (Trittschall-Entkopplung) ist besonders zu achten.

Bei Ortbetontreppen wird die Oberseite, d. h. Tritt- und Setzstufe, i. d. R. mit einem Treppenbelag versehen.

Abb. 8.23 Treppen-Unterseite

Treppen aus Betonfertigteilen, siehe Abschn. 8.2.4

8.2 Fertigteile als Sichtbeton

8.2.1 Sichtbeton Beschaffenheitsvereinbarung

Erscheinungsbild
Bei einen Flughafenneubau erhielt der Generalauftragnehmer den Auftrag, die **Betonfertigteile in Sichtbetonqualität** herzustellen und einzubauen. Aufgrund unterschiedlicher Auffassung zur Ausführbarkeit von Sichtbeton meldete der Auftragnehmer Bedenken an. Zwischenzeitlich wurden aufgrund diverser Mängelanzeigen einige Sichtbeton-Fertigteile auf Anweisung des AGs wieder entfernt.

Gutachterliche Einstufung
In erster Linie stellt sich die Frage: *„Welche Forderungen des Bauherrn sind zwingend zu erbringen?"*

Grundsätzlich sind alle Leistungen zwingend zu erbringen, die die „vereinbarte Beschaffenheit" gewährleisten (sogenannte „Beschaffenheitsvereinbarung"). Nach dem derzeitigen Recht stellt jede Abweichung von der vertraglich vereinbarten Beschaffenheit, unabhängig von der Auswirkung auf die Gebrauchstauglichkeit, einen Mangel dar (BGB § 633). Der Hinweis auf das DBV/VDZ-Merkblatt „Sichtbeton" [30] reicht allein nicht aus, da es keine vertraglichen Vorgaben regelt, sondern lediglich eine Hilfe für den ausführenden Unternehmer, den ausschreibenden Architekten und den beurteilenden Sachverständigen darstellt.

Das Leistungsverzeichnis bestimmt das Bau-SOLL (d. h. das „WIE" der Maßnahmen). Gleichzeitig wird im Leistungsverzeichnis in den „Zusätzlichen Technischen Vertragsbedingungen" (ZTV) in Verbindung mit den DIN-Vorschriften, Merkblättern usw. das zu erreichende „ZIEL" der Maßnahmen („optische Anforderungen") geregelt.

Im vorliegenden Fall wurden in den ZTV Anforderungen an die Sichtbeton-Oberflächen gestellt, die technisch und optisch nicht möglich sind. Beispielsweise wurde im Leistungsverzeichnis die völlige Farbgleichheit gefordert. Die Herstellung einer völligen Farbgleichheit ist objektiv unmöglich. Dies wird u. a. im DBV/VDZ Merkblatt „Sichtbeton" [30] ausdrücklich bestätigt:

> *„Farbtonunterschiede und Verfärbungen sind auch bei größter handwerklicher Sorgfalt und bei Einhaltung der Vorgaben nicht gänzlich auszuschließen."*

Dies hat jedoch lediglich technische, nicht jedoch rechtliche Bedeutung. Rechtlich bleibt der Auftragnehmer zur Leistungserbringung gem. §§ 275, 311a BGB verpflichtet. Das heißt, rechtlich hat der Auftragnehmer auch „Unmögliches" zu leisten. Soweit der Auftragnehmer diese vertragliche Leistung nicht erbringen kann, ist er zum Schadensersatz („Mängelbeseitigung") verpflichtet. Nach derzeitiger Rechtsprechung nach der Schuldrechtsreform stellt jede Abweichung vom Leistungsverzeichnis und von der Leistungsbeschreibung einen Mangel dar (§ 633 BGB). In diesem Fall hat der Auftragnehmer deshalb grundsätzlich die in Leistungsverzeichnis und ZTV genannten Vorgaben zu erfüllen. Nach Ansicht des Sachverständigen ist diese Problematik nur durch rechtzeitige Bedenkenanmeldung gem. VOB/B [10] § 4.3 zu lösen.

Dies stellt jedoch eine Rechtsfrage dar und kann deshalb von einem Sachverständigen nicht abschließend beantwortet werden. Zur abschließenden Klärung empfiehlt der Sachverständige die Hinzuziehung eines mit dem Thema Sichtbeton fachspezifisch erfahrenen Rechtsanwaltes.

Dabei stellen sich die folgenden Fragen:

- *„Welche Forderungen des Bauherrn stehen im Widerspruch zueinander?"*
  und daraus folgend:
- *„Welche Forderungen des Bauherrn sind nicht vertraglich geschuldet, da nicht zielsicher herstellbar?"*

Nach geltendem Recht führt allein die Beschreibung von Qualitätsmerkmalen dazu, dass eine Beschaffenheitsvereinbarung vorliegt. Gelingt es dem Auftragnehmer nicht, die versprochenen Merkmale zu liefern, liegt ein Mangel vor.

Im vorliegenden Fall wurden in den ZTV für Sichtbeton-Fertigteile unter Pkt. 9.4.3 die Sichtbetonklasse 3 gem. DBV/VDZ-Merkblatt „Sichtbeton" und in den Absätzen 9.4.5 sowie 9.4.6 die zusammengefassten Anforderungen vereinbart (Tab. 8.3).

Hinweis
Gemäß Generalunternehmer-Vertrag bestimmen die ZTV „Sichtbeton-Fertigteile" die Anforderungen an die am Bauvorhaben auszuführenden Sichtbeton-Fertigteile.

Im ZTV-Absatz 9.4.3 wird für geschalte Oberflächen die Sichtbetonklasse SB3 vorgegeben. Das DBV/VDZ-Merkblatt „Sichtbeton" [30] findet nur für Beton- und Stahlbetonarbeiten (Ortbeton) Anwendung, nicht jedoch für Fertigteile aus Beton und Stahlbeton. Darauf wird im DBV/VDZ-Merkblatt „Sichtbeton" [30] explizit hingewiesen. Hintergrund hierfür ist, dass bei Betonteilen aus Fertigteilen regelmäßig keine Einteilung in Sichtbetonklassen erfolgt. Darauf wird ausdrücklich im FDB-Merkblatt „Sichtbetonflächen von Fertigteilen aus Beton und Stahlbeton" [40] in Ziff. 3.2–4 hingewiesen. Auch hier steht deshalb der Generalunternehmer-Vertrag im Widerspruch zu den Anerkannten Regeln der Technik. Damit kommt man zu der Frage, welche der Forderungen Vorrang bei einem Widerspruch haben. Im Generalunternehmer-Vertrag steht:

> *„Im Falle von Unvollständigkeiten und Widersprüchen findet die Regelung des § 1 Nr. 2 VOB/B Anwendung. Sofern Leistungen in der Anlage beschrieben sind und diese Leistungen in anderen Anlagen nicht beschrieben sind, stellt dies keinen Widerspruch im Sinne der vorbenannten Rangfolgeregelung dar."*

Tab. 8.3 Anforderungen an die Betonfertigteile gemäß den ZTV

ZTV-Absatz	„SOLL" gemäß ZTV	Bemerkungen/Widerspruch
9.4.5	„Füllseiten – geglättet, sodass die Sichtbetonqualität, -klasse derjenigen der geschalten Oberflächen entspricht."	Diese Forderung ist nicht realisierbar, da die Füllseite (entgegen der ausgeschalten Seite) mit der Hand bearbeitet, z. B. geglättet, wird
9.4.6–1	„Farbgleichheit an allen sichtbaren unbehandelten Betonflächen"	SOLL widerspricht dem DBV/BDZ-Merkblatt „Sichtbeton" [2.1.1], Tab. 2, Zeile 3. Danach ist selbst bei „FT2" *„eine gleichmäßige, großflächige Hell-/Dunkelverfärbung"* zulässig Gemäß DBV/BDZ-Merkblatt-Nr. 1 [30], Pkt. 5.3–10 ist ein *„gleichmäßiger Farbton aller Ansichtsflächen am Bauwerk"* nicht zielsicher herstellbar
9.4.6–2	„Einheitliche Porenerscheinung" (Porengröße und Porenverteilung)	DBV/BDZ-Merkblatt „Sichtbeton" [30], Tab. 1, unterscheidet zwischen s = saugender und ns = nicht saugender Schalhaut. Somit widerspricht „SOLL" Tab. 4 „P3": demnach ist *„ein gleichmäßiger Porenanteil von ca. 1.500 mm²"* zulässig Gemäß DBV/BDZ-Merkblatt-Nr. 1 [30], Pkt. 5.3–3 ist *„eine Porenanhäufung zu tolerieren"* und gem. Pkt. 5.3–11 *„eine porenfreie Ansichtsfläche nicht zielsicher herstellbar."*
9.4.6–3	„frei von Wolkenerscheinungen sowie mittelfristig auftretender Ausblühungen"	Widerspricht DBV/BDZ-Merkblatt „Sichtbeton" [30], Tab. 2, Zeile 3: „FT2" (< „FT3") danach ist eine *„leichte Wolkenbildung, geringe Farbtonabweichungen"* zulässig Gemäß DBV/BDZ-Merkblatt-Nr. 1 [29], Pkt. 5.3–7 sind: *„vereinzelte Kalkfahnen und Ausblühungen"* zu tolerieren
9.4.6–4	„keine sichtbaren Arbeitsfugen"	SOLL widerspricht DBV/BDZ-Merkblatt „Sichtbeton" [30], Tab. 2, Zeile 5. Nach „AF3" ist ein *„Versatz der Flächen zwischen zwei Betonierabschnitten bis ca. 5 mm"* zulässig

(Fortsetzung)

Tab. 8.3 (Fortsetzung)

ZTV-Absatz	„SOLL" gemäß ZTV	Bemerkungen/Widerspruch
9.4.6–5	„keine sichtbaren Nagelstellen, Grate oder Betonwarzen	SOLL widerspricht DBV/BDZ-Merkblatt „Sichtbeton" [30], Tab. 3, Zeile 1. Nach „T2": *„Höhe verbleibender Grate bis ca. 5 mm"* zulässig Nagelstellen (Betonwarzen) sind nicht vermeidbar, wenn sie nicht vorher „versenkt" ausgeführt und „gespachtelt" wurden. Die Leistungen „versenken" und „spachteln" sind gem. § 9 VOB/A [11] auszuschreiben. Vorliegend sind diese Leistungen im LV nicht ausgeschrieben
9.4.6–6	„Betonabstandhalter dürfen sich auch nach abschließender Oberflächenbehandlung nicht abzeichnen."	Sichtbetonflächen erhalten in der Regel keine „abschließende Oberflächenbehandlung". Es sei denn, dass dies zusätzlich vereinbart wurde Gemäß DBV/BDZ-Merkblatt-Nr. 1 [30], Pkt. 5.3–4 sind sich abzeichnende Abstandhalter zu tolerieren Es ist nicht auszuschließen, dass sich Betonabstandhalter vereinzelt an der Betonoberfläche abzeichnen, da sie einen direkten Kontakt zur Oberfläche haben. Es sei denn, dass zusätzlich vereinbart wurde, dass die Stahlbewehrung „abgehangen" wird, so dass keine Abstandhalter erforderlich werden
9.4.6–7	„Freiheit von Haarrissen in Form von Oberflächennetzrissen (unbedenklich sind bei Außenbauteilen Risse mit einer Rissbreite bis zu 0,3 mm)."	„Risse" im Beton können grundsätzlich <u>nicht</u> vermieden werden. Sie gehören zum Bemessungsprinzip der Stahlbetonbauweise (DIN 1045 [4]) Auch Risse mit einer Breite von 0,3 mm können sich bei Außenbauteilen (in Verbindung mit Feuchtigkeit) deutlich abzeichnen
9.4.6–8	„Betonschwindungen sind auf ein Minimum zu reduzieren."	Gemäß DBV/BDZ-Merkblatt-Nr. 1 [30], Pkt. 5.3–13 sind Oberflächen ohne Haarrisse <u>nicht</u> zielsicher herstellbar Betonschwindungen können grundsätzlich nicht völlig vermieden werden Gemäß Statik muss die sog. „Rissbreitenbeschränkung" berücksichtigt werden. Daher ist die „zulässige" Rissbreite vor Ausführung mit dem AG (und dem Planer) abzustimmen

(Fortsetzung)

Tab. 8.3 (Fortsetzung)

ZTV-Absatz	„SOLL" gemäß ZTV	Bemerkungen/Widerspruch
9.4.6–9	„Verwölbungen und Schalungsabsätze sind auszuschließen."	Gemäß DBV/BDZ-Merkblatt „Sichtbeton" [30], Tab. 2, Zeile 1: „T2" ist ein Schalungsversatz der Elementstöße bis ca. 5 mm zulässig
9.4.6–10	„Mit Betonkosmetik ausgebesserte Fertigteile dürfen nicht eingebaut werden."	Gemäß DBV/BDZ-Merkblatt-Nr. 1 [30], Pkt. 4–2, kann es *„trotz größter Sorgfalt bei der Ausführung von Sichtbeton zu Fehlstellen kommen. Nach DIN 18217 ist deshalb eine material- und fachgerechte Ausführung zulässig"* Wie eine fachgerechte Betonkosmetik erfolgt, ist ausführlich im Kommentar zur DIN 18217:1981–12 [52] beschrieben
9.4.6–11	„Sämtliche Sichtbetonflächen sind bis zur Gebrauchsabnahme wirksam zu schützen."	Der Schutz von Sichtbetonflächen ist sehr zeit- und kostenunterschiedlich auszuführen, z. B. mittels Folien (mit und ohne Abstand), Hartfaserplatten oder insbesondere der Kantenschutz von scharfkantigen Ecken. Daher ist eine eindeutige und erschöpfende Beschreibung erforderlich
9.4.6–12	„Transportanker sind ohne vorherige Absprache mit dem AG nur an nicht sichtbaren Flächen sämtlich nachfolgend beschriebener Bauteile anzubringen."	Wenn Transportanker trotz vorheriger Absprache mit dem AG unvermeidbar sind, ist das Schließen der Anker (Material, Form usw.) vor Ausführung genau zu beschreiben!

Gemäß VOB/B [10] § 1 Nr. 2 wird das Auftreten von Widersprüchen wie folgt geregelt:

„Bei Widersprüchen im Vertrag gelten nacheinander:
a) die Leistungsbeschreibung
b) die Besonderen Vertragsbedingungen
c) etwaige Zusätzliche Vertragsbedingungen
d) etwaige Zusätzliche Technische Vertragsbedingungen
e) die Allgemeinen Technischen Vertragsbedingungen für Bauleistungen
f) die Allgemeinen Vertragsbedingungen für die Ausführung von Bauleistungen"

Im Generalunternehmer-Vertrag befindet sich keine ausdrücklich vereinbarte Rangfolge. Deshalb kommt die VOB/B zur Anwendung. Dies bedeutet, dass Leistungsverzeichnis und ZTV gleichberechtigt nebeneinanderstehen. Diese Problematik kann der Auftragnehmer nur bewältigen, in dem durch rechtzeitige Bedenkenanmeldung gem. VOB/B [10] § 4.3 die vom Auftraggeber im Leistungsverzeichnis und in den ZTV vorgegebenen Widersprüche und Unmöglichkeiten aufzeigt.

Vorbeugung
Da der Auftraggeber zur vollständigen und richtigen Ausschreibung verpflichtet ist (VOB/A § 9 [11]), hat er die Entscheidung darüber zu treffen, ob die Leistung durch veränderte Ausführung (ggf. Nachträge) oder durch eine Verringerung der Anforderungen an die Beschaffenheit des Sichtbetons (z. B. P1 anstatt P2) auszuführen ist.

8.2.2 Fassaden – Sichtbeton-Fertigteile

8.2.2.1 Fassade – Farbabweichungen

Beispiel 1

Erscheinungsbild
Die Fassade war aus Sichtbeton-Fertigteilen geplant. Der Entwurf sah u. a. sechs verschiedene Farbnuancen der Betonteile vor, helle bis dunkle Farbtöne (Abb. 8.24). Die Oberflächen waren „gesäuert" (Abb. 8.25). Beanstandet wurde u. a.:

> *Die vorhandenen Farbtöne entsprachen nicht dem Architektenentwurf, z. B. Betonplatten (geplant im „dunklen" Farbton) waren teilweise heller, als die geplanten „hellen" Farbtöne.*

Fast alle Fassadenplatten wiesen deutlich erkennbare „Ablaufspuren", d. h. Schlieren und Kantenabplatzungen, verursacht während der Montage, auf. Die Bauabnahme für die Fassade erfolgte nicht, da sie <u>nicht</u> der Beschaffenheitsvereinbarung entsprach, u. a.

- Fassadenfarbtöne entsprachen nicht den Musterplatten und auch
- dem Architektenentwurf,
- Kantenabplatzungen an fast jeder Platte (Montagefehler) (Abb. 8.27)
- deutliche „Ablaufspuren"/Schlieren auf der Oberfläche (Abb. 8.26)

Abb. 8.24 Sichtbetonfertigteile einer Fassade

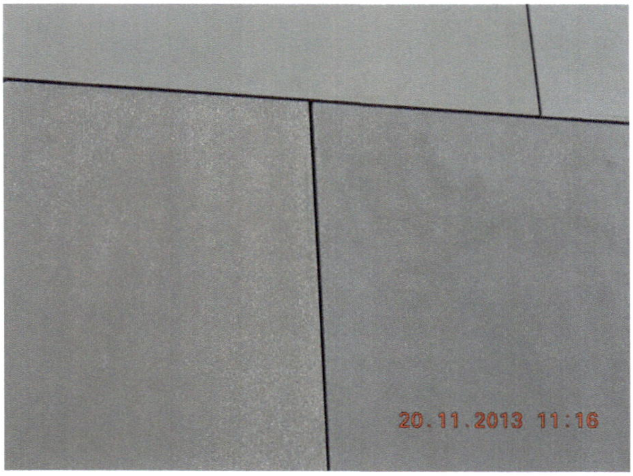

Abb. 8.25 Ungleichmäßige Oberflächenstruktur durch zu starkes Säuern

Angesprochen auf diese Beanstandungen antwortete der verantwortliche Bauleiter:

Kantenabplatzungen: *„Das waren schon die besten Monteure."*
Schlieren: *„...das passiert beim Absäuern!"*

Gutachterliche Einstufung

Kantenabplatzung

Die Kantenabplatzungen sind im Rahmen der erforderlichen Betonkosmetik (Kap. 7) zu reprofilieren. Es wurde versucht, die Farbabweichungen mittels einer Farblasur (KEIM) anzugleichen.

Abb. 8.26 Schlieren

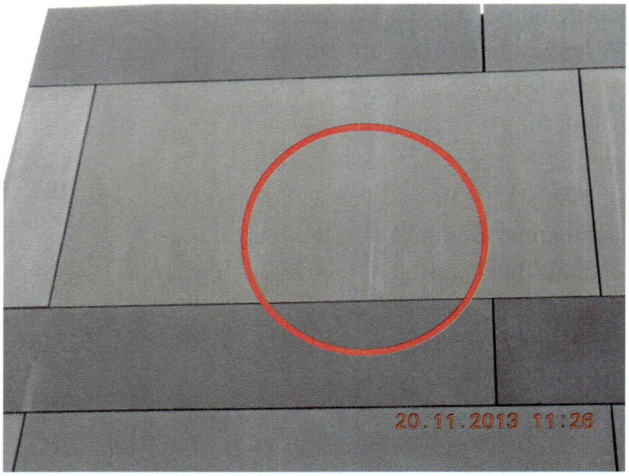

Abb. 8.27 Kantenabplatzungen

Absäuern

Durch das Absäuern (mittels einer Säure) wird die obere Zementhautschicht abgetragen, sodass das oberflächennahe Gesteinskorn freiliegt (siehe Abb. 8.28 und 8.29). Es ergibt eine leicht raue Oberfläche. Bezüglich der Probleme mit einer Schlierenbildung an abgesäuerten Sichtbetonteilen wird auf das Buch „Sichtbeton Mängel" [53] verwiesen.

Im vorliegenden Fall lag die Ursache u. a. darin, dass zu viel Säure aufgetragen wurde, die unkontrolliert (am stehenden Betonteil) herablief. Eine partielle Ausbesserung führt zwangsläufig zu einer „Verschlimmbesserung". Im Rahmen einer Betonkosmetik empfiehlt es sich, eine Farblasur anzuwenden (siehe Kap. 7 „Betonkosmetik").

Abb. 8.28 Absäuern im Werk

Abb. 8.29 Absäuern

Vorbeugung

Eine abgesäuerte feinkörnige Sichtbetonfläche schlierenfrei zu erstellen, ist ein anwendungstechnisches Kunststück, erst recht, wenn es sich um einen farbigen Sichtbeton (wie hier) handelt.

Bei starken Abweichungen zur Beschaffenheitsvereinbarung müssen Konsequenzen bereits im Werk getroffen werden und nicht erst vor Ort oder gar bei der Bauabnahme.

Ein Kompromiss kann beschlossen werden (im Zusammenhang mit einer Wertminderung), die Zeit und die Offenporigkeit der Betonoberfläche zu nutzen, bis sich eine natürliche „Patina“ gebildet hat.

Beispiel 2

Erscheinungsbild
Vereinzelte Betonfertigteilplatten weisen einen Rosa-Stich auf (Abb. 8.30a–d).

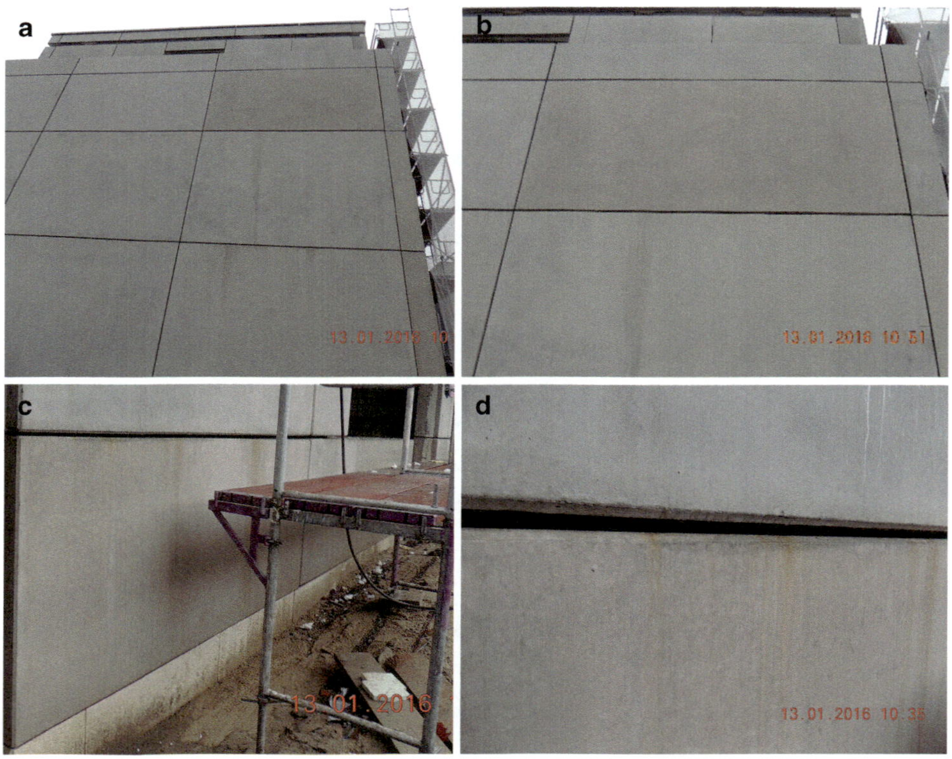

Abb. 8.30 **a** Sichtbeton Fassade. **b** rötliche Farbabweichung. **c** rötliche Farbabweichung, **d** unsaubere Kantenausbildung

Beispiel 3

Erscheinungsbild
Die Terrassenbrüstungen weisen als oberen Abschluss anthrazitfarbige Sichtbeton-Fertigteilplatten auf. Die dunklen Platten weisen zum Leidwesen des Bauherrn großflächig weiße Ausblühungen auf (Abb. 8.31 und 8.32).

Gutachterliche Einstufung
Die Ausblüherscheinungen sind auf eine chemische Reaktion zurückzuführen, die nicht die technischen Eigenschaften eines Betons beeinträchtigt. Insbesondere bei dunkelfarbigen Betonoberflächen sind bereits geringste Ablagerungen von Kalziumkarbonat

sichtbar. Die Intensität der Ablagerungen richtet sich u. a. nach der Dauer der Feuchtigkeit, d. h. insbesondere an flach geneigten Außenbauteilen, die ständig neue Feuchtigkeit erhalten, z. B. vorhandene Brüstungsabdeckung.

Aufgrund des geringen Gefälles und zulässiger Bautoleranzen sammelt sich Wasser an der schwach geneigten Betonoberfläche an und läuft langsam an der Stirnseite herab. Dort tropft es nicht sofort ab, sondern haftet an der unteren Kante. Die sehr feinen Haarrisse saugen zusätzlich Feuchtigkeit auf.

(Hinweis: „Risse" im Beton kann man grundsätzlich nicht vermeiden. Sie gehören vielmehr zum Bemessungsprinzip gem. DIN 1045. Vorhanden sind sehr feine Haarrisse an den Betonoberflächen aufgrund unvermeidlichem Schwindverhalten.)

Abb. 8.31 Anthrazitfarbiger Sichtbeton mit Ausblühungen

Abb. 8.32 Anhaftende Feuchtigkeit

8.2.2.2 Fassaden- Feuchtigkeitsschäden

Erscheinungsbild
Ein Treppenhausturm wurde in anthrazitfarbigen Sichtbeton ausgeführt. Die geschosshohen Öffnungen wurden nicht geschlossen (z. B. mittels einer Verglasung), sondern blieben offen. Dies hatte zur Folge, dass Schlagregen ungehindert in das Gebäudeinnere eindringen konnte und u. a.

- deutliche Wasserablaufspuren und
- Ausblühungen

verursachte (Abb. 8.33, 8.34, 8.35, und 8.36).
Gutachterliche Einstufung

> **Hinweis**
> Wasser darf nicht ruhen, Wasser muss fließen, daher ist immer ein Gefälle zu planen, um Feuchtigkeitsschäden zu vermeiden.

Abb. 8.33 Sichtbetonfassade

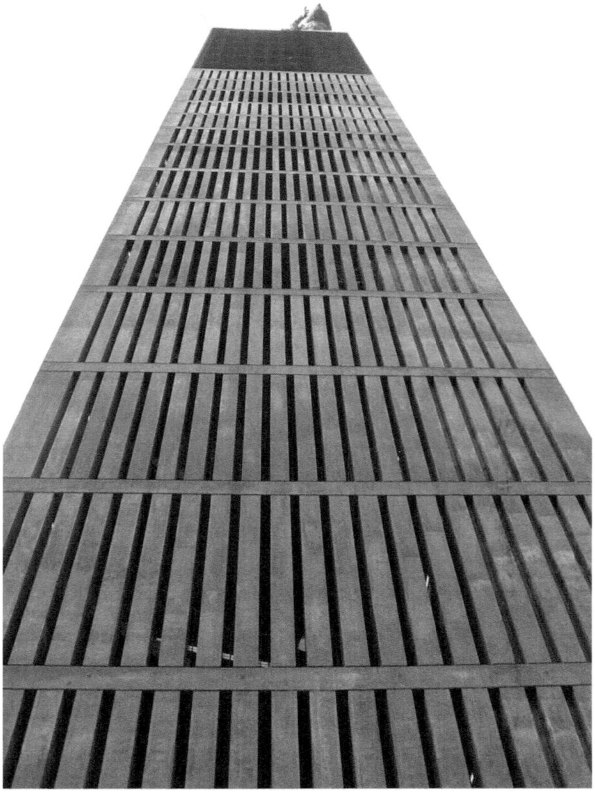

Abb. 8.34 offenes Treppenhaus, mit Pfützenbildung

Abb. 8.35 Wasserablaufspuren

Abb. 8.36 offenes Treppenhaus

Die Ausblüherscheinungen sind eine chemische Reaktion, die die technischen Eigenschaften eines Betons nicht beeinträchtigen. Insbesondere bei dunkelfarbigen Betonoberflächen sind bereits geringste Ablagerungen von Kalziumkarbonat sichtbar (siehe auch Abschn. 8.2.2.1 Farbabweichungen).

Aufgrund der zulässigen Toleranzen bildeten sich auf den Treppenpodesten Wasserpfützen. Dies führt aufgrund von Glatteisbildung im Winter zu einer eingeschränkten Begehbarkeit des Treppenhauses. In derartigen Situationen bleibt zu hoffen, dass die tragenden Betonbauteile mit den erforderlichen Expositionsklassen und Betondeckung geplant wurden. Gerade bei dunklen Betonbauteilen muss das Wasser geplant abgeführt werden, was offensichtlich in vorliegendem Fall nicht ausreichend berücksichtigt wurde.

8.2.2.3 Fassade – Matrizen

Beispiel 1

Erscheinungsbild
Ein offenes Parkhaus wurde mit Sichtbeton-Fertigteilen geplant. Beanstandet wurden u. a. die Fehlstellen und Farbabweichungen an den Stirnseiten der Platten (Abb. 8.37).

Gutachterliche Einstufung
Die Stirnseiten wurden nicht fachgerecht abgedichtet, sodass beim Betoniervorgang Feinstteilchen entweichen konnten und die unschönen Fehlstellen verursachten. Die anschließende Betonkosmetik „verschlimmbesserte" die Situation, indem nicht farblich abgestimmte Betonersatzmörtel verwendet wurden (Abb. 8.38a–c, siehe auch Hinweise im Buch „Sichtbeton Mängel" [53]).

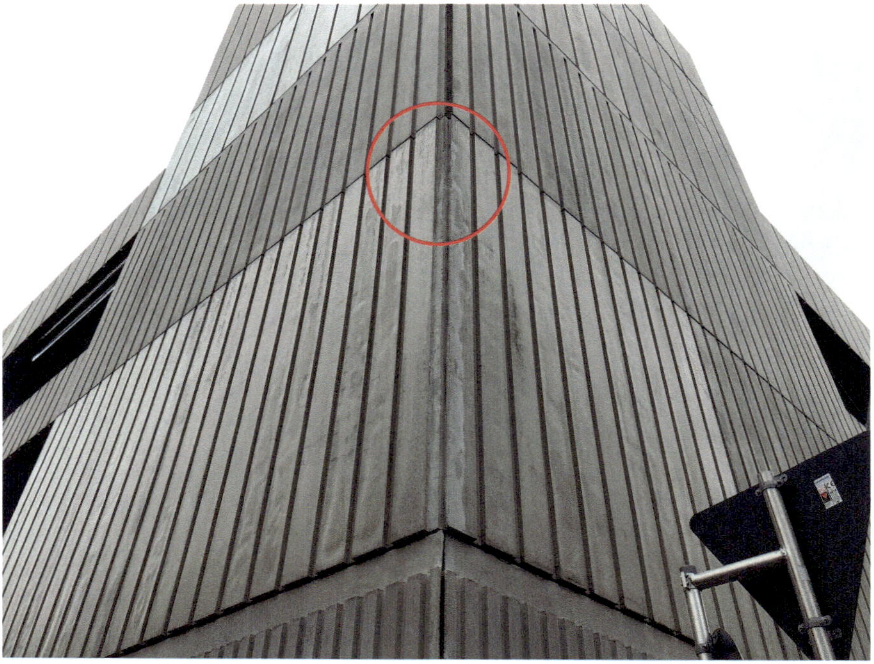

Abb. 8.37 Sichtbeton Fassade

Abb. 8.38 **a** Fugenausbildung. **b** Fehlstellen und Farbabweichungen an den Stirnseiten der Platten. **c** Betonkosmetik – Verschlimmbesserung

Beispiel 2

Erscheinungsbild

Ein Objekt wurde mit Sichtbeton-Vorhangfassade (Matrizenstruktur) und anthraziteingefärbtem Beton geplant (Abb. 8.39 und Abb. 8.40). Die dafür vorgesehene Betonrezeptur beinhaltete schnell erhärtenden Zement sowie Hydrophobierung bzw. Antigraffitischutz. Beanstandet wurden u. a. die Hell-/ Dunkelbereiche sowie die „Ablaufnasen". Die Betonplatten mit der Hydrophobierung wiesen wesentlich hellere und scheckigere Oberflächen auf. Die Applikation erfolgte immer vollflächig, d. h. von unten nach oben im Sprühverfahren.

Abb. 8.39 Sichtbeton Elemente

Abb. 8.40 Oberflächengestaltung mit Matrizen

8.2.3 Toleranzen – bei Betonfertigteilen

8.2.3.1 Balkon-Fertigteile

Zwei Beton-Fertigbauteile stoßen aneinander. Die Achsmaße betragen 0,30 m (Balken B) und 1,70 m (Balken L). Daraus folgt eine Gesamtlänge von A = 2,0 m. In dieser Betrachtung soll die maximal zulässige Fugenbreite zwischen beiden Bauteilen festgestellt werden (vgl. Abb. 8.41 und 8.42).

Randbedingungen

Nachfolgende Einflussgrößen bleiben aufgrund ihrer geringen Auswirkungen in der inhärenten Maßveränderlichkeit der Stahlbetonbauteile unberücksichtigt.

Abb. 8.41 Beton-Fertigbauteile

Im Folgenden soll anhand der Wärmeausdehnung und des Endschwindmaßes diese Vernachlässigbarkeit verdeutlicht werden:

1) *Wärmeausdehnung:*

- Wärmeausdehnungskoeffizient von Stahlbeton: $\alpha = 0{,}012$ mm/m K
- Gesamtlänge beider Bauteile: $l = 2{,}00$ m
- Temperaturdifferenz: $\Delta T = 30$ K

Längenänderung infolge von Temperaturausdehnung:

$$\Delta l_T = \alpha * \Delta T * l = 0{,}012 \frac{mm}{m*K} * 30\,\text{K} * 2{,}00\,\text{m} = \mathbf{0{,}72}\ \boldsymbol{mm}$$

2) *Endschwindmaß:*

- Schwindmaß: $S = 0{,}12$ mm/m
- Gesamtlänge beider Bauteile: $l = 2{,}00$ m

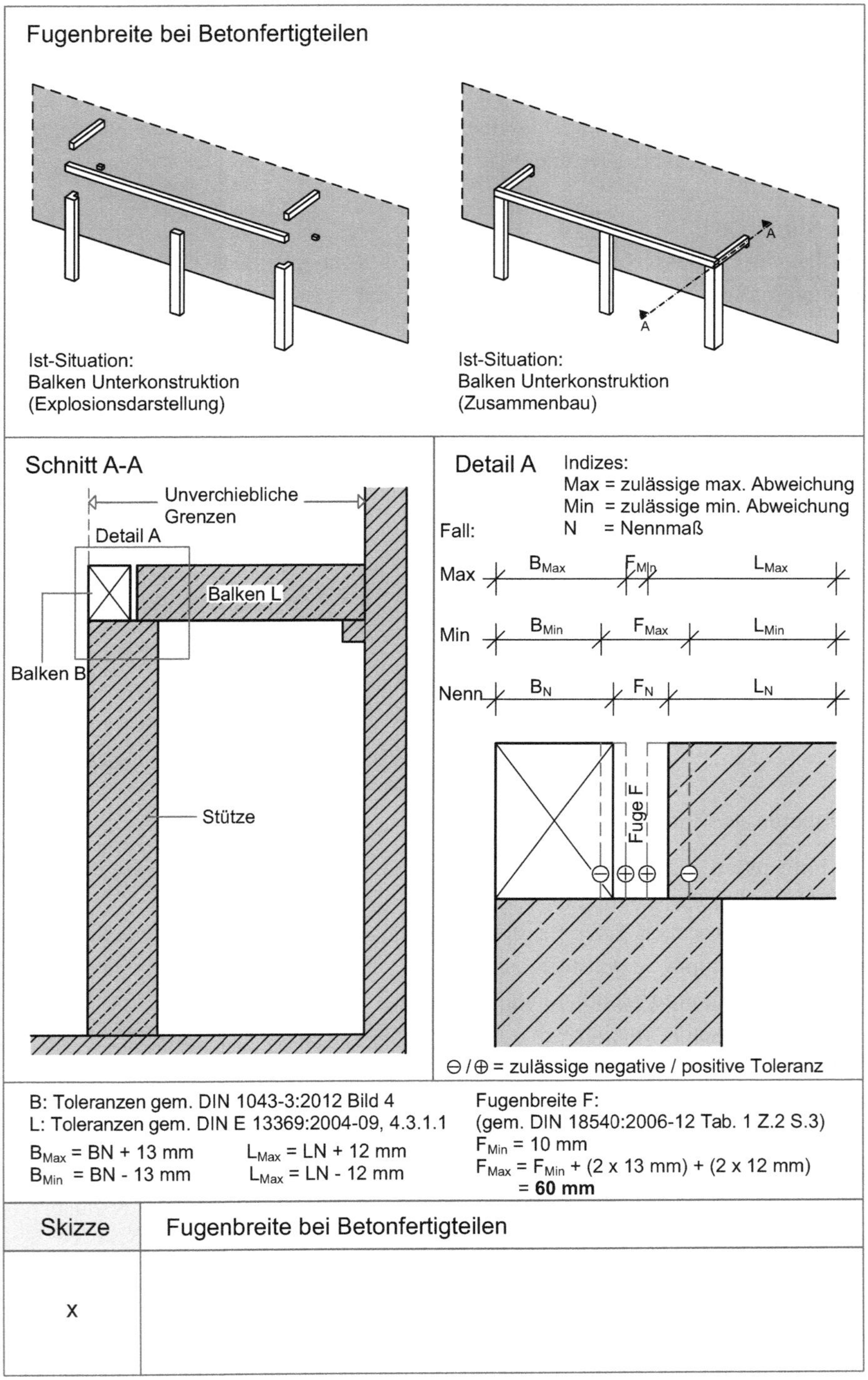

Abb. 8.42 Prinzipskizze – Fugenbreite bei Betonfertigteilen

Längenänderung infolge von Schwinden:

$$\Delta l_S = S * l = 0{,}12 \frac{mm}{m} * 2{,}00\ m = 0{,}24\ \boldsymbol{mm}$$

3) *Gesamte inhärente Maßveränderung im ungünstigsten Fall:*
$$\Delta l_{ges} = \Delta l_T + \Delta l_S = 0{,}96\ mm \approx 1\ \boldsymbol{mm}$$

Aufgrund einer maximalen Längenänderung von $\Delta l_{Ges} = 1$ mm bezogen auf 2,00 m Bauteillänge (≙ 0,05 %) kann das Endschwindmaß und die Temperaturausdehnung vernachlässigt werden und bleiben unberücksichtigt.

Die Haupt-Einflussgröße auf die maximal zulässige Breite der Fuge zwischen den Bauteilen stellen die Maßtoleranzen im Rahmen der Herstellung der Bauteile dar. Hierbei wird davon ausgegangen, dass die beiden Balken bündig an den angenommenen, unverschieblichen Grenzen (vgl. Abb. 8.42, Schnitt A-A) anliegen.

Bestimmung der maximalen Fugenbreite (Alle Verweise beziehen sich auf Abb. 8.42): Die Bestimmung der maximalen Fugenbreite ($b_{F,max}$) erfolgt ausgehend von der minimalen Fugenbreite ($b_{F,min}$) zuzüglich der zulässigen Maßtoleranzen für Stahlbeton-Fertigbauteile. Die baukonstruktiven Anforderungen an die Fugenabdichtung entsprechen der DIN 18540:2014-09 „Abdichten von Außenwandfugen im Hochbau mit Fugendichtstoffen“ [2.21].

Das Mindestmaß der Fugenbreite von $b_{F,min} = 10$ mm ([2.21] Tab. 2 Z. 1 Sp. 3) ist im Falle der maximal zulässigen Bauteiltoleranz bei den Stahlbetonbalken einzuhalten. Im ungünstigsten Fall haben die Balken eine zulässige Länge von B_{Min} bzw. L_{Min}. Daraus folgt die größte Fugenbreite im Rahmen der zulässigen Maßtoleranzen nach DIN 1045-3:2012-03.

Die Maßtoleranzen nach DIN 1045-3:2012–03 Bild 4.NA („zulässige Querschnittsabweichungen“) betragen für den Bauteilquerschnitt:

Balken B (Breite $B_N = 150$ mm)

$$\frac{B_{Max}}{B_{min}} = \frac{1}{50} * B_N + 7\ mm = \pm\, \boldsymbol{13\ mm}$$

Diese Berechnung erfolgt auf Basis einer Interpolation der zulässigen Toleranzwerte.

Die Maßtoleranzen der Balkenlänge von Beton-Fertigbauteilen ergeben sich aus der DIN EN 13369: 2004-09 Abs. 4.3.1.1 „Herstellungstoleranzen“:

Balken L (Länge $L_N = x = 1.700$ mm)

$$\frac{L_{Max}}{L_{min}} = 10 + \frac{L_N}{1.000} = \pm\, \boldsymbol{12\ mm}$$

Es ergibt sich rechnerisch folgende maximale Fugenbreite:

$$F_{Max} = F_{Min} + 2 * 13\ mm + 2 * 12\ mm = \boldsymbol{60\ mm}$$

Erläuterung:

Die Toleranzen sind mit dem Faktor 2 zu multiplizieren, da die Auslegung der Fugenbreite im Nennmaß (F_N) sowohl die positive (B_{max},L_{max}) als auch negative (B_{min},L_{min}) Abweichung vom Nennmaß (B_N,L_N) der Stahlbetonbauteile berücksichtigen muss.

Aus dieser Betrachtung ergibt sich ebenso das notwendige Nennmaß der Fugenbreite und somit die Gesamtlänge der additiv zusammengefügten Stahlbetonbauteile.

$$F_N = F_{Min} + 13\ mm + 12\ mm = \boldsymbol{35\ mm}$$

Hieraus ergibt sich eine Gesamtlänge von:

$$G_N = F_N + 0{,}30\ m + 1{,}70\ m = \boldsymbol{2{,}035\ m}$$

8.2.3.2 Fassaden-Fertigteile

Beispiel 1

Erscheinungsbild
Die Fassade wurde mit Sichtbeton-Fertigteilen errichtet. Zum Leidwesen des planenden Architekten traten deutlich sichtbar unterschiedliche Fugenbreiten auf, die das Erscheinungsbild störten (Abb. 8.43a-d).

Gutachterliche Einstufung
Wie schon unter Abschn. 8.2.3.1 verdeutlicht, ist der rechnerische Nachweis sehr zeitaufwendig.

Die Fugenbreite überschritt das zulässige Maß. Die „zulässigen Bautoleranzen" müssen auch in der Planung berücksichtigt werden, was hier nicht der Fall war.

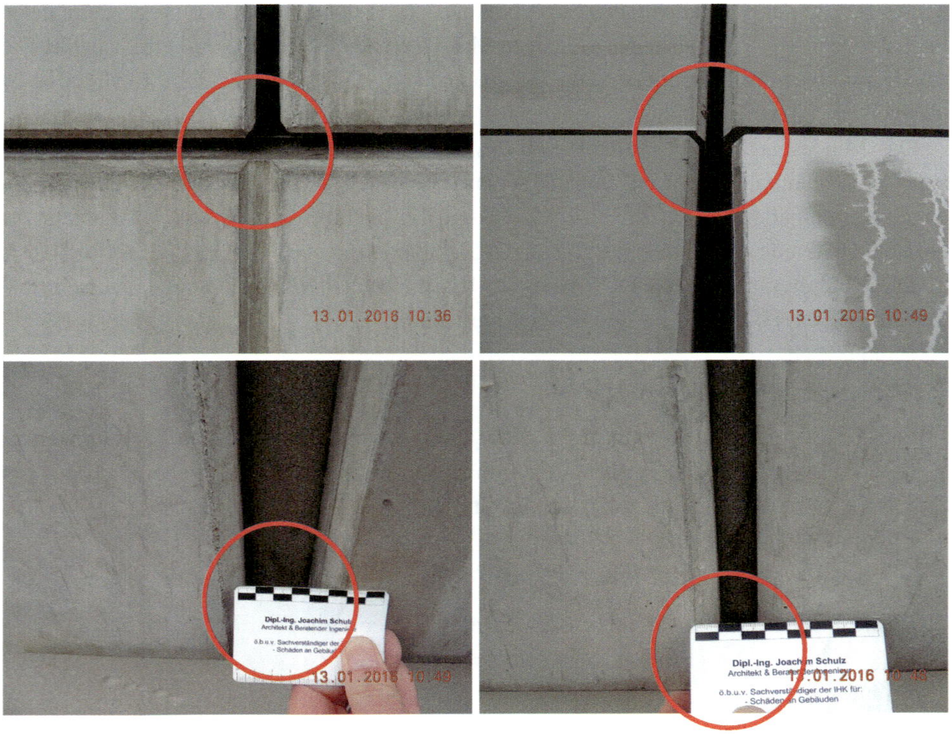

Abb. 8.43 **a** Sichtbeton Fassade mit... **b** ...unterschiedlichen Fugenbreiten. **c** Fugenbreite ca. 35 mm. **d** Fugenbreite ca. 17 mm

Beispiel 2

Erscheinungsbild
Die Fassade wurde mit Sichtbeton-Fertigteilen errichtet. Die Platten im Sockelbereich standen mehrere Zentimeter (ungeplant) vor. Da die Plattenmontage auch in der Höhe nicht stimmten, wurden die Platten einfach gekürzt (Abb. 8.44, 8.45 und 8.46).

Gutachterliche Einstufung
Die „zulässigen Bautoleranzen" müssen auch in der Planung berücksichtigt werden, was hier nicht der Fall war.

Abb. 8.44 Sichtbetonfassade

Abb. 8.45 Plattenvorsprünge

Abb. 8.46 gekürzte/geschnittene Platten (Betondeckung?)

8.2.3.3 Fassade – Absätze und Höhensprünge

Erscheinungsbild
Filigrane Betonbauteile werden gern als Fertigteile hergestellt. Dabei kommt es leider häufig vor, dass sich an Stoßfugen zwischen den Elementen Vorsprünge bzw. Versätze bilden (Abb. 8.47, 8.48 und 8.49).

Gutachterliche Einstufung
Bei flächenfertigen Wänden und Decken sollen Sprünge und Absätze vermieden werden. Hierunter sind aber nicht Vorsprünge zu verstehen, welche als Gestaltungsmittel von Fassadenflächen dienen. Die Bewertung hinsichtlich einer Mangelhaftigkeit von bestimmten Versätzen (siehe Abschn. 2.5) lässt sich anhand bestehender Normen oder Richtlinien nicht so einfach nachweisen. Insbesondere die in vielen Fällen anwendbare DIN 18202:2019-07 weist direkt im Anwendungsbereich (Pkt. 1) darauf hin, dass *„Höhenversätze zwischen benachbarten Bauteilen"* <u>nicht</u> Teil dieser Norm sind.

Hieraus entsteht zwangsläufig die Notwendigkeit, gesonderte Vereinbarungen bezüglich der maximal zulässigen Versätze zwischen Bauteilen zu definieren. Speziell bei Konstruktionen in Mischbauweise (z. B. Ortbetonbauweise und Betonfertigteilbauweise) lässt sich ein Auftreten von „Absätzen" nur bei besonderer Sorgfalt in der Planung und der Bauausführung vermeiden. Diese hohen Qualitätsansprüche bedürfen einer gesonderten Planung.

Die „zulässigen Bautoleranzen" müssen auch in der Planung berücksichtigt werden, was hier nicht der Fall war.

Abb. 8.47 Fassade Ortbeton und Sichtbeton-Fertigteile

Abb. 8.48 Abweichung Ortbeton/Fertigteil ≥25 mm

Abb. 8.49 Abweichung ≥25 mm

8.2.4 *Treppen – Sichtbeton-* Fertigteile im Innenbereich

8.2.4.1 Innentreppen aus Sichtbeton

Betonfertigteiltreppen haben folgende Vorteile:

- tragende Konstruktion (Treppenlauf, -podest) einschl. Bodenbelag
- schnelle Montage durch Baustellen- oder Autokran
- sofort begehbar
- Vermeidung von Trittschall
- sofort als „Bautreppe“ begehbar

Um die Treppen auf den Podesten bzw. auf den Geschossdecken aufzulagern, gibt es drei verschiedene Varianten:

- mit Auflagerkonsolen und dazwischen gelegtem Neoprenstreifen als Schallschutz
- mit einbetonierten „Tronsolen“, z. B. Schöck, Philipp usw.
- mit herausstehender Bewehrung zum bauseitigen Anbetonieren

Vor dem Betonieren ist (wie bei allen Betonfertigteilen) zu überlegen/planen, welche Seite die sogenannte „Einfüllseite“ ist, d. h.

- Tritt-, Setzstufen oder
- Unterseite des Treppenlaufes (siehe Abb. 8.50 und 8.51)

Das heißt, die jeweils andere Seite (Rückseite) ist schalungsglatt und demzufolge „hochwertiger“ (siehe Abschn. 3.2).

Neben der liegenden Betonage gibt es die weitere, jedoch deutlich teurere Möglichkeit, die Treppe hochkant zu betonieren, d. h. die „Einfüllseite“ ist die Treppenwange, welche bspw. am Treppenauge angeordnet werden kann (Abb. 8.52, Stahlschalung).

Abb. 8.50 Herstellung von Fertigteiltreppen – Bewehrung Treppenlauf – Einfüllseite, Deckenunterseite

Abb. 8.51 Bewehrung Treppenlauf – Abstandhalter

Abb. 8.52 Stahlschalung, Einfüllseite – Treppenauge

Ausführungsbeispiele von Sichtbeton-Fertigteiltreppen

Die Präfabrikation von Sichtbetontreppen bietet ein weites Feld an Gestaltungsmöglichkeiten. Neben rein optischen Aspekten sind bei der Planung solcher Fertigteile auch weitere planerische Entscheidungen zu treffen. Dies betrifft u. a. Abdichtungsanschlüsse, Schallentkopplung, Wasserableitung, Rutschhemmung, Kantenschutz, usw. Mit einem vollumfänglich geplanten Fertigteil können im weiteren Bauprozess viele Baufehler vermieden werden. Dies spart eine nachträgliche, meist teure Mangelbeseitigung.

Mit den nachfolgenden Beispielen soll die Vielfältigkeit von sichtbaren Betonfertigteiltreppen sowie mögliche Problemstellen aufgezeigt werden.

Beispiel 1: Sichtbeton-Treppe oder Rohbauteil für Treppenbeläge (Abb. 8.53, 8.54 und 8.55)

Abb. 8.53 Betonfertigteiltreppe für Treppenbelag

Abb. 8.54 Sichtbetonfertigteiltreppe hochkant betoniert

Abb. 8.55 Transportanker – Bei der Sichtbetonfertigteiltreppe sind hier punktuelle Nacharbeitungen erforderlich

Abb. 8.56 Betonfertigteiltreppe ohne Eckschutzschienen

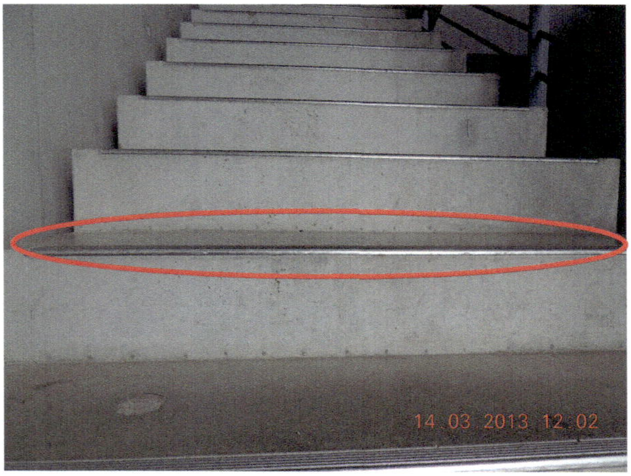

Abb. 8.57 Betonfertigteiltreppe mit Eckschutzschienen

Abb. 8.58 Betonfertigteiltreppe – Trittschutz Alternative

Beispiel 2: Kantenschutz (Abb. 8.56, 8.57, und 8.58)

Beispiel 3: Toleranzen zu angrenzenden Bauteilen (Abb. 8.59 und 8.60)
Beispiel 4: Betonkosmetische Nachbehandlung (Abb. 8.61 und 8.62)

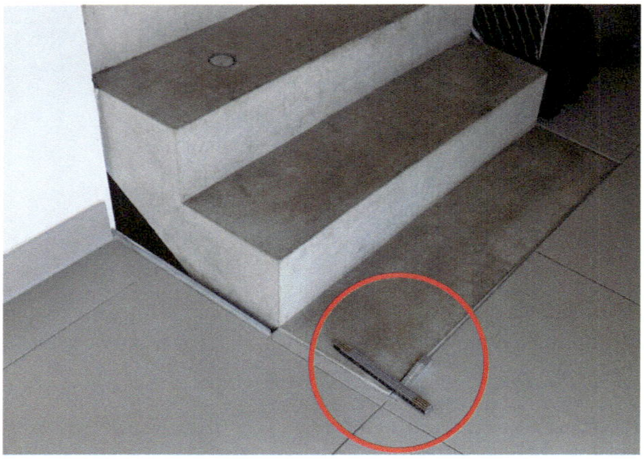

Abb. 8.59 Treppenlauf Fertigteil mit Versatz zum Bodenbelag des Podests

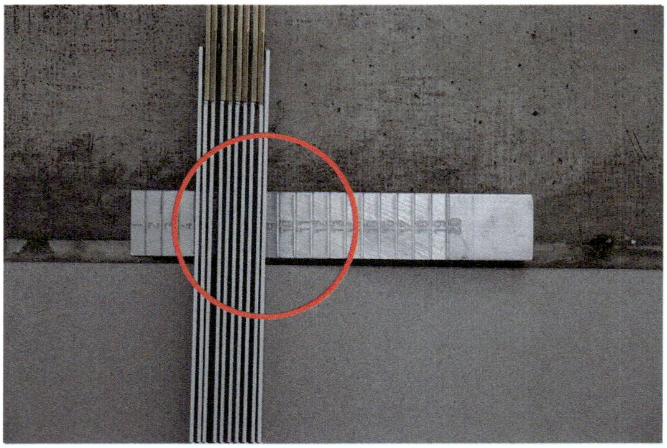

Abb. 8.60 9 mm Versatz: Stolperschwelle

Abb. 8.61 Treppenläufe mit 100 % Betonkosmetik

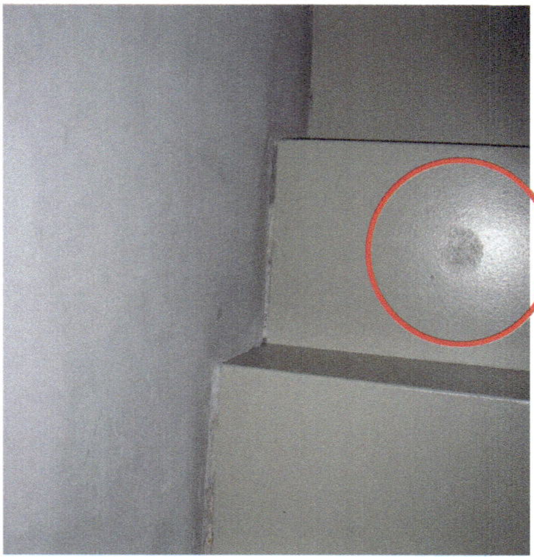

Abb. 8.62 Mangelhafte Betonkosmetik im Bereich von Transportankern

Beispiel 5: Treppenform (Abb. 8.63, 8.64 und 8.65)

Abb. 8.63 „zick-zack"-Treppenform

Abb. 8.64 einzelne Betonfertigteilstufen

Abb. 8.65 Der hohe Montageaufwand einer solchen Treppe kann schnell zu schwer zu beseitigenden Schäden an einer angrenzenden Sichtbetonwand führen (Hier: Fehlbohrungen).

Beispiel 6: Arbeitsfugen – Treppenhauswände (Abb. 8.66 und 8.67)

Abb. 8.66 Arbeitsfugen als Gestaltungselement an den Treppenhauswänden

Abb. 8.67 gleichmäßige Ausführung der Sichtbetonteile

8.2.4.2 Außentreppen aus Sichtbeton

Beispiel 1: Außentreppen aus Betonfertigteilen (**Abb.** 8.68, 8.69, 8.70, 8.71 und 8.72)

Abb. 8.68 Sichtbeton-Fertigteile – Stufen

Abb. 8.69 Sichtbeton-Fertigteile – Stufen

Abb. 8.70 Sichtbeton-Fertigteil

Abb. 8.71 Sichtbeton-Fertigteil
Hinweis: Neben der reinen Planung der Betonfertigteile ist zudem die Bauwerksabdichtung zum Gebäude planerisch zu berücksichtigen.

Abb. 8.72 Sichtbeton-Fertigteile – Stufen
Hinweis: Neben der reinen Planung der Betonfertigteile ist zudem die Bauwerksabdichtung zum Gebäude planerisch zu berücksichtigen.

Beispiel 2: Außentreppe in Ortbeton (Abb. 8.73 und 8.74)

Abb. 8.73 Sichtbeton – Treppenläufe

Abb. 8.74 Zu geringe Betondeckung, Folge: Stahlkorrosion

8.2.5 Balkone – Sichtbeton Fertigteil

8.2.5.1 Balkondecken – Balkonfußböden

Erscheinungsbild

Die Balkone einer großen Wohnanlage wurden unter Verwendung von Betonfertigteilen hergestellt. Es wurden folgende Punkte beanstandet (siehe auch Abschn. 2.6: Ausführungsplanung und Abschn. 3.2: Betonfertigteilbau):

1) **Balkondecken**

„Die Untersichten der Balkone (Balkondecken) erfüllen nicht die Anforderungen an eine Sichtbetonqualität, die mit „Sichtbeton in glattem Sichtbeton" bezeichnet ist. Die Untersichten sind uneben, farblich uneinheitlich und fleckig."

(Abb. 8.75 und 8.76)

Abb. 8.75 Balkondecken

Abb. 8.76 Sog. „Einfüllseite"

Abb. 8.77 Balkonfußboden, geschalt

Abb. 8.78 gespachtelte Transportanker

2) **Balkonfußboden**

„Die Draufsichten der Balkone (Balkonfußboden) enthalten Transportankerlöcher, die unzureichend und nicht mit einer Sichtbetonqualität, die mit „glattem Sichtbeton" bezeichnet ist, geschlossen wurden."

(Abb. 8.77 und 8.78).

Gutachterliche Einstufung

Die Aussagen sind nicht zutreffend. Die Untersichten sind – im technischen Sinn – nicht uneben, farblich uneinheitlich und fleckig. Die Draufsichten (Oberflächen) entsprechen – im technischen Sinn – einer glatten Sichtbetonqualität. Im Hinblick auf die Farbgleichheit der nachträglich geschlossenen Transportankerlöcher weichen diese jedoch von der übrigen Betonfläche ab. Der Planer muss wissen, dass Farbnuancen bei der Ausführung auftreten können. Darauf wird u. a. im DBV/VDZ-Merkblatt „Sichtbeton" [30] wie folgt hingewiesen:

„Flächenbündiges Abspachteln oder Vermörteln führen in der Regel zu unbefriedigenden Ergebnissen (Farbunterschiede, unsaubere Ränder der Spachtelflächen).“

Das heißt, die Balkondecke entspricht einer zu erwartenden Sichtbetonqualität, wenn der Planer die Deckenuntersicht als „Füllseite“ wählt.

Vorbeugung

Zum Zeitpunkt der Herstellung der im Beispiel gezeigten Balkonflächen, wurde seitens der Planer in der Planung und Ausschreibung der Kommentar zur (damals gültigen) DIN 18217:1981-12 „Betonflächen und Schalungshaut“ [2] und dessen praxisnahe Hinweise kaum berücksichtigt. Versierte „Betonkosmetiker“ erkennen und bevorzugen diesen im Rahmen ihrer Ausführung. Der Farbton ergibt sich aus dem am Objekt angewandten Zement und ggf. Farbpigmenten. Hier hilft u. a. der Reagenzglastest. Hersteller von Fertigprodukten haben eine sog. Farbpalette, die erst an einer Musterfläche ausprobiert und vom Auftraggeber genehmigt werden muss.

Alle Hersteller von Betonersatzsystemen veröffentlichen konkrete Verarbeitungshinweise. Beispielhaft ist hier das „Verarbeitungshandbuch“ zum Thema Betonkosmetik der Firma MC-Bauchemie zu nennen.

Hinweise bzw. „Bedenkenanmeldungen“ seitens der ausführenden Firma können hilfreich sein, z. B.

„Zum Ausheben aus der Schalung benötigen wir Transportanker, die nachträglich zugespachtelt werden. Daraus können sich Farb- und Strukturunterschiede ergeben.“

„Aufgrund der Mischung von Farben (für die Spachtelung/Schließung der Transportanker) kann es zu Farbabweichungen von Balkon zu Balkon kommen.“

8.2.5.2 Balkon – Gefälle/Entwässerung

Beispiel 1: geplantes Gefälle (Abb. 8.79)?

Beispiel 2: geplantes Gefälle (siehe Abb. 8.80)!

Auszug aus MEIER Betonwerke GmbH: Fertigteilbalkone, Produktdatenblatt (gültig ab 01.01.2019):

*„Wählen Sie einen Balkontyp nach **Entwässerungsvariante** aus.*

- *Grundsätzlich wird unterschieden nach Entwässerungsrichtung. Die Fläche kann entweder zum Auflager hin oder vom Auflager weg geneigt sein.*
- *Die geneigte Fläche kann dann entweder in eine Bodenrinne (Typ Rinnenentwässerung) und von dort aus in einen Ablauf entwässern oder direkt in einen Bodenablauf (Typ Punktentwässerung).*
- *Grundsätzlich sind die Abläufe seitlich angeordnet, können jedoch auch z. B. mittig auf die Balkonlänge platziert werden*

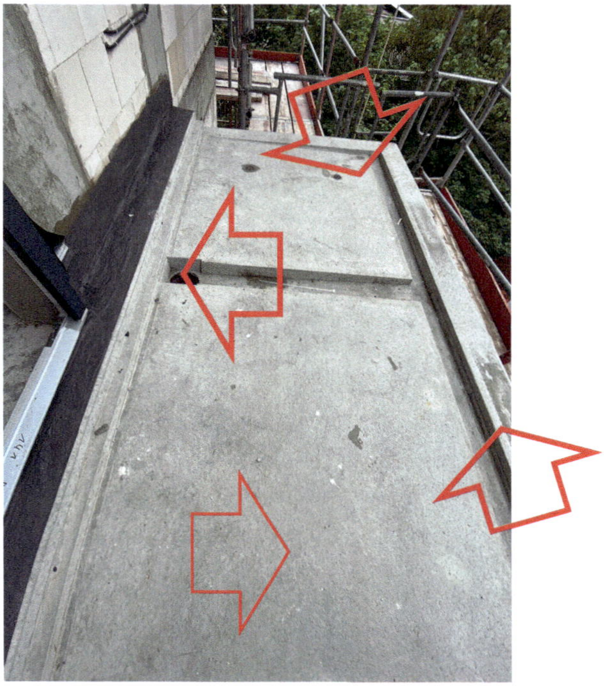

Abb. 8.79 Umlaufende Betonaufkantung – zu niedrig und Gefälle „*weg vom Gebäude*“, jedoch wird das anfallende Wasser in einer Rinne aufgefangen und wieder im Gefälle „*zum Gebäude*“ geführt.

- Gefälleplanung nicht sinnvoll

Abb. 8.80 Balkondecke aus Stahlbeton, mit sinnvollem, einseitigem Gefälle

<u>Vor- und Nachteile der einzelnen Typen:</u>

<u>Typen X.2 Gefälle zum Auflager hin</u>

Diese Variante bedingt immer eine größere Gesamtaufkantungshöhe, weil die Mindestdicke durch den Isokorb und die evtl. vorhandene Entwässerungsrinne bestimmt wird. Von diesem Punkt aus steigt dann die Entwässerungsfläche an.

Typen X.1 Gefälle vom Auflager weg
Diese Variante ergibt die geringste Gesamtaufkantungshöhe. Die Höhe wird bestimmt durch die Höhe des Bodenauslaufes, des evtl. vorhandenen Rinnengefälles und der Aufkantungshöhe.

Typen 1.x mit Entwässerungsrinne
Durch das Anordnen einer Rinne erhöht sich die Gesamtdicke und somit das Gewicht des Balkones, vor allem dann, wenn die Rinne mit einem Gefälle ausgebildet wird. Im Einzelfall kann evtl. auf ein Rinnengefälle verzichtet werden."

Typenübersicht Entwässerung zum Auflager hin (Abb. 8.81)
Typenübersicht Entwässerung vom Auflager weg (Abb. 8.82)

Kantenausbildung
Der Bodenablauf wird mit einem Sieb abgedeckt. Es ist festzulegen, bei welchen Balkonen ein vollflächiges bzw. ein Ringsieb erforderlich ist. Ein Ringsieb kommt dann zur Ausführung, wenn von oben ein Fallrohr an den Bodenablauf angeschlossen werden soll.

Aufkantung[...]
Die Aufkantung ist grundsätzlich 9 cm breit und 7 cm hoch (Abb. 8.83), wobei für die horizontale und vertikale Schräge 1 cm vorgesehen ist. Kleinere Aufkantungsmaße sind aus Dauerhaftigkeitsgründen (Betondeckung) nicht sinnvoll. Die Aufkantungshöhe von 7 cm (6 cm) ist vor allem dann erforderlich, wenn ein Bodenaufbau vorgesehen wird.

Entwässerungsrinne
Bei den Typen 1.x und 4.x wird über eine Rinne in den Bodenablauf entwässert. Am höchsten Punkt hat die 6 cm breite Rinne eine Tiefe von 0,5 cm [...] und ein Gefälle von 1 % zum Auslauf hin. Am Ende erweitert sich die Rinne auf eine quadratische Fläche [...] von 15 × 15 cm zur Aufnahme des Bodenauslaufes.

Gefälleausbildung
Grundsätzlich ist das Flächengefälle mit 2 % zu planen, um Unebenheiten und damit später einhergehende Pfützenbildung zu vermeiden. Im Einzelfall ist eine geringere Neigung machbar. Für die Entwässerungsrinne ist ein Gefälle von 1 % ausreichend.

Typ 1.2
Rinnenentwässerung

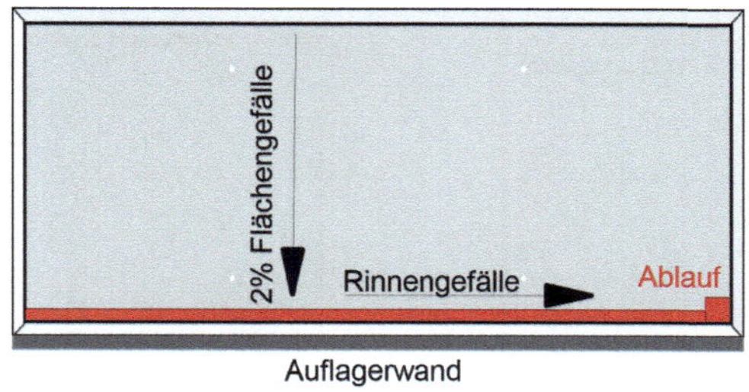

Typ 2.2
Punktentwässerung seitlich

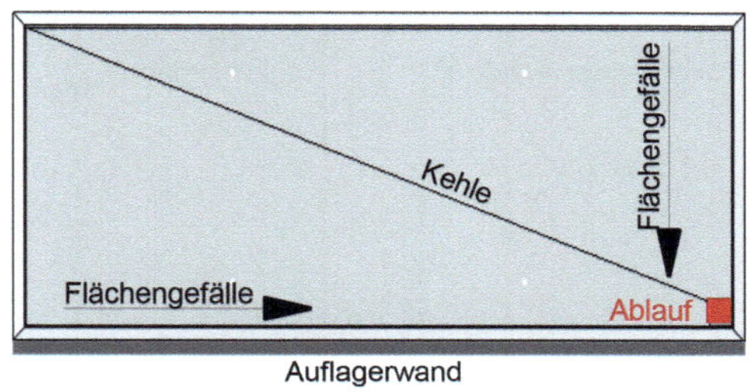

Typ 3.2
Punktentwässerung mittig

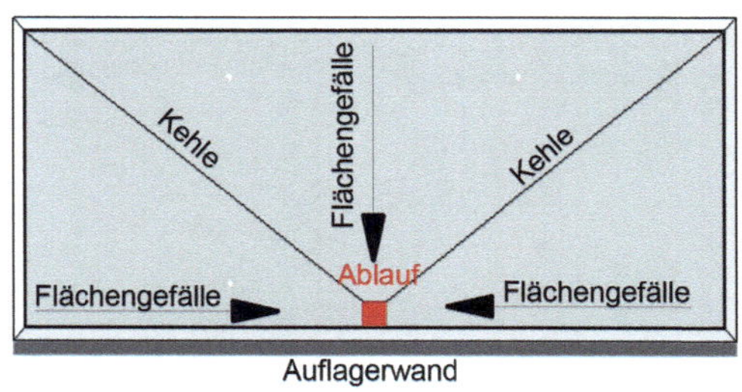

Typ 4.2
geteilte Rinnenentwässerung

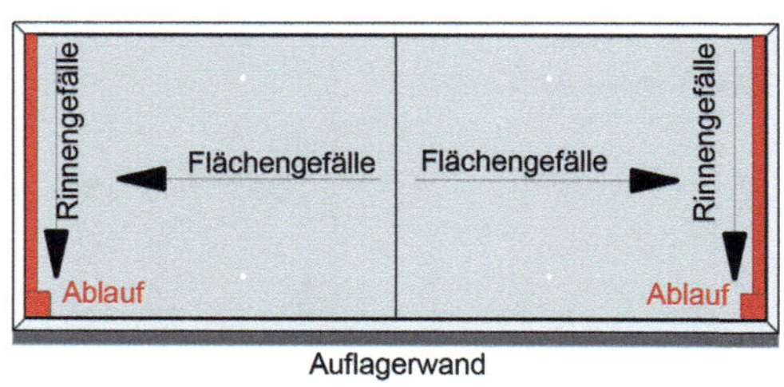

Typ 5.2
geteilte Punktentwässerung seitlich

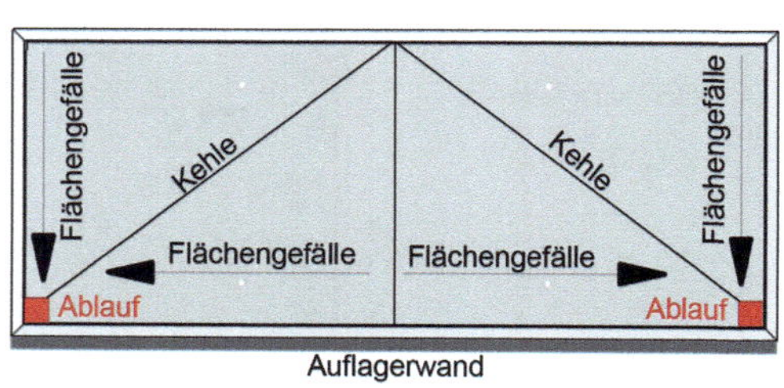

Abb. 8.81 Typenübersicht Entwässerung zum Auflager hin (aus: MEIER Betonwerke GmbH: Fertigteilbalkone, Produktdatenblatt (gültig ab 01.01.2019))

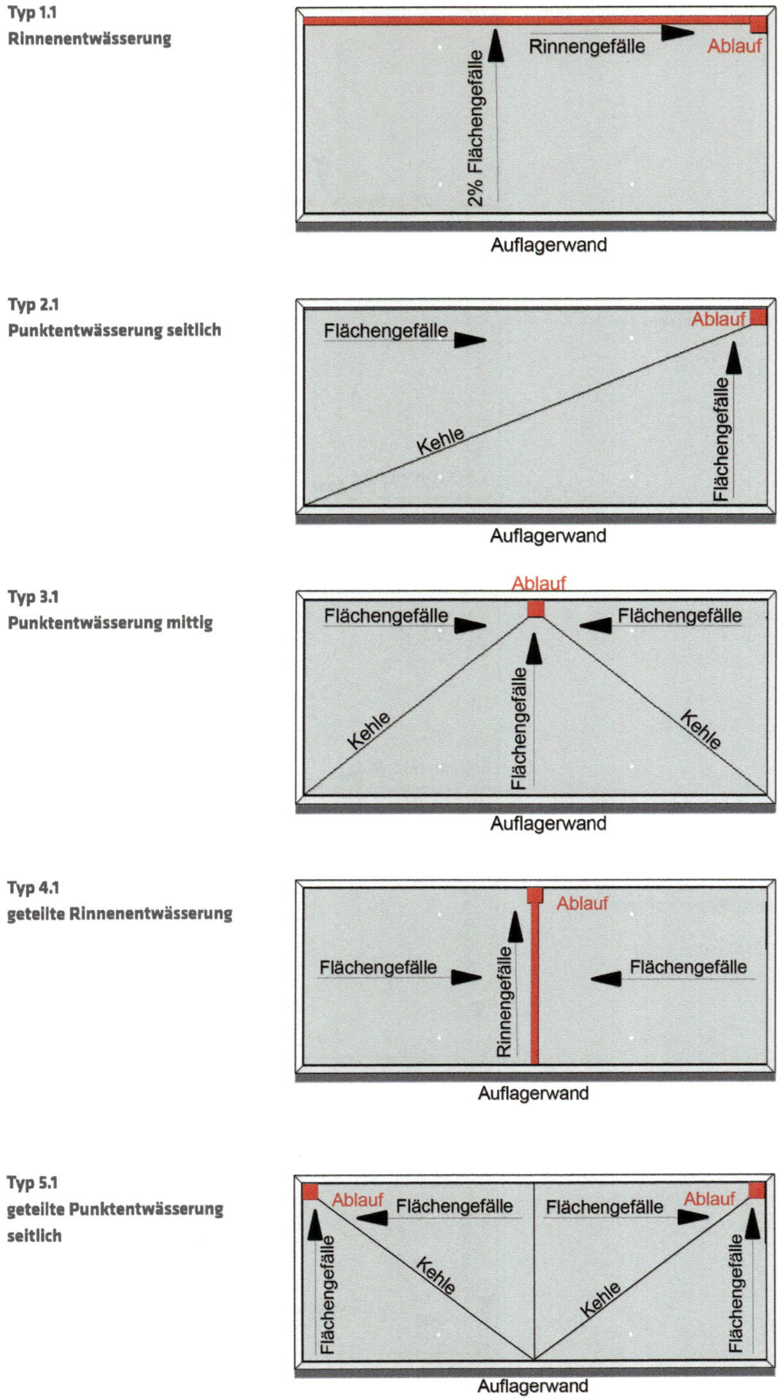

Abb. 8.82 Typenübersicht Entwässerung vom Auflager weg (aus: MEIER Betonwerke GmbH: Fertigteilbalkone, Produktdatenblatt (gültig ab 01.01.2019))

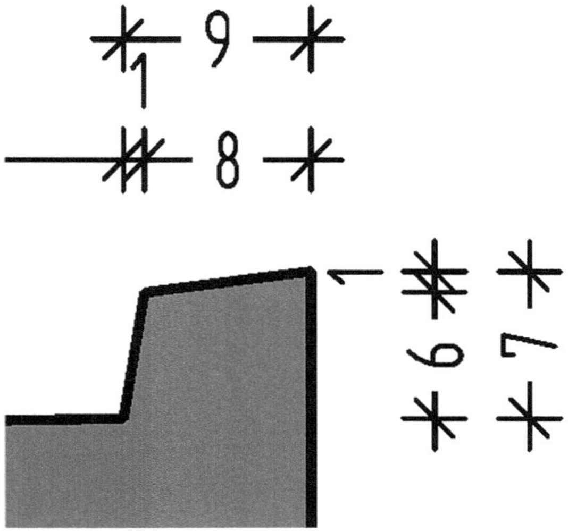

Abb. 8.83 Aufkantungsmaße (aus: MEIER Betonwerke GmbH: Fertigteilbalkone, Produktdatenblatt (gültig ab 01.01.2019))

Transportanker

Für die Montage des Balkones sind 4 Transportanker erforderlich. Diese können an den Seitenflächen und/oder in der oberseitigen Fläche angeordnet werden. Üblicherweise sind 2 seitliche Anker im Bereich des Isokorbes eingebaut, zwei weitere in der Oberfläche bzw. in der vorderen Längsaufkantung. Wird der Balkon mit einem Belag versehen, empfiehlt sich die Anordnung der Anker in der Oberfläche. Die Ankerlöcher werden nach der Montage entweder verspachtelt, mit einem Beton- oder mit einem Edelstahldeckel verschlossen. (Abb. 8.84, 8.85 und 8.86)

Sichtbeton-Details (Auszug aus Buch „Sichtbeton Atlas“ [54]):

Der Vorteil der Betonfertigteile

Tragendes Deckenelement in Sichtbeton, als „weiße Wanne“, d. h. Abdichtung und Bodenbelag in Einem

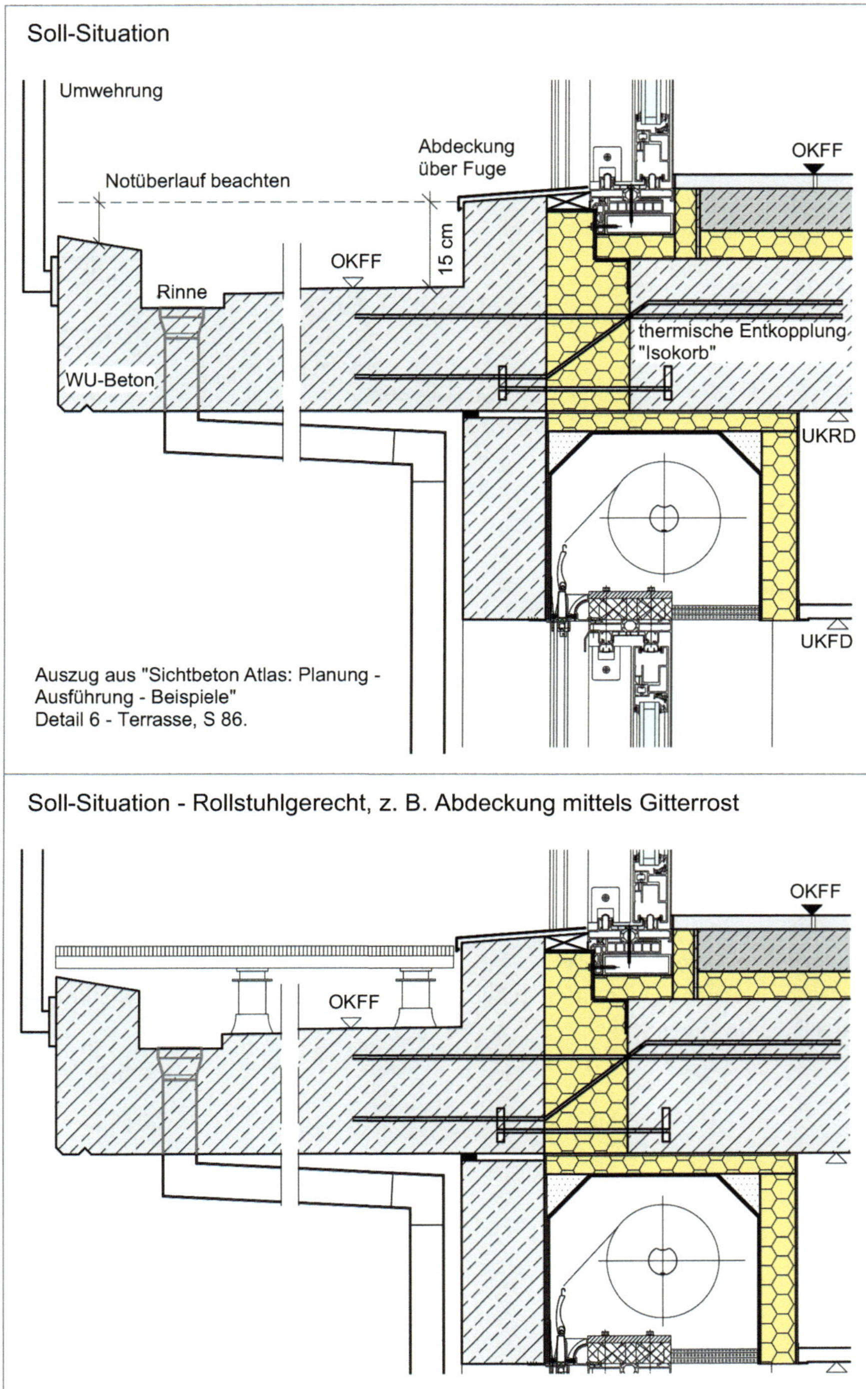

Abb. 8.84 Prinzipskizze – Detail Balkon als Beton-Fertigteil, siehe „*Sichtbeton-Atlas*“ *[54]*

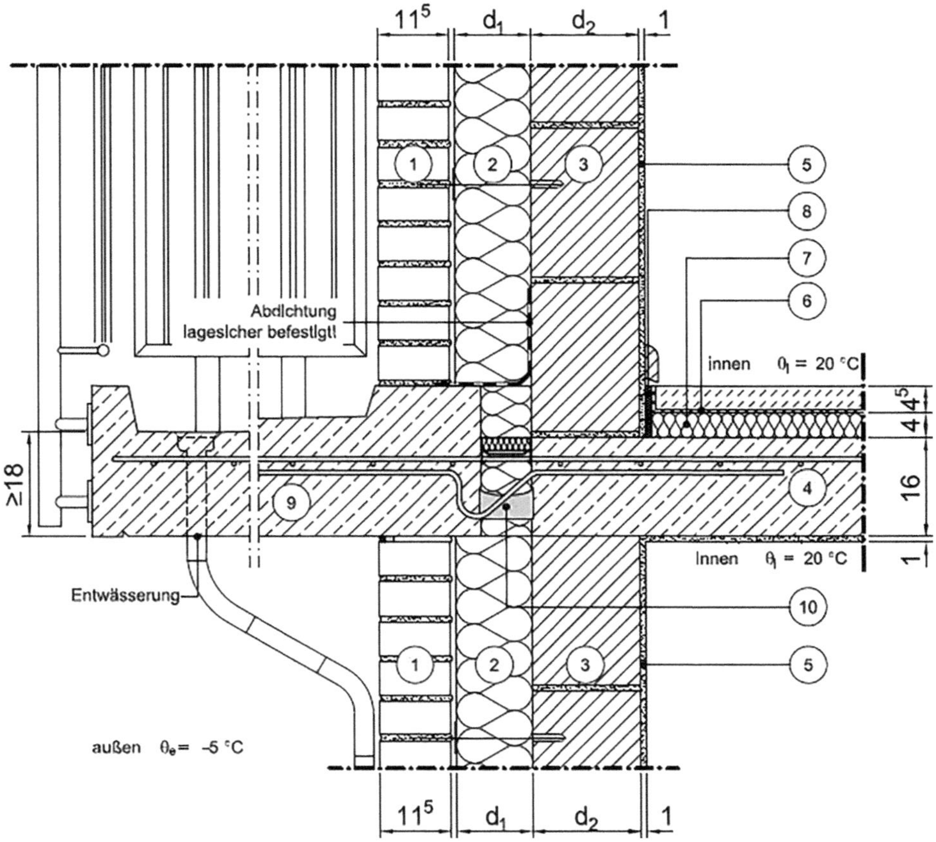

Abb. 8.85 Beispiel aus ZIEGEL. Konstruktionsbeschreibung

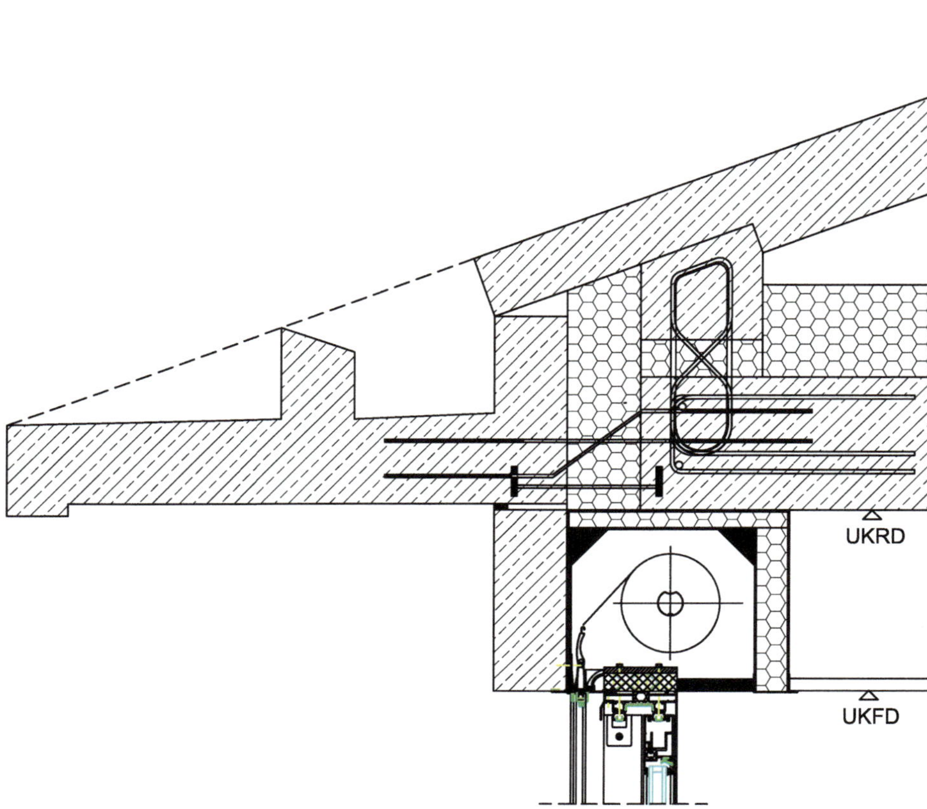

Abb. 8.86 Prinzipskizze – Detail Vordach (Auszug aus Buch „Sichtbeton Atlas")

Hier hat sich jemand gute Gedanken gemacht:

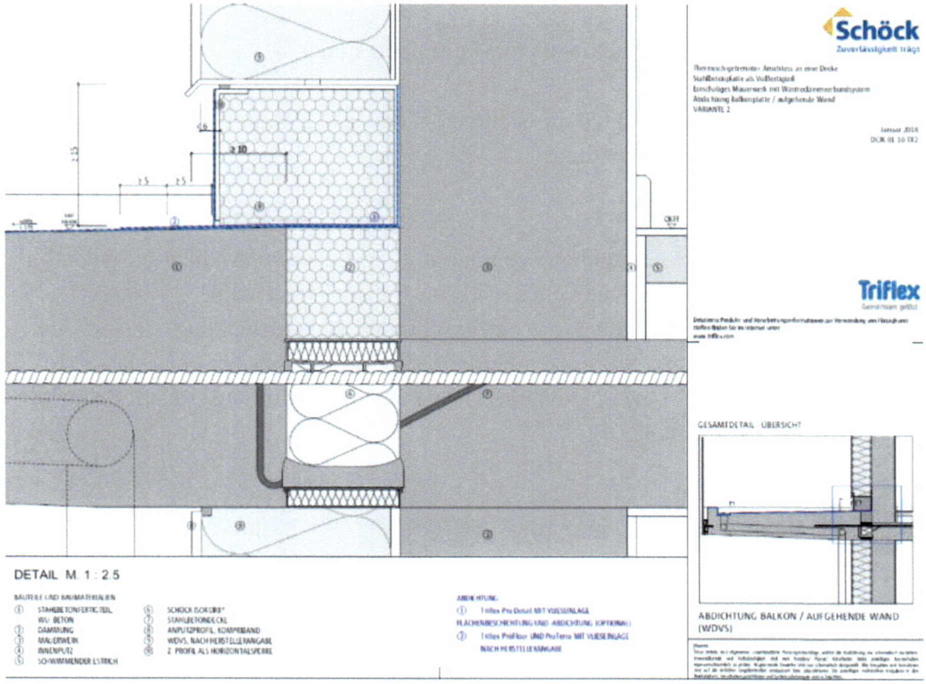

Ich halte jedoch nachfolgende Änderung noch für besser:

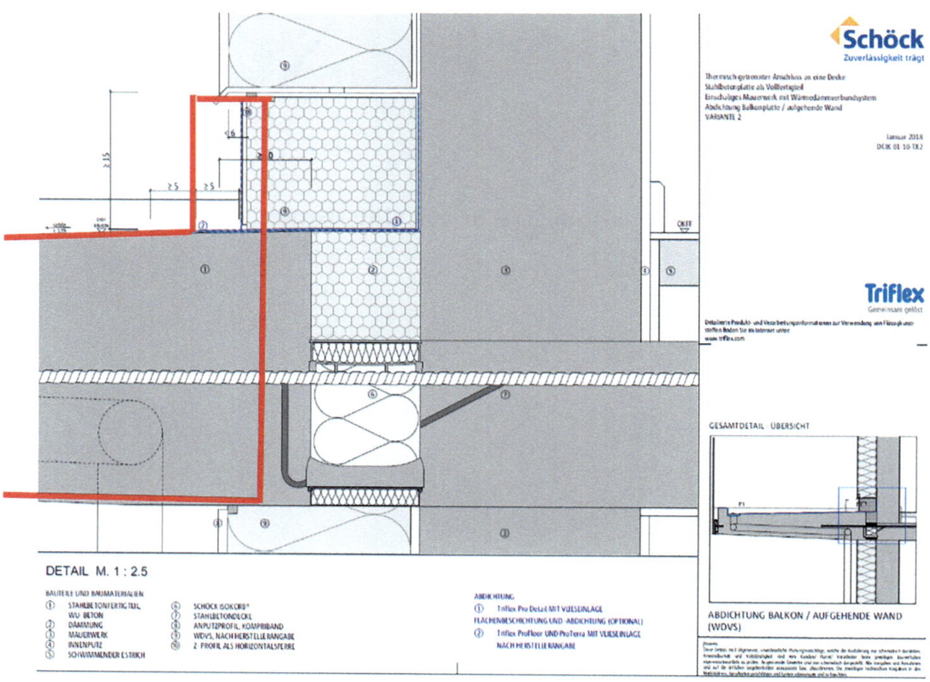

8.2.5.3 Stahlbeton-Balkone mit niveaugleichen Türschwellen

Erscheinungsbild
Vorteile von Balkondecken als Sichtbeton-Fertigteile sind u. a.:

- Tragendes Stahlbetonfertigteil in Sichtbeton und als „Weiße Wanne", d. h. Bodenbelag ist gleichzeitig Abdichtung
- Zeitersparnis

Es wird nur ein Gewerk (Betonbau) gebraucht, d. h. Gewerke Abdichtung und Bodenbelag entfallen. Daraus ergibt sich ein geringeres Schadenspotenzial.

Wird doch ein Bodenbelag gewünscht (z. B. Erreichung einer niveaugleichen Türschwelle als Stufenvermeidung), ist zu berücksichtigen, dass über der Fußbodenentwässerung bzw. Notüberlauf eine Revisionsöffnung im Bodenbelag zu planen ist (z. B. in Abb. 8.87).

Abb. 8.87 Revisionsöffnung im Bodenbelag

Beispiel 1: Balkondecken, rollstuhlgerecht, mit Gitterrosten (Abb. 8.88)

Abb. 8.88 Balkondecken, rollstuhlgerecht, mit Gitterrosten

Beispiel 2: Balkondecken, mit Holzbelag (Abb. 8.89)

Abb. 8.89 Balkondecken, mit Holzbelag

8.2.5.4 Balkon-Brüstung

Gesims-Vorsprünge, die Oberseiten von TG-Rampenwänden und die Oberseiten von Balkon-Brüstungen müssen ein Gefälle und eine glatte Oberfläche aufweisen.

In der Regel werden Balkon-Brüstungen z. B. aus Mauerwerk mit Blechen abgedeckt. Bei einer Balkon-Brüstung aus Stahlbeton ist dies nicht erforderlich.

In der **DIN 18531-3:2017–07** *„Abdichtung von Dächern sowie von Balkonen, Loggien“* [26] heißt es u. a.:

- *7.4 Abschlüsse (6) „Mauerabdeckungen sollten ein Gefälle in Richtung Dachseite aufweisen.“*

Die „wasserführenden“ Oberflächen, z. B. Abdeckungen aus Metall oder Betonoberseite z. B. Balkonbrüstungen sollten ein Gefälle nach der Seite aufweisen, die nicht Schlagregen oder erhöhtem Windanfall ausgesetzt ist oder bei der Spuren von ablaufendem Wasser vom Auftraggeber akzeptiert werden.

Im alten DBV/VDZ-Merkblatt „Sichtbeton“ 2004 stand berechtigterweise u. a.:

- *„Bei bewitterten Ansichtsflächen muss eine kontrollierte Ableitung des Regenwassers geplant werden, um Schmutzfahnen auf der Betonfläche zu verhindern.“*

In der neuen Ausgabe wurde dieser erforderliche Hinweis leider nicht mehr übernommen.

Eine unkontrollierte Verschmutzung der Fassade kann auf Dauer durch richtige Ausbildung der baulichen Details (Ausführungsplanung) verhindert werden.

Im DBV-Sachstandsbericht „Sichtbetonkosmetik“ 2016–12 steht:

- *„Problematisch hinsichtlich der Dauerhaftigkeit von Sichtbetonkosmetik sind horizontale direkt beregnete Flächen im Außenbereich, wie z. B. Wandkronen.“*

Alle Oberflächen die Wasser abführen, müssen
- ein Gefälle >3 % und
- eine glatte Oberfläche (Metall oder Beton porenfrei)

aufweisen.

Hinweise:

- Poren an der Betonoberfläche (siehe auch o. g. Abschn. 3.1.1.3)
- ungenaue Leistungsbeschreibung (siehe auch o. g. Abschn. 4.1.1)
- Fassadenverschmutzung (siehe auch o. g. Abschn. 5.2)

Nachfolgend werden beispielhaft verschiedene Ursachen für ungleichmäßige Verunreinigungen an Balkonstirnseiten und Brüstungen dargestellt, welche aus einer ungeplanten Wasserableitung resultieren.

Beispiel 1: Balkon-Brüstungen – Oberseite, fehlendes Gefälle/Abdeckung
Fehlende Gefälleausbildung auf der Brüstungsoberseite führt zu einer ungeplanten Wasserableitung und schlierenartiger Verunreinigung (Abb. 8.90 und 8.91).

Abb. 8.90 Übersicht Balkonbrüstung (Fertigteil)

Abb. 8.91 Ablaufspuren

Beispiel 2: Balkon-Brüstungen – Porigkeit an Oberseite, fehlende Abdeckung
In den Poren sammelt sich Wasser (Abb. 8.92 und 8.93). Dies kann zu Frostschäden führen. Darüber hinaus sind optische Beeinträchtigungen bspw. durch Moos- und Algenbildung zu erwarten.

Beispiel 3: Balkon-Stirnseite – ungeplante Wasserableitung des Bodenbelags
Durch die fehlende Planung der Randbereiche von Balkonen kommt es häufig zu einem ungeplanten Wasserablauf von Oberflächenwasser auf dem Balkonbelag. Durch zu hohe, bündige oder über die Randaufkantung der Betonplatte ragende Beläge führt ungeplant abfließendes Wasser zu deutlichen Verunreinigungen an der Stirnseite des Balkons (Abb. 8.94, 8.95, 8.96 und 8.97).

Abb. 8.92 Oberseite der Betonbrüstung mit starker Porigkeit und ohne Gefälleausbildung

Abb. 8.93 Oberseite der Betonbrüstung (bodengleich) mit starker Porigkeit und ohne Gefälleausbildung

Beispiel 4: Balkon-Brüstung – unsaubere Verspachtelung der Arbeitsfuge
Auch ungleichmäßige Spachtelarbeiten führen zu einem ungeplanten Ablauf von Niederschlagswasser und den damit verbundenen Verunreinigungen an solchen Fassadenflächen (Abb. 8.98).

Abb. 8.94 Balkonbelag bündig mit Randaufkantung

Abb 8.95 Balkonbelag über Randaufkantung

Abb 8.96 Balkonbelag reicht über Randaufkantung (Folge siehe Abb. 8.97)

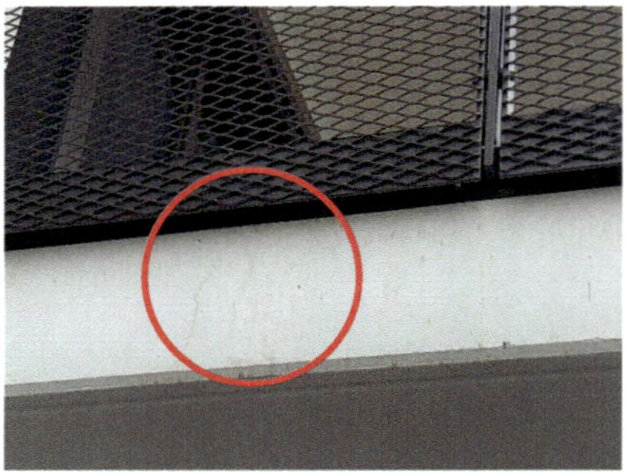

Abb. 8.97 Deutliche Wasserablaufspuren an der Balkonstirnseite

Abb. 8.98 Ungleichmäßige Spachtelarbeiten

8.2.6 Vordächer – Hauseingänge

Erscheinungsbild
Die Vordächer einer großen Wohnanlage wurden unter Verwendung von Betonfertigteilen hergestellt. Es wurden folgende Punkte beanstandet:

> *„Die Untersichten der Vordächer (Unterseite) erfüllen nicht die Anforderungen an eine Sichtbetonqualität, die mit „Sichtbeton in glattem Sichtbeton" bezeichnet ist. Die Untersichten sind uneben, farblich uneinheitlich und fleckig."* (Abb. 8.99 und 8.100)

Gutachterliche Einstufung
Ähnlich wie Balkone aus Betonfertigteilen (siehe vorheriges Kapitel), ist der Vorteil von Vordächern aus Betonfertigteilen, dass die Betonfertigteile

- eine in sich tragende Konstruktion (Decke),
- einen Bodenbelag und
- eine Abdichtung

beinhalten. Anders als beim Balkonfertigteil, bei dem die Draufsicht (Bodenbelag) i. d. R. die bevorzugte Seite ist, ist beim Vordachfertigteil die Untersicht (Decke) i. d. R. die bevorzugte Seite. Dies muss bereits bei der Planung berücksichtigt werden (siehe auch Abschn. 2.6: Ausführungsplanung und Abschn. 3.2: Betonfertigteilbau).

Abb. 8.99 Sichtbetonfassade

Abb. 8.100 Hauseingangsüberdachung

8.2.7 Stützen – Betonfertigteile

Erscheinungsbild
Zwischen Auftraggeber und Auftragnehmer gab es unterschiedliche Auffassungen zu den Sichtbetonklassen der Fertigteilstützen. Zusätzlich wurden die sichtbaren Abstandshalter an den Stirnseiten der Stützen beanstandet (Abb. 8.101, 8.102, 8.103 und 8.104).

Abb. 8.101 Sichtbetonstützen aus Fertigteilen

Abb. 8.102 Sichtbetonstützen aus Fertigteilen

Abb. 8.103 Stirnseite

Abb. 8.104 Sichtbare Abstandshalter

Gutachterliche Einstufung

Sichtbetonklassen werden nur für Ortbeton (DBV Merkblatt Sichtbeton [30]) und nicht für den Betonfertigteilbau definiert (siehe Abschn. 3.1.1). Die sichtbaren Abstandshalter hätte man vermeiden können, wenn statt der Verwendung von Abstandshaltern die Stahlbewehrung „abgehangen" worden wäre (siehe Abschn. 2.1.3.1). Dies muss der Architekt jedoch planen. Der erhöhte Aufwand ist in der Kostenschätzung zu berücksichtigen.

8.2.8 Wände als Halbfertigteile

Erscheinungsbild

Immer öfter werden Betonfertigteile auch als Sichtbeton geplant. Oftmals im Leistungsverzeichnis unter Hinweis auf das DBV/VDZ-Merkblatt „Sichtbeton" [30]. Dieses gilt jedoch nur für Ortbeton und nicht für Betonfertigteile (siehe Hinweis im Abschn. 3.1).

Die Betonfertigteile werden in der Praxis unterschiedlich bezeichnet, u. a.:

- Doppelwand
- Elementwand
- Gitterträgerwand
- Dreikammerwand
- Dreifachwand
- Hohlwand
- „Filigran"-Wand

	Elementwand 3-fachwand	Thermowand (gedämmte Wand)	Stahlbeton-Sandwichwand
Prinzip Skizze	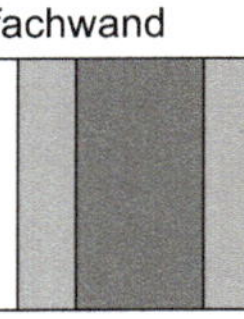	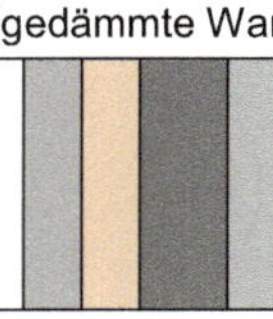	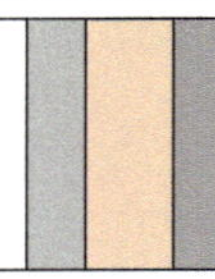
Bauweise	Halbfertigteil	Halbfertigteil	Fertigteil
Statische Funktion	Tragende Wand-scheibe	Tragende Wand-scheibe	Tragende / nichtragende Wand-scheibe

Fertigteil-/ Filigranwand	
Ortbeton	
Dämmung	

In nachfolgendem Beispiel (Abb. 8.105 und 8.106) wurden sämtliche Außenwände vom Generalplaner als „Dreifachwände/Elementwände" mit Bezug auf das DBV/VDZ-Merkblatt „Sichtbeton" [30] geplant. Die beanstandeten Sichtbetonflächen wurden mittels Betonkosmetik bearbeitet. Die bearbeiteten Flächen zeichneten sich deutlich von den unbearbeiteten Flächen ab.

Abb. 8.105 Sichtbare Betonkosmetik an Fertigteilwand (Übersicht)

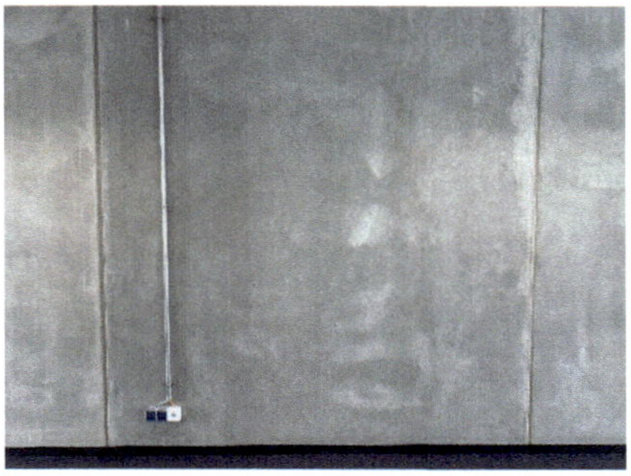

Abb. 8.106 Sichtbare Betonkosmetik an Fertigteilwand (Nahaufnahme)

Gutachterliche Einstufung

Zwischen Generalplaner/Projektsteuerer und ausführendem Bauunternehmen gab es unterschiedliche Auffassung zur Ausführungsqualität. Beide Generalplaner/Projektsteuerer haben dabei übersehen, dass das DBV/VDZ-Merkblatt nur für Ortbeton und nicht für Betonfertigteile gilt. Für Betonfertigteile gibt es eigene FDB-Merkblätter (siehe Abschn. 3.2).

Die Betonkosmetik war eine „Verschlimmbesserung", d. h. gute Betonkosmetik ist die, die man nicht sieht (siehe Kap. 7).

8.3 „Weiße Wanne"

Da der Beton nicht nur eine tragende, sondern auch dichtende Funktion übernehmen kann, wird er immer häufiger auch als Sichtbeton ausgeführt, u. a.

- Balkone: Abschn. 8.2.5
- Hauseingangsüberdachung: Abschn. 8.2.6
- Außentreppen: Abschn. 8.1.8
- Wasserbecken: Abschn. 8.3

Siehe auch Abb. 8.107 und 8.108.

Abb. 8.107 Sichtbeton als Wasserbecken

Abb. 8.108 Rissbildung

8.3.1 „Weiße Wanne" aus WU-Beton als Sichtbeton

Bauteile, insbesondere Untergeschosse, können als „Schwarze, Weiße, Orange, Gelbe- oder Braune Wanne" ausgebildet werden. Zunehmend setzt sich immer mehr die „Weiße Wanne" aus WU-Beton durch. Dies liegt unter anderem daran, dass Beton nicht nur als tragende, sondern auch als wasserundurchlässige Konstruktion ausgeführt werden kann.

„Bauliche Anlagen müssen so angeordnet und beschaffen sein, dass durch Wasser, Feuchtigkeit (...) keine Gefahren oder unzumutbare Belästigungen entstehen."

So steht es – im sinngemäßen Wortlaut – in den Bauordnungen (u. a. BauO Bln).

Ein Mangel liegt vor (OLG Köln, BauR 2005, S. 389), wenn Ungewissheit über die Risiken des Gebrauchs bestehen, z. B. wenn das Kellergeschoss bereits frühzeitig ausgebaut wird (z. B. Fußbodenheizung) und sich die Grundwasserverhältnisse („Wasserhaltung") erst später wieder einstellen. Als Folge einer undichte Arbeitsfuge steht ein Estrich auf Dämmschicht im Wasser, sozusagen ein „schwimmender" Estrich.

Der Architekt ist gem. HOAI, Leistungsphase 1 und 2 (nachweisbar) verpflichtet, in einem Aufklärungsgespräch mit dem Bauherrn das Anforderungsprofil eines „Kellers" (insbesondere die zu erwartende Nutzungsklasse bei der Ausführung als „Weiße Wanne" in WU-Beton) zu besprechen. Er hat zudem unter Berücksichtigung der baulichen und örtlichen Gegebenheiten dem ausführenden Unternehmer in einer jedes Risiko ausschließenden Weise Ausführungsdetails (siehe Abschn. 2.6) zu liefern, die bei einwandfreier baulicher Umsetzung eine dauerhafte Abdichtung des Kellers gewährleisten (BGH-Urteil vom 15.06.2000: VII ZR 212/99, BauR2000, 1330 ff.).

Da der Kellerausbau (Estrich auf Dämmschicht, Wärmedämmung der Wände, Heizung) i. d. R. frühzeitig beginnt (ohne Abwarten einer evtl. „Selbstheilung" von Rissen in der Bodenplatte), ist eine zusätzliche Abdichtung an der Außenseite zwecks Restrisikovermeidung erforderlich. Darauf kann nur verzichtet werden, wenn u. a. die Hinweise im DBV/VDZ-Merkblatt „Hochwertige Nutzung von Untergeschossen – Bauphysik und Raumklima" [37] berücksichtigt werden, d. h.

- Keller-Fußbodenaufbau erst 3 besser 12 Monate nach Rohbaufertigstellung
  (Aber: Welcher Bauherr zieht in ein Haus ein und fängt ca. ein Jahr später erneut mit Bauarbeiten im Untergeschoss an?)
- Wandabstände von Einbauten, z. B. Elektroverteilerkästen, Heizzentrale, Wasserspeicher usw.
- Wandaufbauten, z. B. Putz, Fliesen

Die Arbeitsfugen einer „Weißen Wanne" sind oftmals nicht so dicht, wie sie sein sollten (u. a. kapillares Saugen).

Im Jahre 2005 kam es zu einem der bekanntesten Gerichtsurteile zum Thema „Weiße Wanne", welches je nach Interessenlage unterschiedlich kommentiert wurde (LG Berlin vom 29.07.2005, Geschäftszeichen 34 O 200/0). Durch dieses Urteil ist viel bewegt worden. Inzwischen werden in Veröffentlichungen und Seminaren die Aussagen des Autors in dem Gutachten, das zum o. g. Urteil beitrug, bestätigt, dass „zusätzliche Maßnahmen" erforderlich sind. Es wird seitdem viel mehr Aufklärung zum Thema „Nutzung von Kellerräumen" betrieben, u. a. [37]. In diesem Merkblatt werden sinngemäß ähnliche Forderungen aufgestellt wie im erwähnten Gutachten des Autors.

Hinweis

Bei Neubauten sind heutige Räume im Kellergeschoss, z. B. Hobbyräume, als „bewohnte Räume" anzusehen, da eine hochwertige Raumnutzung erfolgt, z. B. für die Lagerung von feuchtigkeitsempfindlichen Materialien, wie Papier, Leder, Möbel, bestimmte Lebensmittel, wie Zucker, Mehl, etc. (LG Berlin vom 29.07.2005, Geschäftszeichen 34 O 200/05).

Das LG Berlin nimmt in diesem Urteil – ohne es ausdrücklich zu erwähnen – auf die bereits dargestellte Rechtsprechung des BGH zur Funktionstauglichkeit einer Werkleistung Bezug und schlussfolgert aus dem üblichen Nutzungsverhalten der Bewohner eines Hauses, dass ein Keller grundsätzlich – soweit nicht etwas anderes vertraglich vereinbart worden ist – zur Lagerung von feuchtigkeitsempfindlichen Materialien ebenso gebrauchs-/ funktionstauglich sein muss, wie z. B. zur Nutzung als untergeordneter Büroraum für die Erledigung des privaten Schriftverkehrs und zur Aufbewahrung privater Unterlagen. Diese Begründung erscheint – jedenfalls im Grundsatz – überzeugend und trägt sowohl dem Nutzungsverhalten als auch der Vorstellung von Bauherren zur Nutzungsmöglichkeit eines Kellers angemessen Rechnung (Vortrag von Dr. Mark Seibel, Richter am OLG Hamm, während der Aachener Bausachverständigentage 2014).

Nicht Gerichtsurteile, Gutachten und kritische Zeitungsartikel, sondern die Schadensfälle – verursacht durch unzureichende Planung, Hinweise (fehlende Anforderungsprofile) – bringen die „Weiße Wanne“ ungerechter Weise in Verruf.

Bei Großprojekten sollte es mittlerweile üblich sein, dass für eine „Weiße Wanne“ umfangreiche Planungen, Details und Checklisten aufgestellt werden, nicht jedoch (leider) bei einem „normalen“ Einfamilienhaus. Auch hier zeigt die Praxis, dass heute immer noch eine Vielzahl von Architekten lediglich auf die Schalpläne des Tragwerkplaners verweisen und keine eigene koordinierte Ausführungsplanung für eine „Weiße Wanne“ anfertigen. Jeder Baustoff hat Vor- und Nachteile. Daher sollten Anforderungsprofile entwickelt werden, die Nutzer mit deren Nutzungsverhalten charakterisieren. Mit der Auswertung des Nutzungsverhaltens lassen sich dann entsprechende Verbesserungs-, d. h. ggf. zusätzliche Maßnahmen planen.

PRO und KONTRA – „zusätzliche Maßnahmen“

In einigen Seminaren zum Thema „Weiße Wanne“ wurde folgende Aussage getroffen:

> *„Nach dem Stand der Technik ist vielmehr weder eine zusätzliche Abdichtung der Kellersohle noch der Kelleraußenwände erforderlich, da eine Wasserdampfdiffusion von außen nach innen bei richtiger Planung, Konstruktion und Bauausführung nicht stattfindet. Dem entsprechend bedarf es auch keiner diesbezüglichen Hinweise des Planers, Unternehmers oder Bauträgers gegenüber dem Auftraggeber bzw. Erwerber.“*

Diese zusammenfassende Aussage ist irreführend und risikofördernd, da entsprechende Praxis-Hinweise fehlen, ebenso die folgende Presseinformation:

> *„Durch entsprechendes Lüften ist diese Feuchtigkeit („Baufeuchte“) leicht abführbar.“*

Doch wie soll die Baufeuchte im Kellergeschoss durch entsprechende „Lüftungsvorgänge“ abgeführt werden, wenn z. B.

- die Bauherren/Nutzer berufstätig sind,
- ungünstige Reihenhausgrundrisse zu fensterlosen Räumen führen,
- aus Angst vor Einbruch die Kellergeschossfenster zu selten oder gar nicht geöffnet werden,
- die Lüftung von Räumen durch zu gering dimensionierte Lichtschächte vor den Fenstern eingeschränkt ist,
- die KG-Lichtschächte durch Glasscheiben abgedeckt werden, bei einem schlecht versickerungsfähigen („bindigen“) lehmhaltigen Boden?

Das Nutzungsverhalten von Bauherren in Kellerräumen hat sich im letzten Jahrzehnt geändert. Kaum ist der Neubau mit Kellergeschoss fertig gestellt, steht der Möbelwagen schon vor der Tür. Kein Auftraggeber, in diesem Fall der Nutzer des Einfamilienhauses, kann und möchte monatelang die Zeit der „Trockenlüftung“ abwarten, bevor z. B. ein „Schwimmender Estrich“ oder Holztüren eingebaut werden dürfen.

In der DAfStb-Richtlinie *„Wasserundurchlässige Bauwerke aus Beton“*, Abs. 1 (3) [44] ist nachzulesen:

> *„Bei wasserundurchlässigen Bauwerken aus Beton nach dieser Richtlinie wird davon ausgegangen, dass ein Kapillartransport durch die Bauteildicke hindurch unabhängig vom hydrostatischen Druck und vom Schichtenaufbau der Bauteile nicht erfolgt. Weitergehende Regelungen über den Feuchtetransport anderer Arten und Ursachen, die ebenfalls eine raumseitige Feuchteabgabe zur Folge haben können, enthält die Richtlinie nicht, wobei insbesondere das Austrocknen der Baufeuchte weitgehend unabhängig davon ist, auf welche Weise die abdichtende Funktion erzielt wird.*
>
> *Bei hohen Nutzungsanforderungen sind erforderlichenfalls die Auswirkungen dieser Feuchtetransportvorgänge durch raumklimatische und bauphysikalische Maßnahmen auf das erforderliche Maß zu begrenzen. Gleiches gilt auch für die Tauwasserbildung auf raumseitigen Oberflächen.“*

Abschn. 3.23:

> *„Eine vollständig trockene Bauteiloberfläche kann auch am Ende des Selbstheilungsprozesses nicht allgemein erwartet werden, es sei denn, planmäßig zusätzliche raumklimatische Maßnahmen werden ergriffen, die für eine kontinuierliche Verdunstung der zur Bauoberfläche geführten Feuchte sorgen.“*

Abschn. 8.5.3 (4):

> *„Die Ausnutzung dieser Möglichkeiten – Durchfeuchtungen auch bei Nutzungsklasse A zu erlauben – setzt einen (...) hohen Klimatisierungsbedarf zur Sicherstellung einer ständigen Verdunstung der Feuchte auf der Innenseite des Bauteils voraus.“*

In diesem Zusammenhang ist darauf hinzuweisen, dass die Wirkung von Lüftungsmaßnahmen nicht vorausschauend beurteilt werden kann, wenn die genaue Wasserdurchtrittsmenge nicht bekannt ist.

Außerdem ist zu beachten, dass Lüftungsanlagen **keine** gleichmäßige Durchströmung von Räumen (insbesondere Kellerräume) bewirken und auch z. B. die Oberflächenbeschaffenheit von Innenflächen Einfluss auf das Abtrocknungsverhalten hat.

Lüftungsanlagen sind also auf die sichere Abführung von Bau- und Nutzungsfeuchte zu dimensionieren. In der Regel können sie zur Kompensation der Auswirkungen von Wasser führenden Trennrissen **nicht** ausgelegt werden.

Ob und in welcher Größenordnung noch Feuchtemengen durch Austrocknung zu Beginn der Nutzung berücksichtigt werden müssen, ist im jeweiligen Einzelfall zu klären.

Der Architekt müsste – in diesem seltenen Fall – den Bauherrn auf eine eingeschränkte Kellernutzung hinweisen und ihm mitteilen, dass bei z. B. „wohnraumartig genutzten Kellerräumen" **zusätzliche** Maßnahmen erforderlich sind.

Ob Feuchte durch Risse, Unstetigkeiten, Undichtigkeiten in der „Weiße Wanne" oder Restfeuchte im Beton vorhanden ist, ist nebensächlich. Tatsache ist, dass dies bei Kellergeschossen (Untergeschossen) verstärkt **passieren kann.**

„Keller"-Räume werden zunehmend als Wohn- und Aufenthaltsräume genutzt, deshalb ist bei der Planung ein Umdenken erforderlich.

Zum Beispiel wirken sich folgende Faktoren auf die Eigenschaften von Baustoffen/ WU-Beton aus:

- Klimatische Einflüsse: Hitze, Kälte, Regen und Schnee
- Aufenthaltsdauer der Bewohner in den betreffenden Räumen, z. B. nur nach Feierabend oder ganztägig am Wochenende
- Betoniervorgang: Erfahrungswerte der Handwerker (Fachkraft oder Hilfsarbeiter?)
- Konstruktion: einfach oder aufwendig?

Zur schadensfreien Nutzung eines Kellergeschosses zu Wohnräumen (insbesondere bei Einfamilienhäusern), hergestellt als „Weiße Wanne", muss der „Planer" den Bauherrn auf Folgendes hinweisen:

- eingeschränkte Nutzung **oder**
- Notwendigkeit zusätzlicher Maßnahmen
- „Trockenwohnen" (Bauteilfeuchte)

Ein wichtiger Aspekt bei der Betrachtung einer „Weißen Wanne" aus WU-Beton ist die Dauerhaftigkeit. Hierzu gibt es diverse Definitionen:

DIN EN 1992-1-1:2011-01 "Eurocode 2: Bemessung und Konstruktion von Stahlbeton und Spannbetontragwerken – Teil 1-1: Allgemeine Bemessungsregeln und Regeln für den Hochbau" [4] Abs. 4.1:

> *„(1) Die Anforderung nach einem angemessenen dauerhaften Tragwerk ist erfüllt, wenn dieses während der vorgesehenen Nutzungsdauer seine Funktion hinsichtlich der Tragfähigkeit und der Gebrauchstauglichkeit ohne wesentlichen Verlust der Nutzungseigenschaften bei einem angemessenen Instandhaltungsaufwand erfüllt."*

Das heißt, die Erfüllung der Anforderung an die Gebrauchstauglichkeit und das Erscheinungsbild im Rahmen der vorgesehenen Nutzung oder Restnutzung sowie der vorhersehbaren Einwirkungen, ist ohne unvorhergesehenen Aufwand für Instandhaltung und Instandsetzung vorzusehen.

Der so genannte „Stand der Technik" beschreibt, was theoretisch baukonstruktiv hergestellt werden kann, ist jedoch nicht zwangsläufig Garant für die Dauerhaftigkeit (Langzeitverhalten) bzw. Bewährtheit von Baustoffen.

Um noch einmal zur derzeitigen Diskussion und den Forschungsergebnissen über die Eigenschaften und Anwendung von WU-Beton zurück zu kommen:

Es ist bekannt, dass die allgemeine Öffentlichkeit Forschungsergebnisse nur verkürzt und verzerrt diskutiert. Keine Forschungsgesellschaft bzw. kein Unternehmen, welches Forschungen im eigenen Interesse finanziell unterstützt, hat den Wunsch, „unliebsame" Ergebnisse zu veröffentlichen oder weitere Mittel dafür zur Verfügung zu stellen. Die Grenzen sind „fließend", um erhoffte Ergebnisse zu erreichen.

Beispielsweise wäre es hilfreich, die einzelnen Forschungsschritte von einem neutralen und unabhängigen Sachverständigen begleiten oder bestätigen zu lassen.

Aufenthaltsräume

Nach DBV-Merkblatt „*Hochwertige Nutzung von Untergeschossen – Bauphysik und Raumklima*" 2009–01 [37] werden zusätzliche Maßnahmen zum WU-Beton erforderlich, je nachdem welche Nutzungsklasse dem Keller zugeordnet wird. Diese zusätzlichen Maßnahmen waren schon immer erforderlich, d. h. seitdem Aufenthaltsräume bzw. feuchteempfindliche Räume als „Weiße Wanne" ausgeführt werden und nicht erst mit Erscheinen der Richtlinie.

Das DBV-Merkblatt unterscheidet:

- Nutzungsklasse A (**hohe** Anforderungen, z. B. Wohnhauskeller)
- Nutzungsklasse B (**geringe** Anforderungen, z. B. Tiefgarage)

Für Räume (hier: Kellerräume), die dem dauernden Aufenthalt oder in anderer Weise einer anspruchsvollen Nutzung dienen (Souterrain-Wohnung, Büro, feuchteempfindliche Lagerräume, wie z. B. für Papier), sind beim WU-Beton **zusätzliche** geeignete bautechnische Maßnahmen erforderlich, wie z. B.

- „Wartezeiten" 3 bis 12 Monate, Wandabstände von Einbauten,
- Dampfsperre,
- belüfteter Fußboden oder
- Wärmedämmung.

Da es nicht **absolut** auszuschließen ist, dass Feuchtigkeit durch den Beton bzw. durch Fehlstellen durchdiffundiert oder ggf. Restfeuchte aus Beton entsteht, d. h. von außen nach innen und/oder von unten nach oben, dürfen feuchteempfindliche Güter, wie z. B. Papier, Parkett, Möbel und Gipsputz, keinen direkten Kontakt zum WU-Beton aufweisen.

Darauf wird in der Bauschaden-Literatur seit mehr als 40 Jahren hingewiesen. Technische Regeln und Fachliteratur über „Weiße Wannen" aus WU-Beton und deren Bauweise gibt es schon länger als 25 Jahre. Das heißt, ich muss nicht wissen, wie viel Feuchte evtl. durch das Bauteil eindringen kann, sondern dass es ggf. passieren *„könnte"*.

Der Einbau eines schwimmenden Estrichs stellt bei einer „Weißen Wanne" immer ein Risiko dar, da der Schwachpunkt Fundamentsohle/Wand (Arbeitsfuge) nicht mehr überprüfbar ist. Undichtigkeiten der Arbeitsfuge werden erst sehr spät sichtbar, wenn der Estrich wörtlich „schwimmt" und die Gewährleistung meist schon vorbei ist. Tritt der oben genannte Fall ein, ist die nachträgliche Einbringung einer funktionstauglichen Abdichtung (außen/unten) gar nicht bzw. nur mit großem Aufwand als „Teil"-Lösung mit verbleibendem Restrisiko möglich.

Eine außen liegende Bitumenbahn mit Alu-Einlage auf der Außenwand herzustellen, ist nachträglich kaum mehr möglich, da erneut eine Baugrube hergestellt werden müsste. Gegebenenfalls wäre sogar der Abbruch von evtl. vorhandenen Erdgeschossterrassen erforderlich.

Je nach Betoneigenschaft (von Objekt zu Objekt aufgrund der Handwerksarbeit unterschiedlich) muss abgewogen werden, ob auf eine äußere Dampfsperre verzichtet werden kann und stattdessen der Gipswandputz durch einen Kalkzementputz ersetzt wird.

Raufasertapeten sind auf Wandkonstruktionen, die als „Weiße Wanne" ausgebildet sind, ungeeignet. Gipsputz auf Mauerwerksinnenwänden darf keinen Kontakt mit der WU-Betonsohle haben, d. h. er ist im Fall einer Sanierung auf einer Höhe von ca. 50 cm abzubrechen und durch einen Kalkzementputz zu ersetzen. Folglich sind auch Gipskartonwände auf der WU-Betonsohle ungeeignet.

Je nach Schadensfall ist der Fußbodenaufbau abzubrechen und nach Verlegung einer Abdichtung (Bitumenschweißbahn mit Alu-Einlage) wieder neu herzustellen.

Die Frage, ob der ganze Aufwand erforderlich ist, ist mit einem klaren JA zu beantworten. Denn wer übernimmt die Verantwortung für das Restrisiko, wenn aus Kostengründen auf Teilleistungen verzichtet wird? Jedes Restrisiko ist im Rückschluss auf einen Planungsfehler zurückzuführen.

Folgende Hinweise zur Kellernutzung für Aufenthaltsräume sollten beachtet werden.

- außen liegende Wärmedämmung, z. B. aus Schaumglas
- kein Gipsputz
- kein Anhydritestrich
- schwimmender Estrich nur in Verbindung mit einer zusätzlichen Abdichtung,
- z. B. Bitumenbahn mit Alu-Einlage
- Horizontalsperre („Querschnittsabdichtung") **unter** der ersten Steinlage bei aufgemauerten Innenwänden und Trockenbauwänden auf der WU-Betonsohle

Der Autor empfiehlt seinen Bauherren bei hochwertig genutzten „Keller"-Räumen eine zusätzliche Abdichtung auf der Außenseite der „Weißen Wanne" zwecks Vermeidung eines „Restrisikos" (Hinweis: Jedes Restrisiko stellt einen Planungsfehler dar).

Um die Funktionstauglichkeit von Aufenthaltsräumen der Nutzungsklasse A zu gewährleisten, ist eine Bitumenschweißbahn mit Alu-Einlage empfehlenswert:

a) auf der Außenseite der Außenwand einschl. Wärmedämmung,
b) unterhalb der Fundamentsohle (am besten) ggf. auf der Fundamentsohle auszuführen.

Folgende Nachweise für eine „Weiße Wanne" sind u. a. erforderlich:

- die Kellerbe- und -entlüftung
- Vermeidung von Oberflächentauwasser, Tauwasserfreiheit im Bauteilinneren
- Rissbreitenbeschränkungsnachweise

Hinweis

Es gibt nur gute Baustoffe – wir machen jedoch häufig schlechte Bauteile daraus

WU-Beton ist ein hervorragender Baustoff!

Es gibt auf Dauer nichts Sicheres als eine „Weiße Wanne" – richtig geplant – für hochwertig genutzte Kellerräume mit zusätzlichen Maßnahmen!

8.4 Sichtbeton Möbel

Beispiel 1: Außenbereich

Erscheinungsbild

Im Außenbereich (Hofgestaltung) werden heutzutage zunehmend auch Sitzmöbel oder Gestaltungselemente wie bspw. Pflanzentröge in Sichtbeton ausgeführt (Abb. 8.109). Beanstandet werden häufig Risse oder Pfützenbildungen, die zu ungleichmäßigen Verfärbungen bis hin zu Frostschäden führen.

Gutachterliche Einstufung

Sitzbänke

I. d. R. sind Risse in dieser geringen Breite (0,05–0,15 mm) und ohne eine starke Häufung nicht als Mangel anzusehen, da sie bautechnisch sehr eingeschränkt vermeidbar sind. Bauen mit Beton bedeutet Bauen mit Rissen. Aus diesem Grund stellt die Planung der Geometrie der Betonflächen einen wesentlichen Faktor zur Vermeidung von Bauschäden dar. Fehlendes Gefälle bzw. eine ungeplante Wasserableitung führt langfristig zu optischen Beeinträchtigungen. Wasser muss auch bei Sichtbeton-Möbeln geplant abgeführt werden. Dazu ist immer ein Gefälle erforderlich. Daraufhin wies u. a. auch das alte DBV-Merkblatt Sichtbeton hin:

„Bei bewitterten Ansichtsflächen muss eine kontrollierte Ableitung des Regenwassers geplant werden, (…).“

Aufgrund des stehenden Regenwassers kann das Wasser in die Risse eindringen. Das hat zur Folge, dass neben der reinen optischen Beeinträchtigung früher oder später auch mit Frostschäden zu rechnen ist (Abb. 8.110).

Abb. 8.109 Betonfertigteil – im Außenbereich, als Sitzbank

Abb. 8.110 fehlendes Gefälle, Pfützenbildung, Haarriss, Moosbildung

Pflanzkästen

Aufgrund der Bauteilform (Abb. 8.111) entstehen in den Ecken erhöhte Zugspannungen, die vom Beton nicht aufgenommen werden können. Dadurch entstehen Kerbrisse (Abb. 8.112). Der sachkundige Planer sieht deshalb in den einspringenden Ecken eine Zulage-Bewehrung vor, die die Zugkräfte aufnimmt. Entsprechende Maßnahmen sind, wenn sie nicht im Vornherein geplant bzw. ausgeführt wurden, aufgrund der geringen Bauteildicke und der erforderlichen Betondeckung (siehe Expositionsklassen) nicht mehr nachträglich möglich..

Abb. 8.111 Winkelstützwände aus Sichtbeton

Abb. 8.112 Kerbrisse im Eckbereich

Beispiel 2: Innenbereich

Erscheinungsbild

Für die Inneneinrichtung beauftragte ein Bauherr Möbelstücke aus Sichtbeton (Abb. 8.113). Nach dem Einbau beanstandete er u. a.

- Maßabweichungen, u. a.

– die unterschiedlichen Fugenbreiten (Möbelstücke untereinander),
– nicht bündigen Stöße,
– die nicht geraden Möbelfluchten,
– ein fehlerhaftes Feinaufmaß und

- Farbabweichungen.

Gutachterliche Einstufung

Maßabweichungen

Im Rahmen einer Inaugenscheinnahme konnte nachgewiesen werden, dass die Möbelstücke exakte 90°-Winkel an allen Außenecken aufwiesen. An den angrenzenden Wänden konnten jedoch Ebenheits- und Fluchtabweichungen festgestellt werden. Dies führte dazu, dass unmittelbar an den Wänden stehende und einander aufgereihte Sichtbetonmöbel sichtbare Winkelabweichungen bzw. Spalten aufwiesen (siehe Abb. 8.114 und 8.115).

Maßgeblich für die Bewertung der vorgefundenen Situation ist die 18202:2019–07 [1] „Toleranzen im Hochbau". Diese ist als anerkannte Regel der Technik, wenn nicht explizit anderes vereinbart, verbindlich für die Beurteilung von Niveaudifferenzen für alle Gewerke und setzt voraus, dass eine zweifelsfreie Leistungsbeschreibung zugrunde liegt. „Zweifelsfrei" besagt, dass entweder über den Hinweis auf die jeweilige Genauigkeitsklasse – in Form der Zeilenangabe – oder unter Angabe der Nachfolgegewerkeforderung eine eindeutige (VOB/A § 9.1) Aussage bezüglich der geforderten und praktisch ausführbaren Ebenflächigkeit gemacht werden muss.

Nach der DIN 18202:2019-07, Abs. 6.1 [1] ist das Einhalten von Toleranzen nur zu prüfen, wenn es erforderlich ist. Im beschriebenen Fall ergab sich dieses Erfordernis aus den optischen Beanstandungen des Bauherrn. Mittels stichprobenartiger Prüfungen wurden die Wände hinsichtlich Ebenheitsabweichungen überprüft. Da keine „erhöhten" Anforderungen vertraglich vereinbart waren, wurden die vorhandenen Flächen als „flächenfertig" eingestuft und gem. DIN 18202:2019-07, Tab. 3 bewertet. Die Abweichungen an den Wänden lagen in einem der Norm entsprechenden, zulässigen Bereich.

Farbabweichungen
Neben den maßlichen Abweichungen wurden zudem Farbabweichungen beanstandet. Im beschriebenen Fall lag hier jedoch kein technischer Mangel vor. Dies lag primär darin begründet, dass keine eindeutige Beschaffenheitsvereinbarung zugrunde gelegt werden konnte. Bspw. konnten zur Bewertung wichtige Farb-Musterplatte nicht (mehr) aufgefunden werden. Die Beteiligten waren sich zudem nicht einig, welche der vier Möbelstücke dem ursprünglichen Muster entsprachen. Daher musste eine Bewertung in Hinblick auf die allgemein üblichen, zu erwartenden Oberflächenqualitäten erfolgen. Hierbei sei darauf hingewiesen, dass ein absolut gleichmäßiger Farbton aller Ansichtsflächen aller Möbelstücke technisch nicht herstellbar ist (Zementsorten, Handarbeit, usw.).

Abb. 8.113 Möbelstücke aus Sichtbeton

Abb. 8.114 Winkelabweichungen

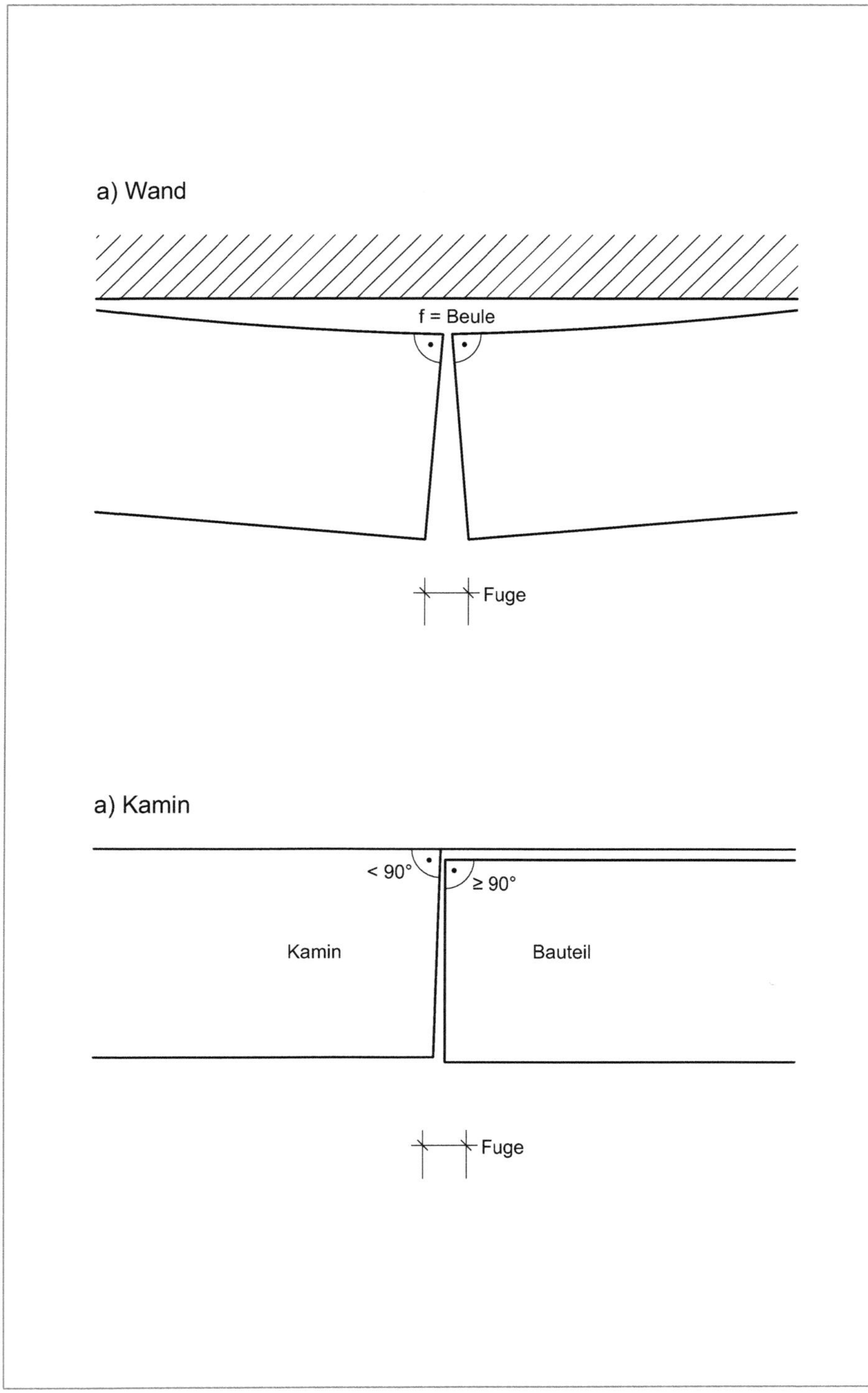

Abb. 8.115 Winkelabweichungen

8.5 Brücken

Die Auflager von Brücken, unabhängig davon, ob es sich um Stützen oder Wände handelt, werden i. d. R. aus Sichtbeton hergestellt.

Erscheinungsbild
Der Auftraggeber beanstandete

- , dass die Sichtbetonklasse 2 nicht eingehalten wurde (Abb. 8.116 und 8.117),
- den Umfang der Porenbildungen an den Schrägflächen,
- Betongrate (Abb. 8.118) und
- Kalkausblühungen.

Abb. 8.116 beanstandete Sichtbetonflächen

Abb. 8.117 Schleppwassereffekte

Abb. 8.118 Abgeschliffenen Betongrate

Gutachterliche Einstufung

Die beanstandeten Flächen wurden aus dem „gebrauchsüblichen" Abstand betrachtet. Danach wurde festgestellt: Die Betongrate wurden auf Anweisung des Auftraggeber – zwischenzeitig – entfernt, d. h. abgeschliffen. Betongrate sind für SB2 bis ca. 5 mm zulässig (siehe Abschn. 3.1.1.1.2). Poren (Lunker) an Schrägflächen (Einfüllseite) sind nicht absolut vermeidbar (siehe Abschn. 3.1.1.3). Es ließ sich zusammenfassend festhalten: Die Sichtbetonklasse SB2 wurde eingehalten.

9 Mängel und Haftung aus rechtlicher Sicht

J. Schulz, *Sichtbeton*, https://doi.org/10.1007/978-3-8348-2250-5_9

Zur Geltendmachung von Mängelrechten

Hat der Auftragnehmer seine Vertragsleistungen mangelbehaftet erbracht, können dem Auftraggeber verschiedene Rechte und Ansprüche zustehen. Die Voraussetzungen, die auf Seiten des Auftraggebers gegeben sein müssen, um beim BGB-Bauvertrag bzw. beim VOB/B-Bauvertrag erfolgreich gegen den Auftragnehmer vorgehen zu können, werden nachfolgend unter 9.1 dargestellt. Weiter wird unter 9.2 die Verteidigung des Auftragnehmers zur Abwehr von Mängelrechten näher beleuchtet.

9.1 Voraussetzungen für die Geltendmachung von Mängelrechten durch den Auftraggeber

Grundvoraussetzung für die Mangelhaftung des Auftragnehmers ist, dass ein Mangel nach § 633 Abs. 2 BGB bzw. § 13 Abs. 1 VOB/B gegeben ist. Die weitergehenden Voraussetzungen hängen davon ab, ob der Auftraggeber Mängelrechte vor oder nach der Abnahme (während der Gewährleistungszeit) geltend machen bzw. welches Mängelrecht der Auftraggeber verfolgen will.

9.1.1 Vorliegen eines Sachmangels

Beim BGB-Bauvertrag hat der Auftragnehmer nach § 633 Abs. 1 BGB und beim VOB/B-Bauvertrag nach § 13 Abs. 1 S. 1 VOB/B das Werk frei von Sachmängeln zu verschaffen.

Nach § 633 Abs. 2 S. 1 BGB ist das Werk frei von Sachmängeln, wenn es die vereinbarte Beschaffenheit hat. Soweit die Beschaffenheit nicht vereinbart ist, ist das Werk frei von Sachmängeln, wenn es sich

1. für die nach dem Vertrag vorausgesetzte (§ 633 Abs. 2 S. 2 Nr. 1 BGB), sonst
2. für die gewöhnliche Verwendung eignet und eine Beschaffenheit aufweist, die bei Werken der gleichen Art üblich ist und die der Besteller nach der Art des Werks erwarten kann (§ 633 Abs. 2 S. 2 Nr. 2 BGB).

Beim VOB/B-Bauvertrag gilt nach § 13 Abs. 1 VOB/B ein gleichlautender Mangelbegriff. Es gibt allerdings eine textliche Abweichung, da das Werk, um frei von Sachmängeln zu sein, nach § 13 Abs. 1 S. 2 VOB/B auch den anerkannten Regeln der Technik entsprechen muss.

9.1.1.1 Vorliegen eines Sachmangels bei vereinbarter Beschaffenheit

Sowohl beim BGB- wie auch beim VOB/B-Bauvertrag ist ein **Sachmangel** gegeben, wenn die vom Auftragnehmer erbrachte Werkleistung **von der vertraglich vereinbarten Beschaffenheit abweicht.** Entspricht die Ist-Beschaffenheit somit nicht der Soll-Beschaffenheit, liegt ein Sachmangel vor. Um festzustellen, ob ein Sachmangel vorliegt, ist in einem ersten Schritt zu bestimmen, ob im Hinblick auf die zu erbringende Werkleistung eine Beschaffenheit vertraglich vereinbart worden ist. Zur Beschaffenheit gehören zunächst die dem Werk anhaftenden physischen Merkmale und darüber hinaus auch Eigenschaften, die nach der Vereinbarung der Parteien den vertraglich geschuldeten Erfolg herbeiführen sollen. Die Parteien können Beschaffenheitsvereinbarungen bei Abschluss des Vertrages oder auch im Zuge der Bauabwicklung später (ggf. auch als Abänderung zu einer vorangehenden Vereinbarung) ausdrücklich oder auch durch ein schlüssiges Verhalten treffen. Die Frage, ob die Parteien eine Beschaffenheitsvereinbarung getroffen und welchen Inhalt eine solche hat, ist – im Prozessverfahren durch ein Gericht – durch Auslegung nach den §§ 133, 157 BGB zu bestimmen.

Beispiel 1 Das Leistungsverzeichnis sah vor, dass bestimmte Sichtbetonbauteile als „dauerhaft grün eingefärbter Sichtbeton" ausgeführt werden (= vereinbarte Beschaffenheit). Werden die Sichtbetonbauteile später durch normalen (grauen) Sichtbeton errichtet und vom Auftragnehmer mit grüner Farbe angestrichen, liegt ein Sachmangel vor.

Geht es in der Praxis um die Frage, ob von den Parteien eine Beschaffenheitsvereinbarung mit einem bestimmten Inhalt getroffen worden ist, sind zur Beantwortung **alle Vertragsunterlagen** (Leistungsbeschreibung/Leistungsverzeichnis/Baubeschreibung, Werkpläne, Prospekte usw.) auszuwerten, in denen eine Beschreibung der Leistung nach Art und Weise sowie Qualität erfolgt ist. Nicht unerwähnt darf bleiben, dass auch der (jeweilige) Komfortstandard des zu errichtenden (Bau-)Werks eine Relevanz für die – ggf. auch stillschweigend vereinbarte – (Mindest-)Beschaffenheit der geschuldeten Werkleistung haben kann.

Hinzu kommt, dass die Einhaltung der **anerkannten Regeln der Technik** (, die zwar in § 13 Abs. 1 VOB/B, nicht aber in § 633 Abs. 2 BGB erwähnt werden) und der **öffentlich-rechtlichen Bestimmungen,** also bspw. die Vorgaben der einschlägigen Bauordnung, der Brandschutzvorschriften sowie des Gebäudeenergieeinspargesetzes, nach der Rechtsprechung des BGH eine von den Parteien stets (stillschweigend) vereinbarte Beschaffenheit darstellen. Das vom Auftragnehmer errichtete Werk muss also – um nicht mangelbehaftet zu sein – den anerkannten Regeln der Technik bzw. den öffentlich-rechtlichen Bestimmungen entsprechen.

Geht es um die Frage, ob die **Einhaltung von Herstellervorgaben** bzw. **-richtlinien** Teil der vereinbarten (Soll-)Beschaffenheit bilden, ist dies zunächst dann zu bejahen, wenn die Beachtung von Herstellervorgaben im Vertrag ausdrücklich benannt wird. Herstellervorgaben sind vom Auftragnehmer nach der Rechtsprechung allerdings auch dann einzuhalten (und rechtlich konkludent vereinbart), wenn diese einer Risikominimierung zu dienen bestimmt sind und bei einem Verstoß gegen die Richtlinien des Herstellers nicht auszuschließen ist, dass sich hierdurch gerade das durch die Herstellervorgabe zu vermeidende Risiko realisiert. In diesem Fall führt der Verstoß gegen Herstellervorgaben zur Vermutung eines vorliegenden Sachmangels.

Schließlich beschränkt sich die werkvertragliche Herstellungspflicht nicht nur auf die Einhaltung der vereinbarten Beschaffenheitsmerkmale, sondern wird maßgeblich auch dadurch bestimmt, welche Funktion das herzustellende Werk hat und welchen Zweck es erfüllen soll. Die von den Parteien vereinbarte oder nach dem Vertrag vorausgesetzte

Funktion ist Teil der Beschaffenheitsvereinbarung. Dies führt dazu, dass der Auftragnehmer ein nach den Vertragsumständen zweckentsprechendes, funktionstaugliches Werk herzustellen hat. Ist das vom Auftragnehmer errichtete Werk insoweit (teilweise) funktionsuntauglich, liegt ein Sachmangel vor. Dabei ist ohne Relevanz, dass der Auftragnehmer die in dem Leistungsverzeichnis aufgeführten Einzelleistungen mangelfrei ausgeführt hat. Der dem Auftragnehmer zu machende Haftungsvorwurf ist darin zu sehen, dass von ihm lediglich die im Leistungsverzeichnis beschriebenen (Einzel-) Leistungen mangelfrei ausgeführt, aber kein nach den Vertragsumständen zweckentsprechendes, funktionstaugliches Werk hergestellt worden ist.

Insoweit wäre der Auftragnehmer **von der Mangelhaftung befreit** worden, wenn er die ihn treffenden **Prüf- und Mitteilungs pflichten** beachtet hätte. Beim VOB/B-Bauvertrag folgt die mögliche Haftungsbefreiung aus § 13 Abs. 3 iVm. § 4 Abs. 3 VOB/B; beim BGB-Bauvertrag wird eine dementsprechende Haftungsbefreiung aus § 242 BGB abgeleitet. Konkret hat der Auftragnehmer zunächst eine Prüfpflicht dahingehend, die vom Auftraggeber stammenden *Vorgaben* zur Leistungsausführung (in einer Leistungsbeschreibung nebst Leistungsverzeichnis) bzw. die Vorleistungen anderer Unternehmer daraufhin zu untersuchen, ob sie geeignet sind, ein funktionstaugliches Werk entstehen zu lassen. Neben der Beachtung der Prüfpflicht kommt es weiter darauf an, ob der Auftragnehmer die im Zuge der Prüfung aufkommenden Bedenken seinem Vertragspartner gegenüber (in einer gebotenen Weise) kommuniziert hat, um diesem die Möglichkeit zu geben, solche zur Erreichung des vereinbarten Werkerfolgs notwendig Änderungen des Vertrages veranlassen (d. h. anordnen) zu können.

9.1.1.2 Vorliegen eines Sachmangels bei fehlender Beschaffenheitsvereinbarung

Enthält der Vertrag dem entgegen keine Vereinbarung zur Beschaffenheit, ist das Werk gemäß § 633 Abs. 2 S. 2 Nr. 1 BGB (= § 13 Abs. 1 S. 3 Nr. 1 VOB/B) mangelfrei, wenn es sich für die nach dem Vertrag vorausgesetzte, oder gemäß § 633 Abs. 2 Nr. 2 BGB (= § 13 Abs. 1 S. 3 Nr. 2 VOB/B) für den Fall, dass nach dem Vertrag eine Verwendung nicht vorausgesetzt ist, die gewöhnliche Verwendung eignet, wobei das Werk im letzten Fall eine Beschaffenheit aufweisen muss, die bei Werken der gleichen Art üblich ist und die der Auftraggeber nach der Art des Werkes erwarten kann (= § 13 Abs. 1 S. 3 Nr. 2 VOB/B).

Die Alternativen des § 633 Abs. 2 S. 2 BGB bzw. § 13 Abs. 1 S. 3 VOB/B kommen allerdings nur dann zur Anwendung, wenn von den Vertragsparteien **keine Vereinbarung über die Beschaffenheit** getroffen bzw. kein nach dem Vertrag vorausgesetzter oder vereinbarter Verwendungszweck festzustellen ist. Da der Abschluss eines Bauvertrages ohne vorliegende – bzw. konkludent oder gar stillschweigend ergänzte – Beschaffenheitsvereinbarung nicht denkbar ist, hat der in § 633 Abs. 2 S. 2 BGB bzw. § 13 Abs. 1 S. 3 VOB/B geregelte Fall, dass auf die gewöhnliche Verwendungseignung abzustellen ist, in der Praxis keine Bedeutung. Haben die Parteien keine Beschaffenheit vereinbart, muss das Werk insoweit eine Beschaffenheit aufweisen, die bei Werken der gleichen Art üblich ist und die der Besteller nach der Art des Werkes erwarten kann. Danach schuldet der Auftragnehmer das, was nach den örtlichen und sachlichen Gegebenheiten jeder Fachmann als notwendig erachten würde.

9.1.1.3 Darlegungs- und Beweislast für das Vorliegen eines Sachmangels

Der Auftragnehmer ist bis zur Abnahme dafür darlegungs- und beweisverpflichtet, dass die während der Ausführung erbrachten Leistungen nicht mangelbehaftet sind. Beruft sich der Auftraggeber mit seinem Mangelvortrag auf eine (angeblich) vereinbarte (Soll-) Beschaffenheit, liegt die Darlegungs- und Beweislast für das Vorliegen der Beschaffenheitsvereinbarung beim Auftraggeber. Geht es um Sachmängel, die erst nach der Abnahme in der Gewährleistungszeit in Erscheinung getreten sind, liegt die Darlegungs- und Beweislast für das Vorliegen des Mangels beim Auftraggeber.

9.1.2 Rechte und Ansprüche des Auftraggebers vor der Abnahme

9.1.2.1 Beim BGB-Bauvertrag

Nach der aktuellen Rechtsprechung des BGH kann der Auftraggeber **Mängelrechte** nach § 634 Nr. 1 bis 4 BGB **grundsätzlich erst nach Abnahme** des Werks geltend machen. Dies deshalb, weil die Interessen des Auftraggebers durch die ihm vor der Abnahme aufgrund des Herstellungsanspruchs aus § 631 Abs. 1 BGB und des allgemeinen Leistungsstörungsrechts zustehenden Rechte angemessen gewahrt sind:

Vor der Abnahme steht dem Auftraggeber zunächst der **Herstellungsanspruch** nach § 631 Abs. 1 BGB zu, der ebenso wie der Anspruch **auf Nacherfüllung** aus §§ 634 Nr. 1, 635 BGB die mangelfreie Herstellung des Werks zum Ziel hat. Der Auftraggeber kann diesen Anspruch – ohne vorangehende Fristsetzung zur Mangelbeseitigung – einklagen.

Zur Geltendmachung muss der Auftraggeber den Mangel so genau bezeichnen, dass der Auftragnehmer in der Lage ist, eine Nacherfüllung vorzunehmen. Die **Beschreibung der Mängel** muss aus sich heraus verständlich sein und erkennen lassen, was der Auftraggeber vom Auftragnehmer verlangt. Der Auftraggeber ist nach der Symptomtheorie des BGH nicht verpflichtet, den Mangel in allen Einzelheiten zu beschreiben. Ausreichend ist eine genaue **Beschreibung des Symptoms** des Mangels; Wichtig: Es muss eine lokale Verortung des Mangelsymptoms erfolgen („Ein unbeteiligter Dritter muss also das gerügte Mangelsymptom mit dem Schreiben im Gebäude finden können."). Mit der Darstellung der Mangelerscheinung macht der Auftraggeber den Mangel selbst zum Gegenstand seiner Rüge. In diesem Fall sind immer alle (unbekannten) Ursachen für die bezeichneten Symptome von der Mängelrüge erfasst. Das gilt auch, wenn die angegebenen Symptome des Mangels nur an einigen Stellen aufgetreten sind, während ihre Ursache und damit der Mangel des Werks in Wahrheit an einer anderen Stelle liegt. Insbesondere ist der Auftraggeber nicht verpflichtet, die Ursachen einer Mangelerscheinung zu benennen.

Weiter hat der Auftraggeber für den Fall, dass der Herstellungsanspruch fällig ist (was dann anzunehmen ist, wenn der vertraglich vereinbarte Fertigstellungstermin verstrichen ist) gegen den Auftragnehmer einen **Schadensersatzanspruch** (statt der Leistung) aus §§ 280, 281 BGB. Die mangelbehaftete Leistungserbringung stellt dabei eine Pflichtverletzung dar. Der Schadensersatzanspruch ist zwar anders als die Mängelrechte nach § 634 Nr. 1 bis 3 BGB verschuldensabhängig. Eine den Schadensersatzanspruch begründende Pflichtverletzung liegt allerdings vor, wenn die vom Auftragnehmer erbrachte Leistung mangelbehaftet ist und der Auftragnehmer die ihm (vom Auftraggeber) zur Mangelbeseitigung gesetzte Frist hat verstreichen lassen. Mit dem Schadensersatzanspruch kann der Auftraggeber gegenüber dem Auftragnehmer die Kosten geltend machen, die zur Beseitigung des Mangels im Zuge einer durchgeführten Ersatzvornahme entstanden sind.

Als **Ausnahme** zu dem vorstehenden Grundsatz kann der Auftraggeber nach der Rechtsprechung des BGH die Mängelrechte nach § 634 Nr. 2 bis 4 BGB schon vor der Abnahme geltend machen, wenn er nicht mehr die Erfüllung des Vertrags verlangen kann und das Vertragsverhältnis in ein Abrechnungsverhältnis übergegangen ist.

Insoweit geht es in der Praxis (vor allem) um die **Geltendmachung des Vorschussanspruchs** nach §§ 634 Nr. 2, 637 Abs. 1, 3 BGB. Hierzu hat der BGH ausgeführt, dass die Geltendmachung dieses Anspruchs für sich nicht zur Folge hat, dass der Erfüllungsanspruch des Auftraggebers erlöschen würde; es wird also kein Abrechnungsverhältnis begründet. Es ist nach der Rechtsprechung des BGH aber eine weitere Besonderheit zu berücksichtigen: Bringt der Auftraggeber gegenüber dem Auftragnehmer ausdrücklich oder konkludent zum Ausdruck, unter keinen Umständen mehr mit dem Auftragnehmer zusammenarbeiten zu wollen (der Auftraggeber lehnt also eine (Nach-)Erfüllung durch den Auftragnehmer endgültig und ernsthaft ab), wird hierdurch ein Abrechnungsverhältnis begründet. In diesem Fall kann der Auftraggeber den Vorschussanspruch nach §§ 634 Nr. 2, 637 Abs. 1, 3 BGB auch vor der Abnahme gegen den Auftragnehmer geltend machen.

9.1.2.2 Beim VOB/B-Bauvertrag

9.1.2.2.1 § 4 Abs. 6 VOB/B

Nach § 4 Abs. 6 VOB/B sind **Stoffe oder Bauteile,** die dem Vertrag oder den Proben nicht entsprechen, auf Anordnung des Auftraggebers innerhalb einer vom Auftraggeber bestimmten Frist von der Baustelle zu entfernen. Geschieht dies nicht, so können sie vom Auftraggeber auf Kosten des Auftragnehmers entfernt oder für seine Rechnung veräußert werden. Der Anwendungsbereich der Norm ist auf solche Stoffe und Bauteile beschränkt, die auf der Baustelle lagern und noch nicht verbaut worden sind; nach dem Einbau der Stoffe/Bauteile gilt § 4 Abs. 7 VOB/B.

9.1.2.2.2 § 4 Abs. 7 S. 1 VOB/B

Leistungen, die schon während der Ausführung als **mangelhaft oder vertragswidrig** erkannt werden, hat der Auftragnehmer gemäß § 4 Abs. 7 S. 1 VOB/B auf eigene Kosten durch mangelfreie zu ersetzen. Bei § 4 Abs. 7 S. 1 VOB/B handelt es sich um einen Mangelbeseitigungsanspruch des Auftraggebers, durch den der Auftragnehmer verschuldensunabhängig verpflichtet wird, bereits vor der Abnahme mangelhafte/vertragswidrige Leistungen zu entfernen und durch mangelfreie zu ersetzen.

Zu beachten bleibt, dass aus § 4 Abs. 7 VOB/B **kein Anspruch** des Auftraggebers folgt, eine **Ersatzvornahme auf Kosten des Auftragnehmers** durchführen zu können. Dieser Anspruch steht dem Auftraggeber erst nach Kündigung des Bauvertrages aus § 8 Abs. 3 VOB/B zu. Eine **Teilkündigung** von beliebigen Leistungsteilen ist dabei allerdings nicht möglich. Denn nach der Rechtsprechung des BGH stellen Leistungsteile innerhalb eines Gewerkes grundsätzlich kein in sich abgeschlossener Teil der Leistung dar, auf den die Entziehung des Auftrags nach § 8 Nr. 3 Abs. 1 S. 2 VOB/B beschränkt werden kann. Vor Kündigung ist also stets sorgfältig zu prüfen, ob die Voraussetzungen für das Bestehen eines außerordentlichen Kündigungsgrundes des Auftraggebers bzw. die Möglichkeit einer Teilkündigung gegeben sind. Liegen die Voraussetzungen eines außerordentlichen Kündigungsgrundes nicht vor, ist die Kündigungserklärung dahingehend umzudeuten, dass von Seiten des Auftraggebers eine ordentliche Kündigung nach § 8 Abs. 1 VOB/B erklärt worden ist. Dies führt dazu, dass dem Auftragnehmer sowohl die bis zur Kündigung erbrachten Leistungen einerseits wie auch die kündigungsbedingt nicht mehr zu erbringenden Leistungen andererseits zu vergüten sind, wobei sich der Auftragnehmer im Hinblick auf die Vergütung für die nicht erbrachten Leistungen ersparte Aufwendungen und einen anderweitigen Erwerb anrechnen lassen muss (sog. „große Kündigungsvergütung“). Weiter erhält der Auftraggeber im Fall der ordentlichen Kündigung keinen Ersatz für solche ihm im Hinblick auf die Fertigstellung der Leistungen durch einen Drittunternehmer entstehenden Ersatzvornahmekosten (in Form von Fertigstellungsmehrkosten).

9.1.3 Rechte und Ansprüche des Auftraggebers nach der Abnahme (während der Gewährleistungszeit)

9.1.3.1 Anspruch auf Mangelbeseitigung nach §§ 634 Nr. 1, 635 BGB bzw. § 13 Abs. 5 Nr. 1 VOB/B

Voraussetzung für den Nacherfüllungsanspruch gemäß §§ 634 Nr. 1, 635 BGB bzw. § 13 Abs. 5 Nr. 1 VOB/B ist, dass das Werk des Auftragnehmers einen Mangel aufweist. Insoweit kommt es für den Nacherfüllungsanspruch nicht darauf an, ob der Auftragnehmer den Mangel verschuldet hat. Schließlich kann der Nacherfüllungsanspruch ohne das Erfordernis einer vorangehenden angemessenen Fristsetzung zur Mangelbeseitigung gegenüber dem Auftragnehmer geltend gemacht werden.

Da dem Auftragnehmer die Art und Weise der Nacherfüllung überlassen bleibt, kann der Auftraggeber grundsätzlich nur eine Beseitigung des Mangels, nicht aber die Vornahme einer bestimmten Mangelbeseitigungshandlung verlangen. Kommt es zu einer Beseitigung des Mangels durch den **Auftragnehmer,** so **hat** dieser nach § 635

Abs. 2 BGB **die zum Zwecke der Nacherfüllung erforderlichen Aufwendungen,** insbesondere Transport-, Wege-, Arbeits- und Materialkosten **zu tragen.** Die Nacherfüllungsverpflichtung erstreckt sich dabei auch auf das, was vom Auftragnehmer vorbereitend zu veranlassen ist, um den Mangel an der eigenen Leistung beseitigen zu können. Hinzu kommen die Arbeiten, die notwendig werden, um nach durchgeführter Mängelbeseitigung den davor bestehenden Zustand wiederherzustellen.

9.1.3.2 Anspruch auf Ersatz der zur Mangelbeseitigung aufgewen deten Kosten nach §§ 634 Nr. 2, 637 Abs. 1 BGB bzw. § 13 Abs. 5 Nr. 2 VOB/B

Der Auftraggeber hat nach §§ 634 Nr. 2, 637 Abs. 1 BGB bzw. § 13 Abs. 5 Nr. 2 VOB/B das Recht, den Mangel selbst zu beseitigen und Ersatz der erforderlichen Aufwendungen zu verlangen, wenn er dem Auftragnehmer zuvor eine **angemessene Frist** gesetzt hat und diese **erfolglos verstrichen** ist. Im Rahmen der angemessenen Fristsetzung zur Mangelbeseitigung ist der Sachmangel so genau zu bezeichnen, dass der Auftragnehmer in der Lage ist, eine Nacherfüllung durchführen zu können (siehe oben). Welche Frist angemessen ist, bestimmt sich nach den Umständen des Einzelfalles. Die Frist ist so bemessen, dass der Auftragnehmer zur Mangelbeseitigung in der Lage ist.

Eine **Fristsetzung kann** in bestimmten Fällen **entbehrlich sein:** Gemäß §§ 637 Abs. 2 S. 1, 323 Abs. 2 Nr. 1 BGB ist eine Fristsetzung entbehrlich, wenn der Auftragnehmer die Mangelbeseitigung ernsthaft und endgültig verweigert hat. Gemäß § 637 Abs. 2 S. 2 BGB ist eine Fristsetzung weiter entbehrlich, wenn die Nacherfüllung fehlgeschlagen ist (also schon Versuche zur Mangelbeseitigung stattgefunden haben). Schließlich ist nach § 637 Abs. 2 S. 2 BGB keine Frist zu setzen, wenn dem Auftraggeber eine Fristsetzung unzumutbar ist. Unzumutbar ist die Fristsetzung für den Auftraggeber dann, wenn der Auftragnehmer durch sein vorheriges Verhalten das Vertrauen in seine Leistungsfähigkeit oder Leistungsbereitschaft derart erschüttert hat, dass es dem Auftraggeber nicht zumutbar ist, diesen Auftragnehmer noch mit der Nacherfüllung zu befassen.

Der Auftraggeber hat gemäß § 637 Abs. 1 BGB bzw. § 13 Abs. 5 Nr. 2 VOB/B **Anspruch auf Ersatz der** für die Mangelbeseitigung **erforderlichen Aufwendungen.** Insoweit kann der Auftraggeber Ersatz von den Aufwendungen verlangen, die erforderlich sind, um das vom Auftragnehmer vertraglich geschuldete Werk mangelfrei herzustellen. Bei der Frage, welche Aufwendungen zur Mangelbeseitigung erforderlich waren, ist auf den Aufwand und die damit verbundenen Kosten abzustellen, die ein vernünftiger, wirtschaftlich denkender Bauherr aufgrund sachkundiger Beratung oder Feststellung im Zeitpunkt der Mängelbeseitigung aufwenden musste.

9.1.3.3 Anspruch auf Vorschusszahlung zur Mangelbeseitigung nach §§ 634 Nr. 2, 637 Abs. 1 und 3 BGB bzw. § 13 Abs. 5 Nr. 2 VOB/B

Ist der Auftraggeber berechtigt, gemäß § 637 Abs. 1 BGB Mängel des Bauwerkes auf Kosten des Auftragnehmers selbst oder durch Dritte beseitigen zu lassen, weil eine dem

Auftragnehmer zuvor gesetzte angemessene Frist erfolglos abgelaufen ist (siehe oben), kann er von dem nachbesserungspflichtigen Auftragnehmer gemäß § 637 Abs. 3 BGB einen die voraussichtlichen Mängelbeseitigungskosten deckenden **Vorschuss** verlangen. Dies gilt gleichermaßen auch beim VOB/B-Bauvertrag.

Der Kostenvorschussanspruch umfasst die **voraussichtlich anfallenden Mängelbeseitigungskosten.** Da der Vorschuss zur Begleichung der Aufwendungen für die Mängelbeseitigung dient, ist er vom Auftraggeber nach Durchführung der Mangelbeseitigungsarbeiten gegenüber dem Auftragnehmer **abzurechnen.**

9.1.3.4 Rücktritt nach §§ 634 Nr. 3, 636, 323, 326 Abs. 5 BGB

Ist das Werk mit einem Mangel behaftet, kann der Auftraggeber beim BGB-Bauvertrag unter den Voraussetzungen der §§ 634 Nr. 3, 636, 323, 326 Abs. 5 BGB vom Vertrag zurücktreten. Der Rücktritt setzt neben der Mangelhaftigkeit der Werkleistung voraus, dass eine dem Auftragnehmer gesetzte angemessene Frist zur Nacherfüllung erfolglos verstrichen ist (siehe oben). Das Rücktrittsrecht des Auftraggebers ist gemäß § 323 Abs. 5 S. 2 BGB ausgeschlossen, wenn der Mangel unerheblich ist. **Nach dem Rücktritt** sind nach § 346 Abs. 1 BGB die empfangenen Leistungen zurückzugewähren und die gezogenen Nutzungen herauszugeben. Bei Bauleistungen ist die Rückgewähr eines Bauwerkes oder eines Teils davon gemäß § 346 Abs. 2 Nr. 2 BGB in der Regel ausgeschlossen, da die Werkleistung beim Rückbau regelmäßig zerstört oder anderweitig unbrauchbar wird und damit die Rückgewähr nach der Natur des Erlangten ausgeschlossen ist. Der Auftraggeber hat in diesem Fall gemäß § 346 Abs. 2 BGB Wertersatz zu leisten, wobei gemäß § 346 Abs. 2 S. 2 BGB bei der Berechnung dieses Wertansatzes grundsätzlich die im Vertrag bestimmte Gegenleistung (also der Werklohn) zugrunde zu legen is Beim **VOB/B-Bauvertrag** ist ein Rücktritt nicht geregelt und daher ausgeschlossen.

9.1.3.5 Minderung nach §§ 634 Nr. 3, 638 Abs. 1 BGB (beim BGB-Bauvertrag)

Gemäß §§ 634 Nr. 3, 638 Abs. 1 BGB kann der Auftraggeber die mangelhafte Leistung behalten und den Werklohn herabzusetzen. Dabei stellt das Minderungsrecht des Auftraggebers ein **Gestaltungsrecht** dar und muss durch die einseitig gestaltende Erklärung des Auftraggebers gegenüber dem Auftragnehmer vollzogen werden. Durch die Bezugnahme auf das Rücktrittsrecht im § 638 Abs. 1 S. 1 BGB ist klargestellt, dass sämtliche Voraussetzungen des Rücktritts vorliegen müssen, bevor der Auftraggeber den Werklohnanspruch des Auftragnehmers mindern kann (siehe oben). Anders als beim Rücktritt (§ 323 Abs. 5 S. 2 BGB) ist eine Minderung gemäß § 638 Abs. 1 S. 2 BGB auch bei unerheblichen Mängeln möglich.

Geht es um die **Berechnung der Minderung,** ist (als Grundformel) der Werklohn um den Betrag herabzusetzen, um den der Mangel den Wert des Werks, gemessen an der Vergütung, mindert.

9.1.3.6 Minderung nach § 13 Abs. 6 VOB/B (beim VOB/B-Bauvertrag)

Gemäß § 13 Abs. 6 Satz 1 VOB/B kann der Auftraggeber durch Erklärung gegenüber dem Auftragnehmer die Vergütung bei Vorliegen der in der Norm geregelten Voraussetzungen mindern. Neben dem Vorliegen eines dem Auftragnehmer zurechenbaren Mangels im Sinne des § 13 Abs. 1 VOB/B setzt eine Minderung durch den Auftraggeber voraus, dass eine der **drei Fallalternativen** des § 13 Abs. 6 VOB/B erfüllt sind: Der Auftraggeber kann den Werklohnanspruch mindern, wenn die Beseitigung des Mangels sowohl durch den Auftragnehmer als auch durch den Auftraggeber im Wege des Selbsthilferechts unmöglich ist. Gleiches gilt dann, wenn die Beseitigung des Mangels einen unverhältnismäßigen Aufwand erfordert und deshalb vom Auftragnehmer verweigert wird. Schließlich kann zur Begründung des Minderungsrechts darauf abzustellen sein, dass die Beseitigung des Mangels für den Auftraggeber unzumutbar ist.

Geht es um die **Berechnung der Minderung,** ist (als Grundformel) der Werklohn um den Betrag herabzusetzen, um den der Mangel den Wert des Werks, gemessen an der Vergütung, mindert.

9.1.3.7 Schadensersatz nach § 634 Nr. 4, 280 Abs. 1 oder 281 BGB (beim BGB-Bauvertrag)

Der Auftraggeber kann einen **Schadensersatzanspruch statt der Leistung** nach §§ 634 Nr. 4, 280, 281 BGB gegenüber dem Auftragnehmer geltend machen. Voraussetzung ist, dass es bei Vorliegen eines Mangels des Werkes zum erfolglosen Ablauf einer dem Auftragnehmer gesetzten angemessenen Frist zur Nacherfüllung gekommen ist (siehe oben). Schließlich setzt der Schadensersatzanspruch voraus, dass ein Verschulden des Auftragnehmers vorliegt. Das Verschulden wird gemäß § 280 Abs. 1 S. 2 BGB vermutet, was zur Folge hat, dass die Haftung nur dann entfällt, wenn der Auftragnehmer sich entlasten kann. Mit dem Schadensersatzanspruch erhält der Auftraggeber die ihm **zur Mangelbeseitigung entstandenen Kosten** (des Ersatzunternehmers).

Ein **neben der Leistung** stehender **Schadensersatzanspruch** des Auftraggebers auf Ersatz der Schäden, die ihm in Folge der Pflichtverletzung des Auftragnehmers entstanden sind, folgt aus §§ 634 Nr. 4, 280 Abs. 1 BGB. Dieser Anspruch setzt voraus, dass es in Folge des Mangels des Werkes zu einem Schaden des Auftraggebers an dessen sonstigen Rechtsgütern gekommen ist. Eine Fristsetzung ist für den Anspruch auf Ersatz des **Mangelfolgeschadens** nicht erforderlich. Allerdings muss der Auftragnehmer den Mangel zu vertreten haben, wobei nach § 280 Abs. 1 S. 2 BGB das Verschulden des Auftragnehmers vermutet wird; der Auftragnehmer muss sich folglich entlasten.

9.1.3.8 Schadensersatz nach § 13 Abs. 7 VOB/B (beim VOB/B-Bauvertrag)

Gemäß § 13 Abs. 7 Nr. 1 VOB/B haftet der Auftragnehmer bei schuldhaft (also auch leicht fahrlässig) verursachten Mängeln für **Schäden aus der Verletzung des Lebens, des Körpers oder der Gesundheit.** Weiter haftet der Auftragnehmer gegenüber dem Auftraggeber nach § 13 Abs. 7 Nr. 2 VOB/B auf Schadensersatz für sämtliche Schäden, wenn er den Mangel **vorsätzlich oder grob fahrlässig** verursacht hat.

Schließlich gilt für **leicht fahrlässig verursachte Mängel** § 13 Abs. 7 Nr. 3 S. 1 VOB/B. Insoweit hat der Auftragnehmer dem Auftraggeber den Schaden an der baulichen Anlage zu ersetzen, zu deren Herstellung, Instandhaltung oder Änderung die Leistung dient, wenn ein wesentlicher Mangel vorliegt, der die Gebrauchsfähigkeit erheblich beeinträchtigt und auf ein Verschulden des Auftragnehmers zurückzuführen ist. Bei der Beurteilung, ob ein wesentlicher Mangel vorliegt, ist zum einen die Verkehrsauffassung, zum anderen das Interesse des Auftraggebers unter besonderer Berücksichtigung des von ihm verfolgten Nutzungs- und Verwendungszwecks maßgebend. Schließlich ist ein Verschulden des Auftragnehmers erforderlich. § 13 Abs. 7 Nr. 3 S. 1 VOB/B erfasst den Schaden, der dem Auftraggeber an der baulichen Anlage entsteht, zu deren Herstellung, Instandsetzung oder Änderung die Werkleistung dient.

Will der Auftraggeber einen Schaden geltend machen, der über den in § 13 Abs. 7 Nr. 3 S. 1 VOB/B erfassten Schaden hinausgeht und der ursächlich auf einen Baumangel zurückzuführen ist, so kann dies auf der Grundlage des § 13 Abs. 7 Nr. 3 S. 2 VOB/B erfolgen. Gemäß § 13 Abs. 7 Nr. 3 S. 2 VOB/B ist ein solcher (Mangelfolge-)Schaden nur dann zu ersetzen, wenn der Mangel auf einem Verstoß gegen die anerkannten Regeln der Technik beruht, wenn der Mangel in dem Fehlen einer vertraglich vereinbarten Beschaffenheit besteht oder soweit der Unternehmer den Schaden durch Versicherung seiner gesetzlichen Haftpflicht gedeckt hat oder durch eine solche zu tarifmäßigen, nicht auf außergewöhnliche Verhältnisse abgestellten Prämien und Prämienzuschlägen bei einem im Inland zum Geschäftsbetrieb zugelassen Versicherer hätte decken können. Ersetzt werden die Folgeschäden am Bauwerk sowie solche Schäden, die nicht mehr in unmittelbaren, engen Zusammenhang mit dem Mangel eingetreten sind.

9.2 Verteidigung des Auftragnehmers gegen die Inanspruchnahme

9.2.1 Unmöglichkeit der Mangelbeseitigung

Der Anspruch des Auftraggebers auf Mangelbeseitigung geht unter, wenn die Mangelbeseitigung objektiv (also für jedermann) unmöglich ist (§ 275 Abs. 1 BGB, dies gilt auch für den VOB/B-Bauvertrag).

9.2.2 Unverhältnismäßige Kosten der Mangelbeseitigung (§ 635 Abs. 3 BGB)

§ 635 Abs. 3 BGB gewährte dem Auftragnehmer die Möglichkeit, die Mangelbeseitigung – durch Erhebung der Einrede der Unverhältnismäßigkeit – ablehnen zu können, wenn die Mängelbeseitigung einen unverhältnismäßigen Aufwand erfordert (dies gilt auch für den VOB/B-Bauvertrag). Insoweit sind Aufwendungen für die Beseitigung eines Werkmangels dann unverhältnismäßig, wenn der damit in Richtung auf die Beseitigung des Mangels erzielte Erfolg bei Abwägung aller Umstände des Einzelfalles in keinem vernünftigen Verhältnis zur Höhe des dafür gemachten Geldaufwandes steht. Unverhältnismäßigkeit wird in aller Regel anzunehmen sein, wenn einem objektiv geringen Interesse des Auftraggebers an einer völlig ordnungsgemäßen Vertragsleistung (bspw. bei optischen Mängeln) ein ganz erheblicher und deshalb unangemessener Aufwand (bspw. muss das gesamte Werk neu errichtet werden) gegenübersteht. Ist die Funktionsfähigkeit des Werkes spürbar beeinträchtigt, kann die Mangelbeseitigungspflicht vom Auftragnehmer regelmäßig nicht verweigert werden.

9.2.3 Sowieso-Kosten

Mit Abschluss eines Bauvertrages legen die Parteien den vom Auftragnehmer herbeizuführenden Werkerfolg fest. Machen die Vertragsparteien dabei eine Leistungsbeschreibung nebst Leistungsverzeichnis zum Vertragsinhalt, handelt es sich bei den konkret beschriebenen (verpreisten) Einzelleistungen um die Durchführungsvorgabe für die Erreichung des Werkerfolges. Zeigt sich später während der Bauerrichtung, dass mit den in der Durchführungsvorgabe aufgeführten Einzelleistungen nicht herbeigeführt werden kann, steht diese Durchführungsvorgabe im Widerspruch zum vereinbarten Leistungserfolg. Dieser Widerspruch ist dahingehend aufzulösen, dass dem vereinbarten Werkerfolg der Vorrang zukommt. Dies deshalb, weil der Auftragnehmer mit dem Abschluss eines Werkvertrages die Vertragspflicht übernommen hat, ein funktionales Werk herzustellen (siehe oben). Als Folge dessen ist ein Auftragnehmer, der nur die in der Leistungsbeschreibung aufgeführten Einzelleistungen abgearbeitet hat, immer dann zur Mangelbeseitigung verpflichtet, wenn mit den in der Durchführungsvorgabe aufgeführten Leistungen der Werkerfolg nicht herbeigeführt werden kann (siehe oben).

Allerdings darf der zur Mangelbeseitigung verpflichtete Auftragnehmer nicht mit den Kosten solcher Maßnahmen belastet werden, **um die das Werk bei ordnungsgemäßer Ausführung** von vornherein **(sowieso) teurer geworden wäre.** Hätte der erwünschte Erfolg nur durch die Anordnung von Nachtragsleistungen erreicht werden können, handelt es sich insoweit um anrechnungsfähige Sowieso-Kosten.

9.2.4 Mitverschulden

Macht der Auftraggeber Mängelansprüche gegenüber dem Auftragnehmer geltend, kann es sein, dass der Mangel des Werkes gleichsam auf sein Fehlverhalten (Dem Auftraggeber sind Gefahrenquellen, die Ursache einer späteren Mangelhaftigkeit des Werkes bilden, bekannt, er teilt diese dem Auftragnehmer aber nicht mit) zurückzuführen ist. Dieses Fehlverhalten des Auftraggebers führt als Mitverschulden nach § 254 BGB bei einem vom Auftraggeber geltend gemachten Schadensersatzanspruch zu einer

Anspruchskürzung. Weiter muss sich der Auftraggeber mitunter auch das Verschulden anderer am Bau Beteiligter – nämlich bspw. seines planenden Architekten – nach §§ 254 Abs. 2 S. 2, 278 BGB zurechnen lassen.

9.2.5 Enthaftung nach § 13 Abs. 3 iVm. § 4 Abs. 3 VOB/B bzw. § 242 BGB

Der Auftragnehmer wird von der Mangelhaftung befreit, wenn er die ihn treffenden **Prüf- und Mitteilungspflichten** beachtet hat. Beim VOB/B-Bauvertrag folgt die mögliche Haftungsbefreiung aus § 13 Abs. 3 iVm. § 4 Abs. 3 VOB/B; beim BGB-Bauvertrag wird eine dementsprechende Haftungsbefreiung aus § 242 BGB abgeleitet. Konkret hat der Auftragnehmer zunächst eine Prüfpflicht dahingehend, die vom Auftraggeber stammenden Vorgaben zur Leistungsausführung (in einer Leistungsbeschreibung nebst Leistungsverzeichnis) bzw. die Vorleistungen anderer Unternehmer daraufhin zu untersuchen, ob sie geeignet sind, ein funktionstaugliches Werk entstehen zu lassen. Neben der Beachtung der Prüfpflicht kommt es weiter darauf an, ob der Auftragnehmer die im Zuge der Prüfung aufkommenden Bedenken seinem Vertragspartner gegenüber (in einer gebotenen Weise) kommuniziert hat, um diesem die Möglichkeit zu geben, solche zur Erreichung des vereinbarten Werkerfolgs notwendigen Änderungen des Vertrages veranlassen (d. h. anordnen) zu können. Hat der Auftragnehmer gegenüber dem Auftraggeber ordnungsgemäß Bedenken angemeldet und erklärt dieser (stillschweigend), dass die Arbeiten ohne Änderungen ausgeführt werden sollen, wird der Auftragnehmer von der Mangelhaftung frei.

10 Sichtestrich

Sichtestriche *(Designfußböden)* sind sichtbare Estriche, die in der Oberfläche verbleiben und den „Bodenbelag" darstellen, d. h. der Sichtestrich wird direkt genutzt und bildet ein gestalterisches Element mit hohen ästhetischen und gestalterischen Anforderungen. Der Sichtestrich muss den Beanspruchungen durch Lasten und Verschleiß standhalten, rutschhemmend und pflegeleicht sein.

Sichtestriche werden aus mineralischen Bindemitteln wie Zement, Kalziumsulfat, Magnesia und Zementkunstharzen als schwimmende Estriche, Verbundbeläge und bei geringem Kunstharzanteil auch als Spachtelbeläge hergestellt. Die Oberflächen der Sichtestriche werden abhängig vom Bindemittel gespachtelt, geglättet oder geschliffen. Die Oberfläche kann geölt, hydrophobiert oder versiegelt werden.

Wie bewertet man die hohen Anforderungen an einen Sichtestrich?
Alles, was nicht in einer DIN-Vorschrift steht und nicht „eindeutig und erschöpfend" zwischen Auftraggeber und Auftragnehmer vereinbart wurde, muss subjektiv beurteilt werden (siehe Kap. 1).

Jede **Ansichtsfläche** ist hinsichtlich des Aussehens ein Unikat aufgrund

- zulässiger Maßtoleranzen,
- Witterungsbedingungen usw.

Die Bewertung, ob z. B. der Sichtestrich „üblich" ist und ob die Ausführung der Leistung entspricht, die der Auftraggeber erwarten kann, bedarf eines erfahrenen Sachverständigen. Begriffe, wie „Gebrauchstauglichkeit", „Wert" und „zugesicherte Eigenschaften" werden nicht mehr verwendet. Nach der VOB wird nach der **„vereinbarten Beschaffenheit"** und der **„vorauszusetzenden Verwendungseignung"** bewertet (siehe Kap. 9 „Mängel und Haftung aus rechtlicher Sicht"). Die Anforderung an eine **„ein-**

J. Schulz, *Sichtbeton*, https://doi.org/10.1007/978-3-8348-2250-5_10

deutige und erschöpfende" Beschreibung der zu erwartenden Bauleistung ist noch wichtiger, um gegebenenfalls über einen SOLL-IST-Vergleich eventuelle Mängel begründen zu können.

Welche Leistungen darf ich erwarten bzw. wie muss das Ergebnis aussehen?
Welche a. a. R. T. („allgemein anerkannten Regeln der Technik") gibt es zur Erfüllung eines Mindeststandards meiner Leistung (hier: Bauteil Sichtestrich)?

- VOB/B (Allgemeine Vertragsbedingungen für die Ausführung von Bauleistungen)
- DIN-Normen
- Merkblätter
- Verarbeitungsrichtlinien

DIN 1961:2016-09, VOB/B – Allgemeine Vertragsbedingungen für die Ausführung von Bauleistungen
§13 Mängelansprüche.
„(1) Der Auftragnehmer hat dem Auftraggeber seine Leistung zum Zeitpunkt der Abnahme frei von Sachmängeln zu verschaffen. Die Leistung ist zur Zeit der Abnahme frei von Sachmängeln, wenn sie die ***vereinbarte Beschaffenheit*** *hat und den anerkannten Regeln der Technik entspricht.*

Ist die Beschaffenheit nicht vereinbart, *so ist die Leistung zur Zeit der Abnahme frei von Sachmängeln,*

1. *wenn sie sich für die nach dem Vertrag vorausgesetzte, sonst*
2. *für die gewöhnliche Verwendung eignet und eine Beschaffenheit aufweist,*
   die bei Werken der ***gleichen Art üblich ist und.***
   die der Auftraggeber nach der Art der Leistung erwarten kann."

DIN 18353:2019-09 „Estricharbeiten" [28]
„In der Leistungsbeschreibung sind nach den Erfordernissen des Einzelfalls insbesondere anzugeben:

0.2.3 *Nutzung der Estriche sowie besondere Beanspruchungen physikalischer, chemischer*
und thermischer Art, denen sie nach dem Einbau ausgesetzt sind, z. B. hohe
lotrechte Nutzlasten.

0.2.5 *Ausführung nach bestimmten Zeichnungen, insbesondere Detail- und Fugenplänen.*

0.2.8 *Art, Lage, Maße und Ausbildung von Bewegungs-, Bauwerks- und Bauteilfugen*

3.1.6 *Bei gefärbten Estrichen muss die Farbe gleichmäßig mit dem Mörtel vermischt sein, bei einschichtigen Estrichen in der ganzen Dicke der Estriche, bei mehrschichtigen Estrichen in der ganzen Dicke ihrer jeweiligen Nutzschicht.*

Stoff- und herstellungsbedingte Farb- und Strukturunterschiede sind zulässig.

3.3.4 *Für Terrazzoböden als schwimmende Estriche gelten die Festlegungen für Zementestrich nach DIN 18560-2.“*

DGUV Regel 108–003 „Fußböden in Arbeitsräumen und Arbeitsbereichen mit Rutschgefahr“ [50].

„3.1 Art der Bodenbeläge.

In Arbeitsräumen und -bereichen mit Rutschgefahr müssen rutschhemmende Bodenbeläge eingesetzt werden. Je nach Anforderung können dies feinraue, raue oder profilierte Bodenbeläge erfüllen, z. B. (...), Estriche aus mineralischen Bestandteilen mit Zement als Bindemittel und gegebenenfalls Kunstharzzusätzen [...]."

Dies gilt sinngemäß auch für den normalen Wohnbereich.

10.1 Sichtestrichklassen

Ähnlich wie beim Sichtbeton (siehe Abschn. 3.1.1), lassen sich auch beim Sichtestrich unterschiedliche Klassen (Anforderungen) definieren. In der Fachliteratur gibt es diesbezüglich jedoch keine eindeutigen Angaben. Aufgrunddessen wird die nachfolgend dargestellte Muster-Tabelle zur Diskussion gestellt werden und kann als Arbeitsgrundlage genutzt werden. Darauf aufbauend können weitere Qualitätsstufen von Sichtestrich (Sichtestrichklassen) definiert werden. Bei den in der Muster-Tabelle (Tab. 10.1) aufgeführten Definitionen handelt es sich um Mindestanforderungen für einen Sichtestrich mit hohen gestalterischen Anforderungen.

Begriffsdefinitionen, siehe u. a.

„vereinbaren“: d. h., zwei oder mehrere Personen beschließen, etwas Bestimmtes zu tun

„empfehlen“: d. h., jemandem eine Sache nennen, die für einen bestimmten Zweck geeignet ist

„vorsehen“: d. h., planen, beabsichtigen

„gleichmäßig“:	d. h., in gleichen Teilen, Aufteilung, regelmäßig, stetig
„ca.“	ist die Abkürzung für: circa (zirka), lateinisch für: „ungefähr“, „annähernd“, d. h. geringfügige Überschreitungen sind im Einzelfall zulässig

Tab. 10.1 SE – Sichtestrichflächen mit hohen gestalterischen Anforderungen

Kriterium		SE: Anforderungen Die beschriebenen Merkmale der Ausführbarkeit sind bauarttypisch und gelten für Anforderungsklassen	Anwendungshinweis
T2	Textur	geschlossene und weitgehend einheitliche Betonfläche	**erforderlich**
	Porigkeit	keine sichtbaren Poren aus einem üblichen Betrachtungsabstand	
FT2	Farbtongleichmäßigkeit	gleichmäßige, großflächige Hell-/Dunkelverfärbungenn in der Flächenfärbung sind	**zulässig**
		Schmutzflecken sind	**unzulässig**
E2	Ebenheitsabweichung	gemäß DIN 18202, Tab. 3, *Flächenfertige Böden,* *normale Anforderungen: Sichtestrich: 4 mm/1 m* *erhöhte Anforderungen: Sichtestrich: 3 mm/1 m*	
	Winkelabweichung	nur von Raumecke zu Raumecke, mit Abstand von 10 cm zur Wand (siehe DIN 18202:2019-07)	
	Eckaufwölbung/Aufschüsselung	siehe Abb. 2.1.4–3	**zulässig**
	Fugen	Bauteilfugen:	
		Versatz der Flächen im Fugen- bzw. Stoßbereich bis ca 3 mm	**zulässig**
		Scheinfugen	**empfohlen**
		Randfugen	
		Eckausbildung	

10.2 Sichtestrich – Bewertung

Die Prüfung von Sichtflächen ist in der Regel in dem Abstand durchzuführen, welcher der üblichen Nutzung entspricht.

IST – Zustand Erfassung („Sichtfeld")
sinngemäß nach Abschn. 4.2

Lichtverhältnisse (Lichtquelle)
sinngemäß nach Abschn. 4.2.2.2
Hinweis: Auch bei Streiflicht sind zulässige Bautoleranzen nicht zu beanstanden.

Gesamteindruck
sinngemäß nach Abschn. 4.2.2

Bewertung (Gewichtung) des Sichtestrichs
sinngemäß nach Abschn. 4.3.4

Betrachtungsabstand von Sichtestrich („Bodenbelag")
Der Betrachtungsabstand setzt sich zusammen aus (siehe Abb. 10.1):

- Augenhöhe, ca. 1,50 m und
- Betrachtungsradius,ca. 2,00 m.

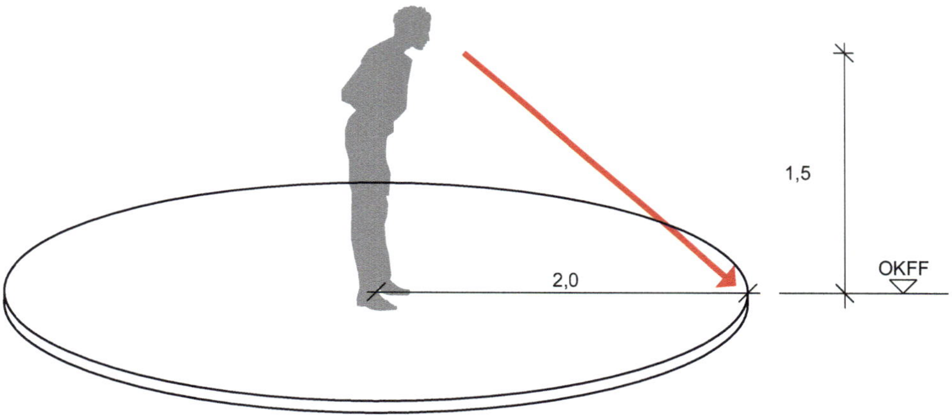

Abb. 10.1 Betrachtungsabstand Sichtestrich

Typische Beanstandungen

- ungleichmäßiger Farbton, Wolkenbildung
- Oberflächenstruktur z. B. Schwabbelspuren, unregelmäßige Schleifarbeiten
- Farbränder: falsches Abdecken oder abgestellte Gegenstände
- Verunreinigungen an der Oberfläche (z. B. Pyrit, Holz etc.),
- Löcher, Abplatzungen, Ausbrüche, größere Poren
- Unregelmäßigkeiten bei der Versiegelung, wie überlappende Rollerspuren, Unterschiede im Glanz, Flecken
- Dunkel eingefärbte (z. B. grau/schwarz) Estriche weisen höhere Gefahren von Unregelmäßigkeiten auf.
- Rissbildungen: Wegen schneller Wärmeaufnahme dunkler Böden durch Sonne und Licht und den dadurch unterschiedlichen Temperaturen innerhalb der Flächen haben dunkel eingefärbte Estriche eher Risse.
- Gänzlich abgedeckte Flächen, wie z. B. durch Teppiche oder Möbel, können sich unter Lichtabschluss farblich anders verhalten.
- Kunststoff-Teppichrücken: Lösungsmittel aus Möbeln usw. können mit dem PU-Siegel in Folge Weichmacherwanderung zu einer negativen, störenden Farbveränderung führen.

Beim Sichtestrich können Trenn- oder Haarrisse, leichte Hohlstellen oder kleine Abplatzungen (wegen verschiedener Korngrößen) entstehen. Diese begründen jedoch keinen technischen Mangel und sind ins Gesamtbild mit einzuplanen (siehe BEB – Bundesverband Estrich und Belag e. V.)

Bei geglätteten Oberflächen (hier: Sichtestrich) ist in der Regel keine Körnung sichtbar. Charakteristisch ist eine mehr oder weniger wolkige Oberfläche. Geglättete Oberflächen weisen einen unterschiedlichen Glättegrad bzw. unterschiedlich strukturierte Oberflächen auf, je nachdem ob maschinell oder in den Ecken und Rändern von Hand geglättet wird (technisch kein maschineller Einsatz möglich, siehe BEB – Bundesverband Estrich und Belag e. V.).

Wichtig: Sichtestrich- oder Sichtbetonflächen sind „Unikate“, d. h. sie sehen selten gleich aus.

Die besonderen Eigenschaften von direkt genutzten Estrichen, wie evtl. Wolkenbildung, ggf. sichtbare Risse durch Schwindung oder unterschiedliche Oberflächenstrukturen und Farbgebungen sind nicht immer vermeidbar.

Der Leitfaden zur Planung und Ausführung geschliffener Estrich- und Betonböden (Heidelberger Beton GmbH vom 31.07.2018) [51] weist u. a. auf folgendes hin:

- *„Identische optische Ergebnisse können aufgrund zahlreicher Faktoren nicht erzielt werden. Eine absolute Gleichmäßigkeit der Oberfläche ist nicht realisierbar.*
- *Die gewünschte Oberfläche des fertigen Bodens ist im Vorfeld bestmöglich zu charakterisieren.*
- *Bei der Planung sind Kriterien an die Optik und Haptik des Bodens festzulegen.*
- *Eine Bemusterung anhand von Referenzflächen kann viele Fragen im Vorfeld klären bzw. die Möglichkeiten aufzeigen, stellen aber keinen Bewertungsmaßstab für den fertigen Boden dar.*
- *Die späteren Beanspruchungen während der Nutzung des Bodens sind unbedingt zu beachten.“*

Beispiel 1
Erscheinungsbild

Der Sichtestrich wies eine Vielzahl von Rissbildungen auf, die nachträglich geschlossen wurden.

Im Zuge dessen wurden auch die Sichtestrichflächen geschliffen. Im Ergebnis entstand eine Verschlimmbesserung (Abb. 10.2a und b), d. h. durch das Schleifen wurde stellenweise die Zementmatrix entfernt, sodass die Gesteinskörnung frei lag.

Die Parteien gaben an, dass ursprünglich eine stahlfaserbewehrte Bodenplatte geplant gewesen war. Im Zuge der Bauausführung sei auf die nunmehr ausgeführte Walzbetonbodenplatte gewechselt worden. **Die Walzbetonbodenplatte** ist in drei verschiedenen Oberflächen erstellt worden:

- **Brecoplan:** geglättete Industriebodenoberfläche; im Bereich der Anlieferung
- **Lotusplan:** polierte (angeschliffene) Oberfläche; im Bereich des Verkaufs
- **Terrazzoplan:** geschliffene Oberfläche; im mittleren Bereich des Verkaufs in schwarzer Farbe

Die Halle wies eine Vielzahl von **Rissbildungen** auf, die inzwischen weitgehend geschlossen wurden (Abb. 10.2c und d). Zu den übrigen Beanstandungen zählten nunmehr u. a.

- die farbliche Abweichung
  - der Rissschließung gegenüber der angrenzenden Bodenflächen,
  - durch Schleifarbeiten verursachte Freilegung der dunkleren Gesteinskörnung,
  - dunkle, deutlich abzeichnende Schleifspuren
- Offene Risse, die durch Einbauten, Regale usw. verdeckt sind.

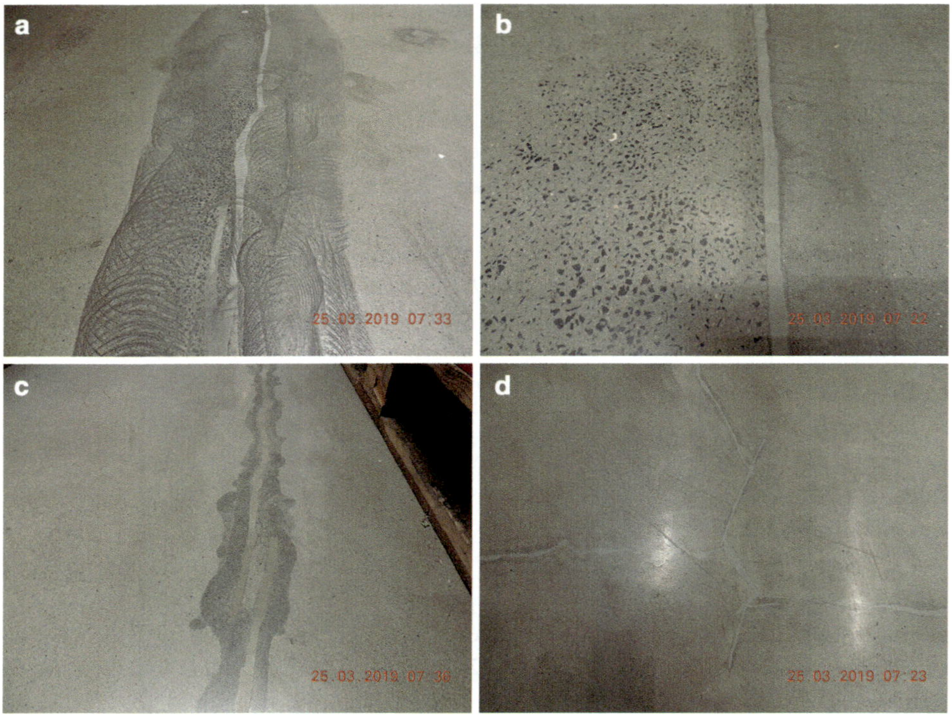

Abb. 10.2 **a** Übersichtsfoto – Sichtestrich mit deutlichen Abzeichnungen des Tellerschleifers **b** Detailaufnahme – Geschliffener Sichtestrich mit sichtbarer Gesteinskörnung **c** Rissbildungen, linienförmig **d** Rissbildungen, netzartig

Gutachterliche Einstufung
Die Beanstandungen stellen Ausführungsfehler dar. Dies lässt sich darin begründen, dass die vorhandene Ausführung nicht der Art der Leistung entspricht, die der Erwerber gegenüber der vereinbarten Beschaffenheit erwarten kann (siehe u. a. VOB/B § 13 [10]).

Aufgrund der verbleibenden Ausführungsfehler kann die **Minderung** auf Basis der in Abschn. 4.3.4 vorgestellten Gewichtungsmethode ermittelt werden (analog am Beispiel in Abschn. 4.3.5.1).

10.3 Sichtestrich – Bautoleranzen

Erscheinungsbild
Im Rahmen einer Tätigkeit als Bausachverständiger muss man immer wieder feststellen, das aufgestellte Mängelbehauptungen häufig aufgrund falscher Messungen und deren Auswertungen erfolgen.

Gutachterliche Einstufung
Ja, es ist richtig, dass Einzelmessungen mit einer Richtlatte oder Wasserwaage nach DIN möglich sind. Jedoch ist es gerade für einen evtl. Rechtsstreit unumgänglich, die Messungen „eindeutig und erschöpfend", das heißt nachprüfbar, zu dokumentieren. Oftmals können nicht einmal aus vorgelegten Unterlagen die Messmethode und deren Ergebnisse zweifelsfrei nachvollzogen werden.

Für die Dokumentation von Einzelmessungen ist die Lage der verwendeten Hochpunkte jeder einzelnen Messaufstellung zu markieren. Die Messpunkte (beide Hochpunkte und der dazwischenliegende Tiefpunkt) sind nach ihrer Lage einzumessen und in der Aufzeichnung der Messung zu vermerken (z. B. durch Abstandsmaße zu angrenzenden Bauteilen oder durch Lagekoordinaten). Messpunktabstand und Stichmaß sind ebenfalls für jede einzelne Messaufstellung zu dokumentieren. Diese Vorgehensweise ist für die spätere Rekonstruierbarkeit einer Messung erforderlich,

Die Anwendung der DIN 18202:2019-07 [1] ist inhaltlich für die Bewertung von Ebenheitstoleranzen anwendbar. Ferner heißt es in dieser Norm unter Punkt 1, hinsichtlich des Anwendungsbereichs:

> *„Die in dieser Norm für die Ausführung von Bauwerken festgelegten Toleranzen gelten baustoffunabhängig. Diese Norm hat den Zweck, Grundlagen für Toleranzen und für ihre Prüfung festzulegen."*

Nachfolgend zeigt der Autor Auszüge bzgl. der notwendigen Messmethodik gem. DIN 18202:2019-07 auf. Bei der Bewertung von etwaigen baulichen Beanstandungen wird in einschlägigen Veröffentlichungen die Begrifflichkeit der „hinzunehmenden Unregelmäßigkeiten" (Prof. Rainer Oswald) verwendet. Dies bedeutet, dass Unregelmäßigkeiten bis zu einer vereinbarten Definition hinzunehmen sind.

Als Sachverständiger muss hier ein SOLL-IST-Vergleich aufgestellt werden. Jede Abweichung stellt hier einen baulichen Fehler dar. Beispielsweise sind in den Bereichen Sichtbeton und Sichtestrich „Unregelmäßigkeiten" konstruktionsbedingt nicht immer vermeidbar. Daher ist im Sinne der DIN 18205:2016-11 „Bedarfsplanung im Bauwesen", ein Anforderungsprofil aufzustellen, d. h. unklare Anforderungen, Widersprüche und offene Fragen werden aufgegriffen und von den Betroffenen bzw. Verantwortlichen geklärt.

Tabelle 3: Grenzwerte für Ebenheitsabweichungen						
Spalte	1	2	3	4	5	6
Zeile	Bezug	Stichmaße als Grenzwerte in mm bei Messpunktabständen in m bis				
		0,1	1[1)]	4[1)]	10[1)]	15[1)]
3	*Flächenfertige Böden*, z. B. *Estriche als Nutzestriche*	2	4	10	12	15
4	Wie Zeile 3, jedoch mit *erhöhten Anforderungen*	1	3	9	12	15

Abb. 10.3 DIN 18202:2019-07 „Toleranzen im Hochbau"

Bild 14: Zuordnung der Stichmaße zum Messpunktabstand bei Überprüfung, z. B. durch Messlatte und Messkeil

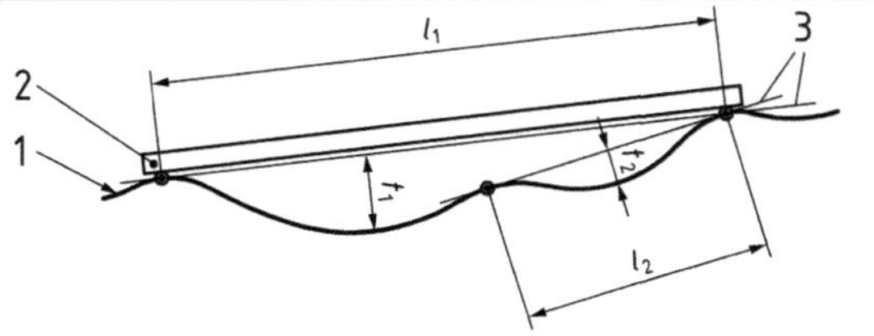

Legende
1 Ist-Fläche
2 Richtlatte
3 Fluchtgeraden der Richtlatte

l1, l2 Messpunktabstand
t1, t2 Stichmaß

Beispieltabelle zur Dokumentation von Stichmaßen nach DIN 18202:2019-07

Nr.:	Bild 11	Länge l1 [cm]	Stichmaß t1 [mm]	Zeile 3, zul. [mm]	Foto Nr.:	Raum / Bemerkung
1	Ja	100		4		
„Eine Ebenheitsabweichung ist eine IST-Abweichung einer Fläche von einer Ebene, angegeben als Stichmaß, bezogen auf einen Messpunktabstand."						

Abb. 10.4 Zuordnung der Stichmaße zum Messpunktabstand bei Überprüfung, z. B. durch Messlatte und Messkeil

Unebenheiten sind auch für einen Sichtestrich im Rahmen der DIN 18202:2019-07 (siehe Tab. 3 in Abb. 10.3) zulässig (Methodik zur Überprüfung der Stichmaße siehe Abb. 10.4).

10.4 Sichtestrich – Belastung

Erscheinungsbild

Ein Sachverständiger schrieb in seinem Gutachten:

> *„Es ist praktisch ein Leichtes, die aufgewölbten, d. h. verformten Estrichecken durch Punktbelastungen (durch „Draufspringen") abzubrechen."*

Damit wollte er begründen, dass Estricharbeiten mangelhaft ausgeführt wurden. Haben diese Äußerungen mit etwas mit Sachverstand zu tun? Nein, wie die nachfolgenden Zeilen aufzeigen.

Gutachterliche Einstufung

Die Problematik mit der geminderten Belastbarkeit in den Eckbereichen von Estrichflächen ist bereits hinlänglich bekannt und wurde schon mehrfach in Fachkreisen publiziert. Diesbezüglich werden im Folgenden exemplarisch zwei Quellen aufgeführt.

„Verformungen der Estrichplatte infolge Schwinden oder Temperaturänderung können die Tragfähigkeit ebenfalls beeinflussen. (...)

Zu unterscheiden sind 3 Lastfälle (siehe [Abb. 10.5*]):*

- *Einzellast in Plattenmitte*
- *Einzellast am Plattenrand*
- *Einzellast in Plattenecke."*

(ZDB/BEB-Merkblatt (1997–06): Estrichnenndicken bei Estrichen auf Dämmschichten, Punkt 2)

Abb. 10.5 (Einzellast am Rand): Die Belastung am Plattenrand verursacht etwa doppelt so hohe Spannungen wie die Belastung in Plattenmitte. Die Belastung am Rand wurde deshalb den Berechnungen zugrunde gelegt.

Abb. 10.5 (Einzellast in der Ecke): Das größte Schadensrisiko (Lastfall Einzellast) entsteht in den Ecken, aufgrund einer verringerten Lastverteilungsfläche im Vergleich zu zentrumsnahen Belastungen.

Aus den voran beschriebenen Belastungsszenarien ergeben sich bei gleichbleibender Belastung unterschiedliche Spannungen im Bauteil. Die Lastverteilungsfläche innerhalb des Estrichs reduziert sich aus geometrischen Gründen bei einer gleichbleibenden Punktbelastung im Eckbereich (90°) auf ca. 25 % der Lastabtragsfläche (siehe Abb. 10.5 – Einzellast in der Ecke) im Vergleich zu einer zentrumsnahen Belastung (= 100 % Lastabtragsfläche, siehe Abb. 10.5 – Einzellast in der Mitte).

Auch Siegfried Heuer greift das Thema „Randbereiche bei Estrichen" auf und merkt folgendes an:

„Einerseits sind aufgeschüsselt vorliegende Estrichecken aber auch Estrichränder selbstverständlich bei Biegebeanspruchungen (auch dann noch in Kombination mit den nicht üblichen dynamischen Beanspruchungen durch das Draufspringen) nicht geeignet, diese „Belastungen" schadlos zu überstehen, da die beabsichtigte, vollflächige elastische Bettung auf ein Dämmsystem, d. h. das Auflagern dieser Lastverteilungsschicht grundsätzlich fehlt."

(Siegfried Heuer, Institut und Sachverständigenbüro für Bau- und Fußbodentechnik GmbH, URL: https://ish-institut.de/randabsenkungen-bei-estrichen/ (Stand: 06/2021))

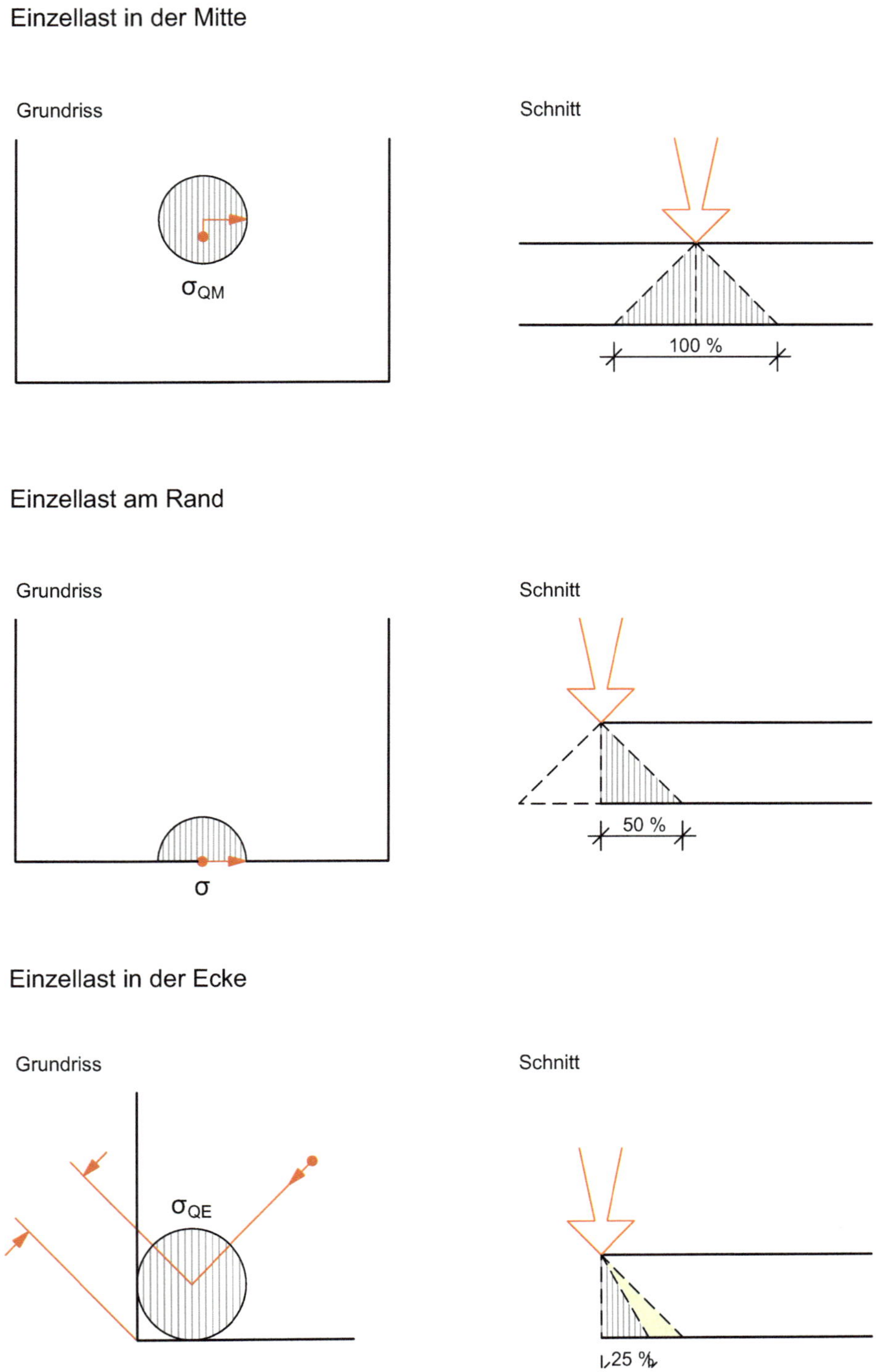

Abb. 10.5 Prinzipskizze – Lastfälle

10.5 Sichtestrich – Schwindverhalten

Erscheinungsbild

Jeder Zementestrich weist im Trocknungsverhalten eine Aufwölbung auf, welche in Abhängigkeit vieler Einflussfaktoren mehr oder weniger stark ausfallen kann.

Gutachterliche Einstufung

Das Prinzip der Verformung von Betonbauteilen aufgrund von Schwindverhalten wurde in Abschn. 2.1.4 „Schwindverhalten im Sichtbeton" beschrieben und kann sinngemäß auch auf Sichtestrich übertragen werden. Bei dem Effekt der „Aufschlüsselung" handelt es sich um eine bauübliche Verformung welche sich nicht vollständig vermeiden lässt.

Weitgehend abgeschlossen ist das Schwindverhalten erst nach ca. 1000 Tagen, d. h. ca. 3 Jahren (siehe Abb. 10.6). Das „Schwindverhalten" nach Ablauf dieser Zeit ist gering, d. h. vernachlässigbar.

Die beschriebenen Verformungen werden in diversen Veröffentlichungen thematisiert, wie z. B. in der nachfolgenden Quelle:

„Da der schwimmende Estrich unterseitig auf einer wasserundurchlässigen, diffusionsbremsenden Abdeckung (z. B. PE-Folie) aufliegt, trocknet er an der Oberfläche schneller als auf der Unterseite. Aufgrund dieses Feuchtigkeitsgefälles im Estrich kommt es an der Oberseite zur Verkürzung der Estrichplatte und zur konkaven Aufwölbung (Aufschüsselung) der Estrichränder. Durch diese Aufwölbung an den Rändern liegt die Estrichplatte dort nicht mehr auf, die Last konzentriert sich auf die Raummitte."

(Hestermann, Ulf; Rongen, Ludwig: Frick/Knöll Baukonstruktionslehre 1. Berlin Heidelberg New York: Springer-Verlag, 2015.)

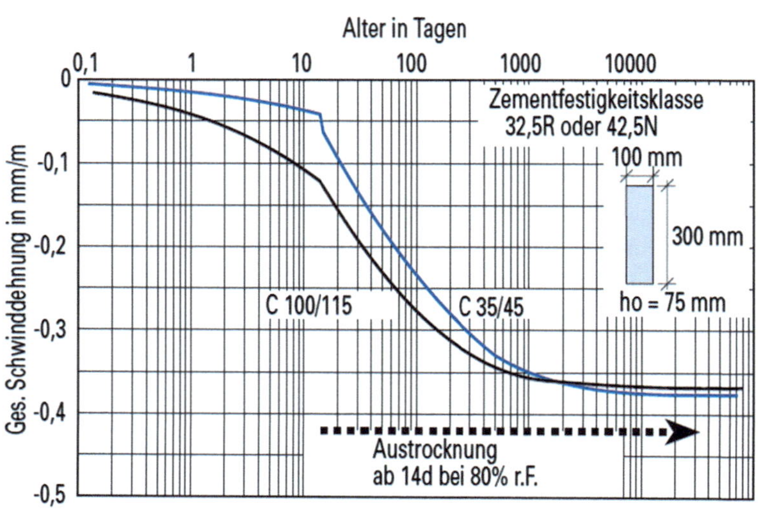

Abb. 10.6 Schwindverhalten des Zementestrichs [75]

10.6 Sichtestrich – Oberflächenbearbeitung

Die Oberfläche einer Beton- oder Sichtestrichfläche kann, je nach Anforderung, unterschiedlich bearbeitet werden.

Besenstrich
Sofort nachdem die Oberfläche geglättet wurde, wird mittels eines Stahlbesens die Oberfläche abgezogen. Es entsteht eine längsgestreifte, raue Oberfläche.

Abgleichen („Abscheiben")
Die Oberfläche wird maschinell mittels „Tellerscheiben" „abgescheibt" (abgerieben), d. h. sie weist eine Sandpapieroberfläche auf und ist geeignet z. B. für eine Oberflächenbehandlung mittels Versiegelung.

Hinweis: Größere Unebenheiten können damit nicht ausgeglichen werden.

Glätten („Flügelgätten")
Die Oberfläche wird nach dem Abscheiben maschinell mittels eines „Flügelglätters" bzw. „Teller" geglättet, d. h. sie ist „kellenglatt".

Schleifen (Terrazzo)
Die fertige, glatte Oberfläche wird ca. 5 mm geschliffen, sodass die ggf. farbige Gesteinskörnung zum Vorschein kommt. Es entsteht eine glatte, widerstandsfähige Oberfläche.

(Hinweis: Feine „Risse" sind nicht ganz auszuschließen).

10.6.1 Sichtestrich – Beschreibung im Planungsprozess

Erscheinungsbild
Oftmals gibt es Streitigkeiten, wenn man eine Leistung nicht genau beschreibt und die Erwartungshaltung höher ist als das Ergebnis. In einem Neubau wurde in zwei Wohnungen Sichtestrich ausgeführt. In der einen Wohnung wies die Estrichoberfläche weitgehend einen gleichmäßigen Farbton mit geringer Wolkenbildung auf (Abb. 10.7a). In der zweiten Wohnung wies die Estrichoberfläche weitgehend keinen gleichmäßigen Farbton auf (Abb. 10.7b). Stattdessen hatte die Oberfläche eine farblich abgesetzte Wellenstruktur, die der Erwerber beanstandete. Beide Flächen wurden von derselben Firma mit demselben Rezept ausgeführt.

Gutachterliche Einstufung
Ähnlich wie beim Sichtbeton sind Sichtestriche Unikate, die ggf. unterschiedlich ausfallen können. Sichtestrich muss je nach Erwartungshaltung, vorab definiert werden (siehe Abschn. 10.1).

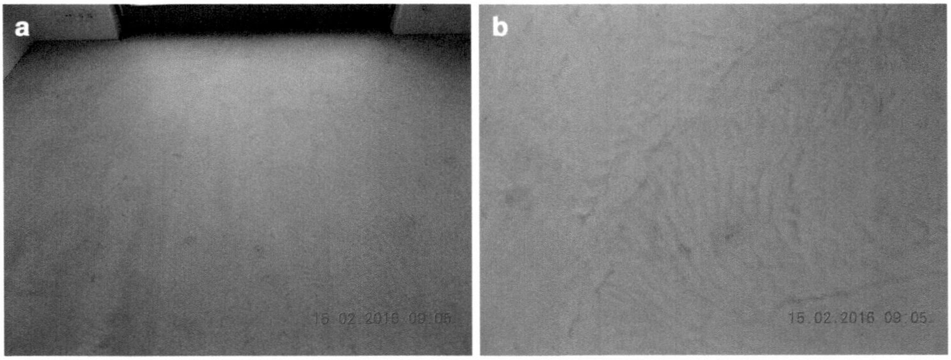

Abb. 10.7 **a** Übersichtsfoto – Sichtestrich **b** Detailaufnahme – Sichtestrich mit Wellenmuster

10.6.2 Sichtestrich – Strukturbeton

Erscheinungsbild

In einem Schwimmbad, wurde anstatt eines Fliesen-Bodenbelags ein „Strukturbeton" als Bodenbelag gewählt. Nach einiger Zeit beanstandete der Betreiber die schwierige, hygienische Reinigung. In den Vertiefungen bildeten sich kleine Pfützen mit entsprechender Verschmutzung. Trotz Bürstenreinigung sähe der Fußboden immer verschmutzt aus (Abb. 10.8a, b und c).

Gutachterliche Einstufung

In den zuvor eingebrachten Zementestrich werden nachträglich Strukturmatrizen „eingedrückt" (ähnlich wie ein Stempel), die dann die Oberflächenstruktur bilden. Auf diese Art und Weise können eindrucksvolle Steinnachbildungen entstehen. Hierbei ist jedoch im Vorfeld zu beachten, dass im Sinne der DIN 18202:2019-07 ein Anforderungsprofil erstellt werden sollte, damit alle Beteiligten, vor allem der Bauherr, weiß, welche Erwartungen er an den Strukturbeton haben kann. So schützt er sich selbst von Enttäuschungen.

In dem voran beschriebenen Beispiel führte die Verwendung von Strukturbeton zu Nutzungseinschränkungen. In anderen Anwendungsfällen hingegen lässt sich das Material uneingeschränkt verarbeiten, wie die folgenden Bilder (Abb. 10.9a und b) zeigen.

In der in Abb. 10.9a bis b gezeigten Fußgängerzone wurde anstatt eines oftmals verbauten einfachen Betonwerksteinbelags ein Strukturbeton gewählt, welcher zu einer deutlichen, optischen Aufwertung führte.

Bewertung von Sichtestrich

Die Bewertung (Gewichtung) kann sinngemäß gem. Abb. 4.20 (Abschn. 4.3.4) erfolgen.

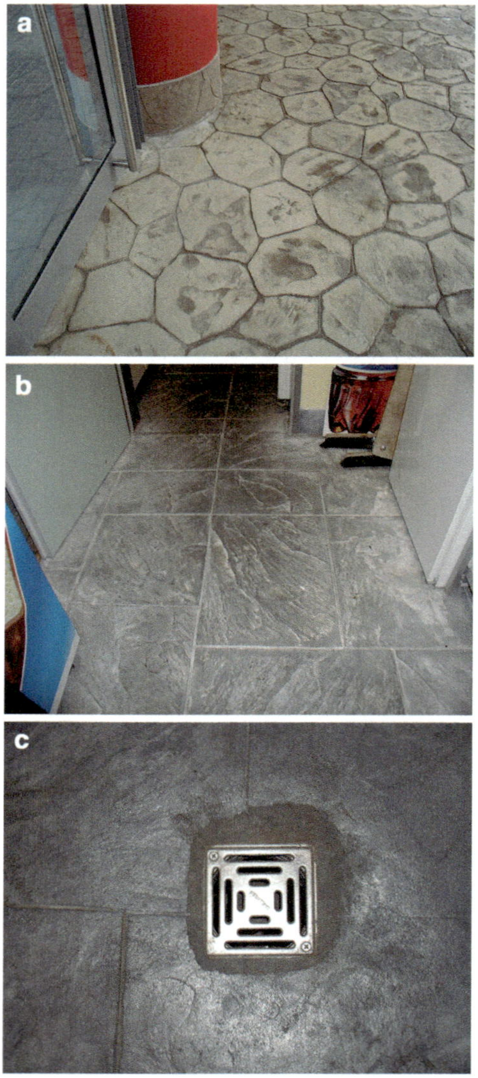

Abb. 10.8 **a** Schwimmbad mit Strukturbeton **b** Umkleideräume mit Strukturbeton **c** Strukturbeton mit Fußbodenentwässerung

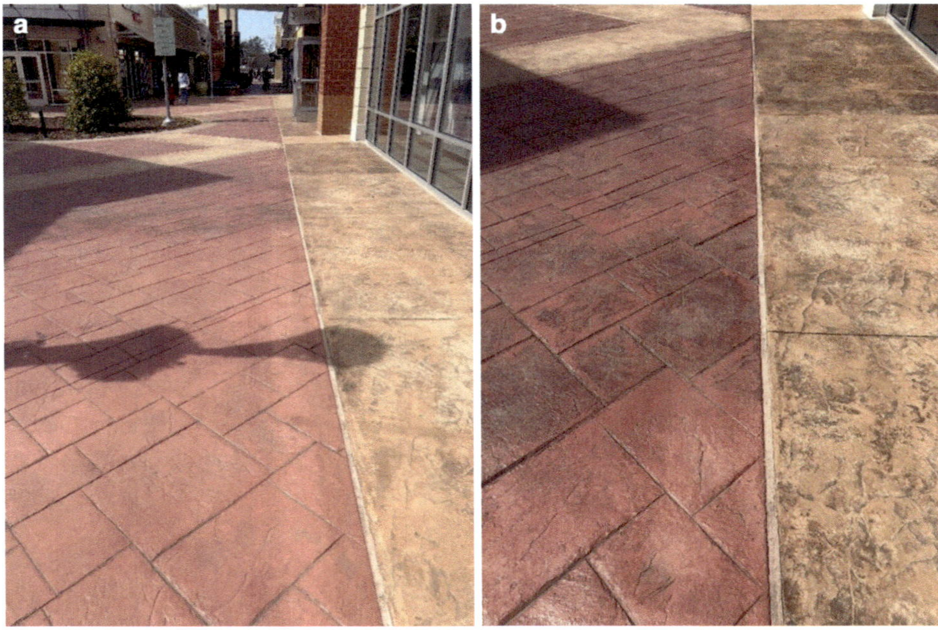

Abb. 10.9 **a** Strukturbeton als Bodenbelag im Außenbereich **b** Strukturbeton

Sichtbeton Begriffe, Erklärungen/Glossar 11

Begriff	Synonyme
Abstandhalter	Abstandhalter sind Einbauteile, die gewährleisten, dass die erforderliche Betondeckung zum Schutz der Stahlbewehrung eingehalten wird.
Absanden	Ablösung feiner Partikel (Zementleim, feinste Gesteinskörnung) von einer Betonoberfläche. Die betroffenen Flächen wirken aufgeraut. Mögliche Ursachen sind ein zu niedriger Zementgehalt, vorzeitige Austrocknung der Betonoberfläche durch ungenügende Nachbehandlung oder stark saugende Schalungshaut.
Arbeitsfugen	Zwischen zwei Betonierabschnitten entsteht i. d. R. eine zeitliche Unterbrechung. Zwischen diesen kann es zu einem Versatz kommen, welcher hinsichtlich der zulässigen Bauteiltoleranzen zu berücksichtigen ist. Empfehlung: Im Bereich der Arbeitsfugen können z. B. Trapezleisten angeordnet werden, um optische Beeinträchtigungen vermeiden zu können (u. a. in Treppenhäusern). Bei dieser baukonstruktiven Maßnahme ist an bewitterten Fassadenflächen zu beachten, dass mit der entstandenen „Vertiefung" durch die Trapezleisten ggf. die erf. Betondeckung unterschritten werden kann. Dies ist in den Bewehrungsplänen zu berücksichtigen.
Ausblühung	Ausblühung sind i. d. R. Kalkausblühungen, verursacht durch gelöste Mineralien aus dem Betonporensystem, die an die Oberfläche gelangen.
Ausblutung	siehe „Bluten, Blutungen"

J. Schulz, *Sichtbeton,* https://doi.org/10.1007/978-3-8348-2250-5_11

Begriff	Synonyme
Ausschalfrist	Die Festigkeitsentwicklung eines Betonbauteils, welche der Ausschalfrist als maßgebendes Kriterium zugrunde liegt, hängt nicht nur von betontechnologischen Einflussgrößen (z. B. Zementart und Wasserzementwert) ab, sondern auch von bauteilspezifischen Faktoren (z. B. der Bauteildicke und der Wärmedämmung) und den Witterungseinflüssen. Die tatsächliche Festigkeitsentwicklung im Bauteil wird regelmäßig, z. B. aufgrund abweichender Temperatur- und Feuchtebedingungen, von dem im Betonwerk nachgewiesenen Erhärtungsverlauf unter den Bedingungen bei Normlagerung mehr oder weniger abweichen.
Bedenkenanmeldung	Die Bedenkenanmeldung muss laienhaft verständlich sein, d. h. „eindeutig und erschöpfend" muss der Bauherr auf evtl. Schadensrisiken hingewiesen werden.
Bluten, Blutungen	Blutungen unterscheiden sich durch „Rinnsale" vom flächigen „Schleppwassereffekt", der z. T. auch durch das Mitschwingen einer nicht kraftschlüssigen Schalung unterstützt werden kann. „Bluten" ist eine Wasserverdrängung nach oben unter Mitnahme von feiner Gesteinskörnung.
„ca."	„ca." ist die Abkürzung für circa (zirka), lateinisch für: „ungefähr", „annähernd", d. h. geringfügige Über- oder Unterschreitungen sind im Einzelfall zulässig.
Dunkelverfärbungen	Oberflächen mit einer ebenen Oberfläche (glatte Schalung) mit geringer diffuser Reflektivität wirken auf den Betrachter dunkler. Bei einer feuchten Oberfläche wird die Dunkelverfärbung noch verstärkt. Daher sind trockene Betonoberflächen immer heller als feuchte.
Einfüllseite	Die „Einfüllseite" ist die nicht eingeschalte Fläche, in die der Beton eingefüllt wird (kein Sichtbeton). Diese Fläche kann unterschiedlich bearbeitet werden, u. a. abgezogen, abgerieben, handgeglättet, flügelgeglättet, gerollt.
Farbton/Grauton	In der alten Literatur wurde der Betonfarbton als Grauton beschrieben
Grat	Hervorstehende „Kante" = Grat zwischen zwei Schalelementstößen, verursacht aufgrund Undichtigkeit, d. h. austretendem Zementleim/Feinmörtel.
Farbtongleichmäßigkeit	Gleichmäßige, großflächige Hell-Dunkel-Färbung. Die Farbtongleichmäßigkeit ist aus dem „üblichen" Betrachtungsabstand zu bewerten. Empfehlung: Musterflächen! Bei evtl. Farbtonunterschieden ist der Gesamteindruck entscheidend. Eine Bewertung ist i. d. R. erst nach mehreren Wochen sinnvoll, da sich eine „Aufhellung" einstellt
„gleichmäßig"	z. B. gleichmäßige, großflächige Hell-/Dunkelverfärbungen in gleichen Teilen, gleichen Abständen, gleicher Aufteilung, regelmäßig, stetig, gleichem Ausmaß

Begriff	Synonyme
Hydrophobierung	Hydrophobierung ist ein zusätzlicher Schutz der Sichtbetonoberfläche, um den Transport von Wasser und gelösten Mineralien (Kalk) an die Oberfläche zu verringern. Die Diffusionsfähigkeit muss gewährleistet bleiben. Gerade bei dunkleren Flächen ist eine Hydrophobierung durchaus sinnvoll, sie kann jedoch die evtl. Ausblühungen nicht vollständig verhindern.
Kiesnester	Kiesnester sind Fehlstellen an der Betonoberfläche, verursacht u. a. durch Entmischung des Frischbetons, z. B. verursacht durch zu hohen Bewehrungsgrad, Fehlstellen/Undichtigkeiten am Schalhautstoß.
Marmorierung (siehe auch Wolkenbildung)	Marmorierungen sind Farbunterschiede an der Sichtbetonoberfläche, die Wolkenbildungen ähneln. Sie entstehen bei glatter, nichtsaugender Schalung je intensiver und unterschiedlicher verdichtet, d. h. gerüttelt wird.
Musterfläche	Je nach Größe des Bauvorhabens und Anforderung an die Sichtbetonflächen (z. B. Sichtbetonklassen) sind Musterflächen in Anzahl und Größe erforderlich. Die Musterfläche muss alle Schwierigkeitsgrade aufweisen, wie Schallhautstöße, Eckausbildungen, Ankerlöcher usw.
Porigkeit	Der Anteil an offenen Poren an der Betonoberfläche, gemessen innerhalb einer Prüffläche von 50 × 50 cm. Als Prüffläche ist ein für den optischen Gesamteindruck repräsentativer Teil der Gesamtfläche auszuwählen.
Prinzipskizzen	Prinzipskizzen, sind vereinfachte graphische Darstellungen zur Veranschaulichung von Sachverhalten. Dabei werden Prinzipien dargestellt und Umgebungsbedingungen meist abstrahiert. Zur Umsetzung von Prinzipskizzen in einem Bauvorhaben ist immer eine gesonderte Ausführungsplanung unter Berücksichtigung aller Randbedingungen zu erstellen.
Ripplings	Geripptes Aussehen, wellige Rippenlage („Rippen") sowie Vertiefungen an der Oberfläche („Riefen") Die Ursache dieser leicht welligen Erscheinungen liegt insbesondere im Quellen des Holzes (Schalung). Auf die Quellproblematik wird in der DIN 68792:2016–08 „Großflächen-Schalungsplatten aus Furniersperrholz für Beton und Stahlbeton" unter Punkt 5.7 hingewiesen: *„Schalungsplatten unterliegen physikalischen und chemischen Gesetzmäßigkeiten, die dazu führen können, dass durch äußere Einflüsse bedingte Veränderungen, wie z. B. Quellungen und Schwindungen, feine Risse auftreten."* Die DIN 18202:2019–07 „Toleranzen im Hochbau" [1] führt aus, dass die zu erwartende Quellung eines 21 mm dicken Sperrholzes bei ca. 1,5 mm liegt und sich dieser Wert noch unterhalb der erhöhten Anforderungen vorgegebener Toleranzen von 2 mm bewegt ([1], Tab. 3, Zeile 7).
Schalelementstoß	Stoßausbildung, z. B. bei einer Träger- bzw. Rahmenschalung zwischen den Schalhautelementen. Achtung: Es sind die zulässigen Toleranzen zu beachten.

Begriff	Synonyme
Schalungsanker	Ein Verbindungselement, das zwei Schaltafeln miteinander verbindet. Beim fertigen Sichtbeton hinterlässt der Schalungsanker ein Loch, das verschlossen wird, u. a. durch „Konen" (Fertigstopfen), z. B. durch MARO.
Schleppwasser Schleppwassereffekt	Überschusswasser, das an der Schalung nach oben läuft.
Sedimentation	Die Sedimentation wird verursacht durch das Absinken von Gesteinkörnchen. Ein übermäßiger WZ-Wert und die Verwendung eines Luftporenmittels können die Sedimentation verstärken.
Schüttlagen	Schüttlagen sind ungewollte Arbeitsfugen, verursacht durch zu späte, unzureichende Verdichtung („vernadeln") zweier Betonierfolgen.
Texturen	„Textur ist die geometrische Gestalt der Betonoberfläche als Abweichung von der planen Ebene", d. h. der Begriff Textur (lat. textura = „Gewebe") bezeichnet daher allgemein die strukturelle Beschaffenheit einer Oberfläche.
üblicher Betrachter	Der „übliche" (also normale gewöhnliche) Betrachter ist nicht der Fachmann oder Hausnutzer, sondern eine unvoreingenommene Person, die eine Fläche betrachtet. Die übliche Betrachtung geschieht in einem Zeitrahmen, der ausreicht, um sich einen Gesamteindruck zu verschaffen, ohne von anderen Personen auf einen bestimmten Punkt (Detail, evtl. Mangel) aufmerksam gemacht zu werden. Hinzu kommt, dass der übliche Betrachter gar nicht weiß, worauf er sich beim Betrachten einzustellen hat (z. B. dass die Abzeichnung an der Decke Schuhabdrücke sind).
üblicher Betrachtungsabstand	Der „übliche" Betrachtungsabstand ist vergleichbar mit einer Gemäldebetrachtung (siehe Abschn. 4.2.2.1), d. h. • kleinere Bilder erfordern einen geringeren, • größere Bilder einen entsprechend weiteren Betrachtungsabstand. Demzufolge wird eine Fassade als Gesamteindruck nicht vom Gerüst, sondern wie folgt betrachtet: • Bei größeren Betrachtungsflächen entspricht der Betrachtungsabstand der Traufhöhe. • Bei kleineren Betrachtungsflächen, wie um ein Erdgeschossfenster, entspricht der Betrachtungsabstand der Höhe des Fenstersturzes über dem Erdboden.
„vereinbaren"	Zwei oder mehrere Personen beschließen, etwas Bestimmtes zu tun.
„vorsehen"	planen, beabsichtigen
„weitgehend"	beträchtlich, erheblich, fast vollständig, nahezu völlig, überwiegend, umfangreich, umfassend; (nachdrücklich) nahezu gänzlich
Wolkenbildung	Farbtonveränderung an der Sichtbetonoberfläche

Begriff	Synonyme
W/Z-Wert	Der Wert beschreibt das Masseverhältnis zwischen dem wirksamen Wasser (W) und dem Bindemittel (Zement, Z) bei der Herstellung von Betonen. Ein hoher Wasserzementwert verursacht feinste Schwindrisse, durch die verstärkt Wasser aufgenommen werden kann, sodass das Risiko einer Stahlkorrosion erhöht wird. Mit zunehmenden Wasserzementwert nimmt die Festigkeit des Betons ab.

Die dazugehörigen Beispiele/Fotos, siehe Abschn. 4.2.1 „Einzelkriterien“

Schlusswort

Es gibt nur gute Baustoffe (z. B. Beton), wir machen jedoch (häufig) schlechte Sichtbeton-Bauteile daraus.

Ich hoffe, die in diesem Buch gegebenen Informationen haben Ihnen geholfen. Sollten Sie Hinweise und/oder Anregungen äußern wollen, würde ich mich darüber freuen.

Schreiben Sie mich gerne an: info@igs-schulz.de

Joachim Schulz
www.sichtbeton-planung.de

Sichtbeton: Wer viel verspricht, muss für vieles einstehen.

J. Schulz, *Sichtbeton,* https://doi.org/10.1007/978-3-8348-2250-5

Literatur

DIN-Normen

1. DIN 18202:2019-07 „Toleranzen im Hochbau – Bauwerke"
2. DIN 18217:1981-12 „Betonflächen und Schalungshaut" Die Norm wurde zurückgezogen.
3. DIN 18331:2019-09 VOB/C „Vergabe- und Vertragsordnung für Bauleistungen (ATV) – Betonarbeiten"
4. DIN EN 1992-1-1:2011-01 „Eurocode 2: Bemessung und Konstruktion von Stahlbeton- und Spannbetontragwerken" – Teil 1–1: Allgemeine Bemessungsregeln und Regeln für den Hochbau Diese Norm ersetzt die DIN 1045-1:2008-08 Tragwerke aus Beton, Stahlbeton und Spannbeton - Teil 1: Bemessung und Konstruktion
5. DIN 1045-3:2012-03 „Tragwerke aus Beton, Stahlbeton und Spannbeton" – Teil 3: Bauausführung – Anwendungsregeln zu DIN EN 13670
6. DIN 1045-3:2008-08 „Tragwerke aus Beton, Stahlbeton und Spannbeton – Teil 3: Bauausführung – Anwendungsregeln zu DIN EN 13670" Die Norm wurde zurückgezogen.
7. DIN 820-2:2020-03 „Normungsarbeit Teil 2: Gestaltung von Normen"
8. DIN 68 792:2016-08 „Großflächen-Schalungsplatten aus Furnierholz für Beton und Stahlbeton"

9 DIN 1356-1:1995-02 „Bauzeichnungen Teil 1: Inhalte und Grundlagen der Darstellung"

10 DIN 1961:2016-09, VOB/B „Allgemeine Vertragsbedingungen für die Ausführung von Bauleistungen"

11 DIN 1960:2016-09, VOB/A „Allgemeine. Bestimmungen für die Vergabe von Bauleistungen"

12 DIN EN 206:2021-06 „Beton - Festlegung, Eigenschaften, Herstellung und Konformität"

13. DIN 18216:2021-02 „Schalungsanker für Betonschalungen" - Anforderungen, Prüfung und Verwendung

14 ÖNORM Österreichische Norm ÖNORM B 2211: „Beton-, Stahlbeton- und Spannbetonarbeiten" 2009–06

15. SIA Schweizer Norm SIA 118/262:2018 „Allgemeine Bedingungen für Betonbau"
16. DIN EN 1992-1-1:2011-01/NA „Nationaler Anhang - National festgelegte Parameter - Eurocode 2: Bemessung und Konstruktion von Stahlbeton- und Spannbetontragwerken" – Teil 1–1: Allgemeine Bemessungsregeln und Regeln für den Hochbau
17. DIN EN 13670:2011-03 „Ausführung von Tragwerken aus Beton"
18. DIN 18339:2019-09 „Klempnerarbeiten"
19. DIN 13914-1:2016-09 „Planung, Zubereitung und Ausführung von Innen- und Außenputzen" – Teil 1: Außenputz

J. Schulz, *Sichtbeton*, https://doi.org/10.1007/978-3-8348-2250-5

20. DIN EN 1504 „Produkte und Systeme für den Schutz und die Instandsetzung von Betontragwerken“ – Definitionen, Anforderungen, Qualitätsüberwachung und Beurteilung der Konformität
21. HOAI 2013 „Honorarordnung für Architekten und Ingenieure“
22. Zentralverband des deutschen Dachdeckerhandwerks (Hrsg.): Fachregeln für Metallarbeiten im Dachdeckerhandwerk, 2020–05
23. DIN 68792:2016-08 „Großflächen-Schalungsplatten aus Furniersperrholz für Beton und Stahlbeton“
24. DIN 18540:2014-09 „Abdichten von Außenwandfugen im Hochbau mit Fugendichtstoffen“
25. DIN 55945:2016-08 „Beschichtungsstoffe und Beschichtungen“
26. DIN 18531-3:2017-07 „Abdichtung von Dächern sowie von Balkonen, Loggien“
27. DIN 18205:2016-11 „Bedarfsplanung im Bauwesen“
28 DIN 18353:2019-09 „Estricharbeiten“

Richtlinien, Merkblätter

29 **DBV/VDZ-Merkblätter des Deutschen Beton- und Bautechnik-Vereins e.V.**
30 „Sichtbeton“, 2015–06
31. „Begrenzung der Rissbildung im Stahlbeton- und Spannbetonbau“ 2016–05
32. „Betondeckung und Bewehrung“ nach Eurocode 2, 2015–12
33. „Nicht geschalte Betonoberfläche“, 1996–08
34. „Betonschalungen und Ausschalfristen“ 2013–06
35. „Abstandhalter“ nach Eurocode 2, 2011–01
36. „Betonierbarkeit von Bauteilen aus Beton und Stahlbeton“, 2014–01
37. „Hochwertige Nutzung von Untergeschossen – Bauphysik und Raumklima“ 2009–01
38. „DBV-Sachstandsbericht Sichtbetonkosmetik“ 2016–12
39. **FDB-Merkblätter: Fachvereinigung Deutscher Betonfertigteilbau**
40. „Sichtbetonflächen von Fertigteilen aus Beton und Stahlbeton" 2020–05
41. „über Betonfertigteile aus Architekturbeton“ 2020–03
42. DAfStb-Richtlinien
43. „Technische Regel Instandhaltung von Betonbauwerken“ Teile 1 + 2 2020–05 (ersetzt *„Schutz und Instandsetzung von Bauteilen*“ 2001-10)
44. „Wasserundurchlässige Bauwerke aus Beton“ 2017–12
45. **GSV-Publikation Güteschutzverband Betonschalungen**
46. Empfehlung zur Planung, Ausschreibung und zum Einsatz von Schalungssystemen bei der Ausführung von „Betonflächen mit Anforderungen an das Aussehen“, 2005–06
47. GSV-Richtlinie Qualitätskriterien von Mietschalungen, 2011–12
48. **VÖB- Richtlinie** Verband Österreichischer Beton-und Fertigteilwerke „Richtlinie Sichtbeton für Fertigteile aus Beton, Stahlbeton“ 2009–11
49. ÖVBB-Richtlinie Österreichische Vereinigung für Beton- und Bautechnik „Sichtbeton - Geschalte Betonflächen“ 2009–11
50. DGUV Regel 108–003 „Fußböden in Arbeitsräumen und Arbeitsbereichen mit Rutschgefahr“ 2003–10
51. HeidelbergCementGroup (2018) (Hrsg):„Zementgebundene Designböden. Leitfaden zur Planung und Ausführung geschliffener Estrich- und Betonböden.“

Fachbücher

52. Schulz, Joachim: *„Sichtbeton Planung"* Springer Verlag, 3. Auflage 2006
53. Schulz, Joachim: *„Sichtbeton Mängel"* Springer Verlag, 3. Auflage 2011
54. Schulz, Joachim: *„Sichtbeton Atlas"* Springer Verlag, 1. Auflage 2009
55. Schulz, Joachim: *„Architektur der Bauschäden"* Springer Verlag, 4. Auflage 2021
56. Schulz, Joachim: *„Handbuch Sichtbeton"* Verlag Bau + Technik, 2. Auflage 2018
57. Schulz, Joachim: *„Sichtbeton-Handbuch 2006"* Verlag Bau + Technik
58. Schulz, Joachim: *„Sichtbeton-Handbuch 2007"* Verlag Bau + Technik
59. Schulz, Joachim: *„Sichtbeton-Handbuch 2008"* Verlag Bau + Technik
60. Oswald, R. + Abel, R.: „Hinzunehmende Unregelmäßigkeiten bei Gebäuden" Vieweg + Teubner Verlag, 2005

Fachaufsätze

61. Aurnhammer, H.-E.: „Zielbaummethode" Verfahren zur Bestimmung von Wertminderungen Zeitschrift: BauR 1978, S. 356
62. Schulz, J.: „Sichtbetonliebe um jeden Preis" Baukammer Berlin 03/2006
63. Schulz, J.: „Sichtbeton-Spiegelbild der Schalung" Baukammer Berlin 03/2006 sowie Deutsches Architektenblatt 1/2006
64. Schulz, J.: „Sichtbeton Bewertung" Der Sachverständiger, Heft 7–8/2004
65. Schulz, J.: „Wie kann der Planer Qualität für Sichtbeton erreichen?" RIB Heft 06/06
66. Schulz, J.: „Vorgehensweise zur Sichtbeton-Bewertung" B+B Heft 05/2005
67. Schulz, J.: „Sichtbeton-Bewertung" TIEFBAU Heft 11/2007
68. Schulz, J.: „Sichtbeton als präzises Abbild der Schalungshaut" OPUS 12/2005
69. Schulz, J.: "Principi della valuatione della cal cestruzzo a vista" Betonwerk International
70. Schulz, J.: "Basic principler of exposed contrete evaluation" Betonwerk International
71. Schulz, J.: "Sichtbeton – sich betonen in Struktur, Form und Originalität" Opus C, 1/2006
72. Schulz, J.: "Fensterbänke- Tropfkanten erforderlich?" Der Bausachverständige, 2014–1
73. Schulz, J.: "Sichtbeton im Wohnungsbau" Zeitschrift: QUATIER 2018–01

Fotos: Die Fotos stammen aus dem Archiv des Autors

Abbildungen

74. HeidelbergCement (Hrsg.) (2017): „Betontechnische Daten". S. 157
75. Zement-Taschenbuch 2002, Kap. 2.6 Formänderung Beton, Seite 357

Links

Sachverständige IHK www.svv.ihk.de
Sachverständige Baukammer www.baukammerberlin.de
Betoninstandsetzung www.bgib.de/fachplaner_gesamt.php

Springer Vieweg Verlag www.springer.com/de
PRO Sichtbeton www.pro-sichtbeton.de
Sichtbeton-Forum www.sichtbeton-forum.de
Sichtbeton Atlas www.sichtbeton-atlas.de
Sichtbeton Planung www.sichtbeton-planung.de
Sichtbeton Mängel www.sichtbeton-mängel.de
Architektur der Bauschäden www.architekturderbauschäden.de
Folgende Autoren verweisen auf o.g. Sichtbeton-Veröffentlichungen des Autors:
Oswald, R. Prof. + Abel, R.:
„Hinzunehmende Unregelmäßigkeiten bei Gebäuden"
Vieweg + Teubner Verlag, 2005
Goldamer, Dr.-Ing. Klaus-R.
Beurteilung und Abnahme von Sichtbeton -
Vertragliche Aspekte, Regelwerke und ästhetischer Eindruck
Freimann,T. Prof. Dr.-Ing.
Sichtbetonbauwerke – Besonderheiten für Planung und Ausführung nach aktuellem Regelwerk

Stichwortverzeichnis

J. Schulz, *Sichtbeton,* https://doi.org/10.1007/978-3-8348-2250-5

GPSR Compliance

The European Union's (EU) General Product Safety Regulation (GPSR) is a set of rules that requires consumer products to be safe and our obligations to ensure this.

If you have any concerns about our products, you can contact us on ProductSafety@springernature.com

In case Publisher is established outside the EU, the EU authorized representative is:

Springer Nature Customer Service Center GmbH
Europaplatz 3
69115 Heidelberg, Germany

Batch number: 10577070

Printed by Printforce, the Netherlands